Kombinationsgerbungen

der Lohe-, Weiß- und Sämischgerberei

von

Josef Jettmar

Ingenieur-Chemiker

Mit 6 Textfiguren

Berlin

Verlag von Julius Springer

1914

ISBN-13: 978-3-642-89907-2   e-ISBN-13: 978-3-642-91764-6
DOI: 10.1007/978-3-642-91764-6

Alle Rechte,
insbesondere das der Übersetzung in fremde Sprachen, vorbehalten.

Herrn Prof. Dr. phil. Friedr. Herm. Haenlein

Direktor der Deutschen Gerberschule zu Freiberg i. S.

**anläßlich seiner 25 jährigen Wirksamkeit
in der Lederindustrie**

gewidmet.

Vorwort.

Die Kombinationsgerbungen haben bei sämtlichen Gerbverfahren eine große Wichtigkeit erlangt, die sicherlich noch
weiter anwachsen wird. Es dürfte daher dem Lederfabrikanten
erwünscht sein, einen Leitfaden zu bekommen, der ihn mit
den verschiedenen Fabrikationsmethoden bekannt macht, um
darnach arbeiten zu können. Schon in die erste Auflage meines
„Handbuches der Chromgerbung“ sind einige kombinierte Gerbmethoden aufgenommen worden, die aber in dessen zweiter
Auflage wegen Anwachsen des Stoffes keinen Platz mehr
gefunden haben. Außerdem wurden damals nur jene Verfahren
behandelt, die mit der Mineralgerbung im Zusammenhange
stehen. In der vorliegenden Schrift sind sämtliche Kombinationsgerbungen angeführt, soweit sie mir im Laufe der letzten
15 Jahre zur Kenntnis kamen. Nur die Verfahren, wo Formaldehyd, Hydrochinon u. dgl. mit verwendet werden, habe
ich nicht aufgenommen, weil — meiner Ansicht nach — keine
richtige Kombinationsgerbung vorliegt.

Die Einteilung des Materials, d. h. die Einreihung der
verschiedenen Gerbverfahren, hat insoweit Schwierigkeiten
bereitet, als jene in verschiedene Abschnitte aufgenommen
werden konnten, und dürfte vielleicht mancher Fachmann eine
andere Einreihung vorgezogen haben.

Dabei möchte ich insbesondere auf einen Umstand aufmerksam machen. Der sorgfältige Leser dürfte bald herausfinden, daß mehrere Operationen wiederholt und dabei mit
verschiedenen Abänderungen angeführt sind. Dies ist nicht
willkürlich, sondern absichtlich geschehen. Es wäre z. B. bei
dem Dongolaleder möglich gewesen, alle Schwärzeverfahren

in Einem zu besprechen, doch war zu befürchten, daß dadurch die Übersichtlichkeit leiden und der Leser ermüdet werden könnte. Nun dürfte aber jeder einsehen, daß das Schwärzen, wie es bei Dongolaleder beschrieben wird, auch bei den übrigen Ledersorten ausgeführt werden kann.

Wissenschaftlichen Erörterungen und theoretischen Erwägungen bin ich möglichst ausgewichen, damit der ganze Stoff auch dem praktischen Gerber zugänglich ist. Doch wird der Leser häufig meine Schriften zitiert finden, und bitte, mir dies schon wegen meiner Herren Verleger nicht übel zu nehmen. Sonst ist unsere Fachliteratur noch nicht so reich, um andere Schriften überhaupt anführen zu können; wo dies möglich war, habe ich es sicherlich auch getan.

Der umsichtige und erfahrene Gerber dürfte hier eine ziemlich große Anzahl von Anleitungen gesammelt finden, die er in seiner Praxis hoffentlich gut verwenden kann. Dabei ist das Buch nicht bloß für den Lohgerber, sondern auch für den Weiß- und Sämischgerber bestimmt, indem gerade die Kombinationsgerbungen die früher zwischen ihnen so scharf gezogenen Grenzen immer mehr zum Verschwinden bringen.

Prag—Kön. Weinberge, im März 1914.

Jos. Jettmar.

Inhaltsverzeichnis.

I. Die verschiedenen Gerbverfahren.

Durch Gerbung wird, wie bekannt, die Haut in Leder überführt. Man wendet hierzu gerbende Stoffe an, als welche vor kurzem nur einige wenige bekannt waren, wogegen in der letzten Zeit die mannigfaltigsten Metalle, Elemente und Verbindungen als gerbend erkannt wurden. Obwohl nun von den letzteren bei der Ledererzeugung nur eine kleine Anzahl davon tatsächlich zur Gerbung verwendet wird, ist es dennoch nicht ausgeschlossen, daß manche Gerbung mit einem oder dem anderen von den übrigen gerbenden Stoffen zu speziellen Zwecken zur Verwendung oder sogar zu einer großen Bedeutung gelangen dürfte. Jeder von den gerbenden Stoffen erteilt nämlich dem damit ausgegerbten Leder besondere Eigenschaften, die es von dem anders gegerbten unterscheiden, ähnlich wie dies auch bei den vegetabilischen Gerbstoffen der Fall ist. Der Lohgerber weiß ganz gut, wie z. B. Sumach, Eichenlohe, Quebracho, Mimosa, ja die sämtlichen vegetabilischen Gerbstoffe, ein der Farbe, Weichheit und Schnitt nach voneinander abweichendes Leder liefern, so daß man die einfachen Gerbungen ziemlich unschwer unterscheiden kann. Aber es werden nur ausnahmsweise die einzelnen Gerbstoffe für sich zur Gerbung verwendet und in der Regel mischt der Lohgerber verschiedene Gerbmaterialien zusammen, um so ein Produkt zu erhalten, das die guten Eigenschaften der Gerbungen mit den verschiedenen einzelnen vegetabilischen Gerbstoffen enthält. Neuerer Zeit werden ähnlich neue und früher unbekannte Ledersorten durch Kombination der verschiedenen Gerbverfahren hergestellt, obwohl einige kombinierte Gerbungen schon vor Jahrhunderten angewandt wurden.

Man kann zunächst dreierlei Gerbverfahren unterscheiden, nämlich die Loh-, Weiß- und Sämisch-Gerberei, die früher auch abgeteilt, jede für sich, ausgeführt wurden; in letzter Zeit sind aber noch Gerbungen mit sehr mannigfaltigen Stoffen hinzugetreten, die gewöhnlich nicht allein, sondern mit anderen gerbenden Stoffen kombiniert verwendet werden. Wir wollen zunächst die einzelnen Gerbmethoden etwas ausführlicher besprechen:

1. Die Lohgerberei.

Die Lohgerberei, auch Rotgerberei genannt, gerbt mit vegetabilischen Gerbstoffen verschiedenen Ursprungs aus. Es werden dazu hauptsächlich verschiedene Rinden (Eichen-, Fichten-, Hemlock-, Mimosa-, Maletto-, Mangrove-, Weiden-, Erlen- und andere Rinden), Hölzer (Eichen-, Kastanien-, Quebracho-Holz), Wurzeln (Canaigre, Garouille, Palmetto, Ratanhia), Früchte und verschiedene Auswüchse (Galläpfel, Knoppern, Valonea, Divi-Divi, Myrobalanen, Algarobilla, Bablah), Blätter (Sumach, Mangrove) oder eingetrocknete Säfte (Japonika, Gambier) verwendet. Alle diese Gerbmaterialien zeichnen sich dadurch aus, daß sie ihre Gerbstoffe in ziemlich großen Mengen in dem Hautgewebe ablagern und infolgedessen gewichtgebend sind; d. h., die fertigen Leder zeigen ein bedeutendes Mehrgewicht gegenüber der eingearbeiteten Hautsubstanz.

Wir können annehmen, daß 100 kg grüner Haut durchschnittlich etwa 80 kg Wasser und 20 kg Trockensubstanz enthalten, wogegen das fertige, ungefettete lohgare Leder bei 18% Wassergehalt, wie er üblicherweise angenommen wird, ungefähr 43% Hautsubstanz und 38% gerbende Stoffe (neben 1% Mineralstoffe und Fett) enthält, so daß 100 kg Hautsubstanz etwa 230 kg ungefettetes lohgares Leder liefern. Die übrigen Gerbarten ergeben bei weitem nicht ein so großes Lederrendement; 100 kg Trockensubstanz liefern bei weißgarem Leder (auf gleichen Wassergehalt, d. h. 18% Wasser, umgerechnet) etwa 150 kg, bei sämischgarem nur etwa 140 kg Leder.

Was die Wasserbeständigkeit nach Fabrion [1]) anbelangt, so zeigt das lohgare Leder den mittleren Grad von 55 bis 70 %. Durch die vegetabilischen Gerbstoffe wird die Haut „lohbraun" gefärbt, von dem lichtgrünlichem Farbentone bei Sumach bis zum roten bei Divi-Divi und Quebracho.

Je nach der Schwellung und dem Gerbverfahren erhält man ein weiches und geschmeidiges oder ein festes und hartes Leder. Die vegetabilischen Gerbstoffe sind an die Hautsubstanz nur teilweise festgebunden, ein Teil davon läßt sich durch Wasser wieder entfernen. Dabei zeichnet sich das lohgare Leder durch seine ziemlich große Fülle und schönes Aussehen aus, indem es einen recht hohen Glanz annimmt. Es hat dagegen den Nachteil, daß es die Feuchtigkeit verhältnismäßig leicht aufnimmt, beim Trocknen leicht spröde wird und im allgemeinen nur einen geringen Grad von Dehnbarkeit und Zugkraft aufweist.

Die vegetabilischen Gerbstoffe besitzen — jedoch je nach ihrer Natur in verschiedenem Maße — die Fähigkeit, auch in das Innere der Hautfibrillen einzudringen und sich nicht nur an der Innenseite der Faserzellen abzulagern, sondern sich auch mit deren Inhalt festzubinden, wodurch nicht nur die einzelnen Fasern, sondern auch die ganze Haut durchgegerbt wird und so an Masse und Gewicht zunimmt. Aber diese Gerbstoffe vermögen auch, und zwar wieder je nach ihrer Individualität in verschiedenem Maße, sich an der Oberfläche der Faserzellen abzulagern und dadurch die Gewebszwischenräume mehr oder weniger auszufüllen. Es gibt sogar Gerbstoffe, wie z. B. Quebracho und Mimosa, die als Füllstoffe dienen, wogegen die Eichenlohe, Kastanienextrakt oder Sumach als Qualitätsgerbstoffe verwendet werden.

Man kann demnach mit den vegetabilischen Gerbstoffen auch mehr oder weniger sattgerben, so daß ein lohgares Leder noch Wasser, Fett oder auch andere Gerbstoffe aufzunehmen vermag. Aber während die frische Haut für das Wasser

---

[1]) „Collegium" 1908, Nr. 338, S. 495, oder „Handbuch der Chromgerbung" (Leipzig, Schulze & Co., 1913) S. 11.

ein molekulares Imbibitionsvermögen besitzt, so daß sie darin aufquellt, geht ein solches dem lohgaren Leder mehr oder weniger je nach dem Grade der Sättigung mit dem Gerbstoffe ab. Das lohgare Leder besitzt eine deutlich poröse Struktur und nimmt zwar auch Wasser auf, aber vorwiegend durch kapillare Imbibition, und zwar in bedeutend geringerer Menge. Das auf solche Weise gebundene Wasser ist außerdem sehr locker gebunden und kann wieder durch Trocknen leicht entfernt werden [1]).

Anders ist es aber mit Fett und den übrigen Gerbmitteln. Das lohgare Leder nimmt zwar alle Fette leicht an, während es aber von einigen bloß aufgefüllt und ausgepolstert wird, verbindet es sich mit anderen derartig, daß auf eine Nachgerbung mit Fett gedacht werden muß. Wir haben hier also eine kombinierte Gerbung, welche schon lange geübt und als eine solche gar nicht betrachtet wird.

Vom theoretischen Standpunkt aus kann von einer Fettnachgerbung nur dann die Rede sein, wenn sich das von der Haut aufgenommene Fett nicht wieder in ursprünglichem Zustande entfernen läßt. Kann aber das Fett dem Leder in derselben Zusammensetzung entzogen werden, wie es bei der Einfettung vorhanden war, so kann von einer Fettnachgerbung keine Rede sein und es handelt sich bloß um eine Nachfettung. Fast alle Ledersorten — die fettgaren selbstverständlich ausgenommen — werden nach der Ausgerbung mehr oder weniger gefettet, aber das Fett läßt sich größtenteils durch verschiedene Fettlösungsmittel, wie Benzin, Schwefeläther, Petroläther, Schwefelkohlenstoff, Tetrachlorkohlenstoff, Chlorhydrin u. a. wieder völlig ausziehen, ohne daß es irgendeine Veränderung während seines Verbleibens im Leder erfahren hätte. In gleicher Weise werden auch alle Sorten Kombinationsleder gefettet, ohne daß eine Fettnachgerbung stattfinden würde.

Ebenso, wie mit Fett kann man das lohgare Leder auch

---

[1]) Dr. Körner in seinen „Beiträgen zur Kenntnis der wissenschaftlichen Grundlagen der Gerberei" im 10. Jahresbericht der Deutschen Gerberschule zu Freiberg in Sachsen, S. 34.

mit verschiedenen Mineralstoffen nachgerben, namentlich sind es Alaun und Chrom, die mit der Lohgerbung kombiniert wertvolle Ledersorten liefern.

Das lohgare Leder ist weder zügig noch ausdehnungsfähig, so daß es keine größere Fläche als diejenige der rohen Haut annehmen kann, wohingegen es an Dicke und zwar auf Kosten der Fläche zunimmt. Seine Zerreißfestigkeit ist bei demselben Rohmaterial viel größer als diejenige des Alaunleders, aber sie sinkt mit der satteren Gerbung, durch welche es an Masse und Gewicht bedeutend zunehmen kann. Es verträgt auch viel besser den Einfluß von Wasser und höherer Temperatur als das Alaunleder; auch gegen schwache Säuren, durch welche das letztere leicht zerstört wird, ist es recht widerstandsfähig. Dagegen ist das lohgare Leder gegen alkalische Lösungen empfindlicher, weil die vegetabilischen Gerbstoffe in Alkalien leicht löslich sind und so dem Leder entzogen werden, was bei alaungarem Leder, und in noch höherem Maße bei dem Chromleder nicht der Fall ist.

Durch Kochen wird lohgares Leder, wie schon seine Wasserbeständigkeit anzeigt, nur schwer und unvollständig in Leim überführt, weil der Gerbstoff die zerkochte Hautsubstanz gleich wieder ausfällt; besonders bei dem mittels saurer Grubengerbung hergestelltem Leder ist dessen Substanz gegen die Hitze viel widerstandsfähiger, weil der Gerbstoff bis in das Innere der geschwollenen Fibrillen eingedrungen ist; erst beim Kochen unter Druck oder bei Zusatz von Alkalien wird ein solches Leder zerstört.

Hinsichtlich der mechanischen Bearbeitungsfähigkeit steht das lohgare Leder an erster Stelle, indem es sich leicht stoßglänzen, glätten und formen läßt, wodurch es sich von den übrigen Ledersorten auszeichnet. Es zeigt außerdem eine größere Fülle und ein schöneres Aussehen; dagegen hat es den Nachteil, daß es die Feuchtigkeit leicht aufnimmt, beim Trocknen spröde wird und im allgemeinen weniger Zugkraft und Dehnbarkeit als weißgares Leder aufweist.

2. Die Weißgerberei.

Die Weißgerberei, d. h. die Gerbung mit Kochsalz und Alaun, wurde schon lange geübt. Bereits die alten Griechen trugen eine Art Mäntel aus Ziegenfellen (Ägis), welche man mit Alaun ausgerbte, um sie weich und geschmeidig zu machen. Solches Leder nannten die alten Römer „aluta" (von alumen = Alaun), und die es bereiteten hießen „coriarii" (soviel wie Gerber)[1]. Viel später erst im 17. Jahrhundert haben die Franzosen die sog. Glacégare, aus Alaun, Kochsalz, Eigelb und Weizenmehl, zur Gerbung von feinen Handschuhledern zu verwenden begonnen, die eigentlich eine Kombinationsgerbung vorstellt. In der Weißgerberei ist gegen Ende des vorigen Jahrhunderts die Chromgerbung beigetreten, die mit der Alaungerbung zusammen als Mineralgerbungen anzusehen sind.

Die reine Mineralgerbung soll nach W. Eitner[2] dadurch charakterisiert sein, daß die gegerbten Leder erst durch mechanische Operation des Aufstollens weich und zügig werden und diese Eigenschaft auch im Trockenen beibehalten, und daß der Haut nach solcher Gerbung ein bedeutender Grad von Zähigkeit erhalten bleibt. Aber das trifft bei chromgarem Leder nicht zu, denn dieses Leder ist nach der Gerbung sofort weich und mild, ohne gestollt zu werden; dagegen kommt alaungares Leder aus der Gerbung beträchtlich hart heraus. Sämtliche mineralgare Leder haben die Eigenschaft gemein, daß durch die Mineralgerbung nur eine geringe Menge Masse der Haut mitgeteilt, diese demgemäß nicht vollgriffig wird und nebstdem auch nur ein geringes Gewicht liefert. Es sind mit dem lohgaren Leder verglichen sehr geringe Mengen Gerbstoff, die bei der Mineralgerbung genügen, um die Haut auszugerben, wie aus der nachfolgenden, annähernd durchschnittlichen Zusammensetzung ersichtlich ist.

---

[1] N. Beller, „Prakt. Handb. der Glacélederfärberei" (Weimar, B. F. Voigt, 1886) S. 126.

[2] „Der Gerber" 1896, S. 13.

Weißgares Leder:

Wasser . . . . . . 25,0$\%$
Hautsubstanz . . . 59,0 ,,
Rohasche . . . . . 15,8 ,,
  darin Tonerde =
  Al_2O_3 5$\%$
Fett . . . . 0,2 ,,

Chromgares Leder:

Wasser . . . . . 20,0$\%$
Hautsubstanz . . 74,8 ,,
Rohasche . . . . 6,0 ,,
  darin Chromoxyd =
  Cr_2O_3 4$\%$
Fett . . . . . . 0,2 ,,

Es genügen daher sehr geringe Mengen Tonerde oder Chromoxyd, um die Haut auszugerben. Untersucht man solche mineralgare Leder, so findet man als die wichtigste Wirkung der gerbenden Mineralsalze — je nach der Intensität ihrer Einwirkung auf die Haut — eine bedeutende bis vollständige Isolierung der die Faserbündel zusammensetzenden Hautfibrillen. Dadurch erklärt sich, daß beim alaungaren Leder durch die mechanische Einwirkung des Stollens die Faserbündel auseinandergelegt werden, und dieses Auseinanderlegen bedingt das Weichwerden und die Zughaftigkeit des alaungaren Leders. Auch beim chromgaren Leder werden die Hautfasern isoliert, aber die Faserbündel legen sich aneinander an, wodurch die Fläche des gegerbten Leders viel geringer wird als diejenige der ungegerbten Haut.

Aber auch sonst finden wir zwischen dem alaun- und chromgaren Leder bedeutende Unterschiede. Man kann zwar annehmen, daß bei den beiden Ledersorten die Gerbsalze die Fibrillen durchdringen und sich dort ablagern, aber bei den alaungaren Ledern finden wir recht bedeutende Mengen des Gerbsalzes an den Außenpartien der Fasern anhaften, was bei chromgarem Leder nicht der Fall ist. Dabei verändern sich die Hautfibrillen in ihrer Form und Masse wesentlich nicht; hieraus erklärt sich, warum das Leder zähe geblieben ist und auch nicht viel an Gewicht und Massigkeit zugenommen hat, obwohl die Haut bei der Alaungerbung ihr Volumen insbesondere in bezug auf Dicke stark vergrößern kann.

Die isolierten Fibrillen nämlich, wenn sie von einer starren Salzschichte umgeben sind, werden selbst starrer, sträuben sich auf und beanspruchen unter sich größere Zwischenräume. Durch Behandlung mit Mineralsalzen werden die Leder voll, wenn auch nicht vollgefüllt und zeigen daher jenen Zustand, den man bei lohgarem Leder, schwammig nennt. Diesem Umstande weiß man bei der Glacégerbung und bei einigen Chromleder-Sorten durch Füllung mit der sog. Nahrung (Eidotter und Mehl) Rechnung zu tragen.

Die Unterschiede, die sich infolge der verschiedenen Ablagerung der Alaun- und Chromsalze, die jetzt allein bei den Mineralgerbungen in Betracht kommen, üben selbstverständlich ihre Wirkung auch auf die Eigenschaften der resultierenden Leder aus. Das Alaunleder ist zügig und kann durch Dehnung zu einer größeren Fläche ausgezogen werden, was beim Chromleder nicht gelingt; dieses läßt sich zur größeren Fläche nicht ausziehen, obwohl es sich in einer Richtung gummiartig ausdehnen läßt, was namentlich auch bei der Herstellung von Schuhen berücksichtigt werden muß.

Aber auch die verschiedenen Eigenschaften der Alaun- und Chromsalze kommen bei dem fertigen Produkte zum Ausdruck. Die Wasserbeständigkeit ist bei alaungarem Leder sehr gering, durch Kochen geht die Gerbung, wenn die Tonerdesalze durch die sog. Neutralisation nicht gefestigt sind, fast völlig weg, so daß die Wasserbeständigkeit des weißgaren Leders nur gering ist. Im geraden Gegensatz hierzu ist die Wasserbeständigkeit des Chromleders recht hoch, indem sie etwa $88^0/_0$ beträgt. Infolgedessen dient die Chromgerbung dazu, loh- und namentlich glacégare Leder wasserbeständiger zu machen.

Das Einfetten der mineralgaren Leder wurde früher nach Knapps Beispiel von manchen, so z. B. von W. Eitner, als eine Fettnachgerbung angesehen, indem die Mineralgerbung anfangs überhaupt als unvollständig und für das Leder als nicht ausreichend betrachtet wurde. Aber die Mineralgerbungen sind gerade umgekehrt recht vollständige Gerbungen, die keine weitere Nachgerbung benötigen.

Die weißgaren Leder unterscheiden sich noch in einer Hinsicht von den chromgaren, sie sind nämlich im gleichen Maße, wie sie bedeutend minder wasserbeständig sind, auch gegen Säuren und Alkalien weniger widerstandsfähig. Während das fertige Chromleder selbst von ziemlich starken Säuren gar nicht und von verdünnten Alkalien nur wenig angegriffen wird, ist das Alaunleder diesen Reagentien gegenüber, auch wenn sie in stark verdünnten Lösungen einwirken, recht wenig widerstandsfähig, so daß es dadurch in den ursprünglichen blößenartigen Zustand zurückversetzt wird. Beiderlei Sorten zeichnen sich aber durch eine ziemlich hohe Zerreißfestigkeit aus und diese erreicht bei gut gegerbtem und zweckmäßig gefettetem Chromleder die höchst erreichbare Stufe. Auch sind die beiden Ledersorten milde und weich, was zu manchen Zwecken nicht vorteilhaft, bei anderen wieder recht erwünscht ist; man ist aber imstande, diese Eigenschaften nach Bedarf abzuändern. Infolge der bedeutenden Isolierung der Hautfasern sind beiderlei Ledersorten befähigt, größere Mengen fremder Stoffe in ihre vielen freien Zwischenräume aufzunehmen und, ist die Gerbung nur mit geringen Alaun- und Chrommengen ausgeführt worden, so kann diese Aufnahme in so bedeutenden Mengen geschehen, daß auch gewichtige Leder herauskommen.

3. Die Sämischgerberei.

Einige Fettstoffe animalischer Herkunft, insbesondere einige Transorten, dann Gehirnfett, Eidotter und die Kuhbutter, sowie von vegetabilischen Ölen das Lein- und Rüböl, haben die Befähigung, die Haut in Leder zu überführen. Aber außer diesen Fetten, die tatsächlich — die teuere Kuhbutter ausgenommen — auch zur Gerbung benutzt werden, ist es auch das in den Rohhäuten natürlich vorkommende Fett, welches die Haut auszugerben vermag, wie dies die Gerbungen verschiedener Naturvölker beweisen. Es seien nur die Gerbung der Seehundsfelle bei den Eskimos und der Hirschfelle bei den nordamerikanischen Indianern angeführt, wobei die Blößen nur durch Kneten, Kauen oder eine andere mechanische Bearbeitung zu Leder verarbeitet werden.

Die übrigen Fette sind nicht imstande die Hautblöße auszugerben, und wenn sie zum Fetten des bereits gegerbten Leders verwendet werden, dienen sie bloß zu dessen Einfetten.

Wir haben früher bereits, S. 4, erwähnt, daß dieses Einfetten von der Fettgerbung, der sog. Sämischgerbung, genau unterschieden werden muß. Für die letztere sind nur oxydationsfähige Fette, d. h. solche geeignet, die durch Aufnahme des Luftsauerstoffes in feste Stoffe übergehen. Es werden zu Firnissen schon lange die sog. trocknenden Öle (wie Leinöl, Mohnöl) verwendet, die aus der Luft begierig den Sauerstoff absorbieren, dadurch in verhältnismäßig kurzer Zeit austrocknen und erhärten. Ein solcher Vorgang findet auch bei der Sämischgerbung statt, wobei auch flüchtige Aldehyde gebildet werden, wie ja schon lange her die Bildung des durchdringend riechenden Akroleins beobachtet wurde.

Diese Aldehyde besitzen nun sämtlich das Vermögen, die gelatinösen Hautfasern zu erhärten, und so ist gerade in dieser Wirkung das Gerbvermögen der zur Sämischgerbung geeigneten Fette zu suchen; dabei lagert sich selbstverständlich auch das Fett an die Hautfasern an. Daß diese Anschauung begründet ist, wird noch dadurch bestätigt, daß man z. B. mit Formaldehyd allein zu gerben vermag und so ein Leder erhält, das die Eigenschaften eines guten Sämischleders besitzt, obwohl überhaupt kein Fett verwendet wird.

Zu Sämischleder wurden seit Jahrhunderten fast ausschließlich Trane benutzt, die — wie z. B. der Lebertran — ungesättigte Fettsäuren enthalten. Aber man kann die Sämischgerbung auch mit anderen oxydationsfähigen, also austrocknenden Ölen ausführen, so mit Rüböl, das bei dem Japanleder zur Ausgerbung verwendet wird, oder mit Leinöl, das viel Linolensäure enthält. In letzter Zeit wurde Fahrion ein Verfahren patentiert, nach welchem die Oxydation der Fettsäuren durch Zusatz von sog. Sikkativen, wie sie bei Herstellung von Lacken verwendet werden, beschleunigt wird. J. T. Wood hat sich die Verwendung von Fettsäuren patentieren lassen, wodurch die Bindung derselben mit Glyzerin, wie sie in Fetten vorkommt, nicht aufgelöst zu werden braucht. Die trocknenden Öle bestehen nämlich teilweise aus ungesättigten Fettsäuren, die den Sauerstoff aus der Luft begierig aufnehmen und in feste, gummiartige Stoffe übergehen;

den Rest bilden die gesättigten, an Glyzerin gebundenen Fettsäuren, welche die Gerbung nicht unterstützen, sondern verlangsamen und bei Herstellung von Degras und Moellon aus dem Sämischleder wieder entfernt werden.

Dabei ist bei der Fettgerbung eine mechanische Bearbeitung, d. i. ein intensives, länger andauerndes Walken unbedingt nötig, damit der Gerbstoff in das Hautgewebe hereingebracht wird, indem die Fette auf dem Wege der Osmose oder Diffusion in das Innere der Hautfasern nicht gelangen können. Bei dieser mechanischen Behandlung entweicht ein Teil des Wassergehaltes und die Gewebestruktur wird gelockert, wodurch die Aufnahme der Fette erleichtert wird. Wo man eine auch nur teilweise oder kombinierte Sämischgerbung beabsichtigt, muß das Leder auch mechanisch bearbeitet werden, was aber auf recht verschiedene Weise geschehen kann. Die Sämischgerbung ist also durch Verwendung von oxydationsfähigen Fetten und mechanische Bearbeitung charakterisiert.

Die Sämischgerbung stellt demnach folgende Hauptbedingungen:

1. Die Hautfibrillen müssen genügend Absorptionsfähigkeit und in ihrem Inneren noch Raum zur Aufnahme des gerbenden Fettes besitzen, was z. B. bei sattgegerbtem lohgarem Leder nicht mehr der Fall ist.

2. Man muß ein solches Fett benutzen, das tatsächlich eine gerbende Wirkung aufweist, indem eine solche, z. B. der Rindstalg, die sämtlichen Mineralfette und die meisten Pflanzenfette nicht besitzen.

3. Ist für die Sämischgerbung unbedingt mechanische Bearbeitung, also ein intensives, länger anhaltendes Walken nötig, durch welches der Gerbstoff in die Fasern eingebracht wird, indem die Fette durch die Osmose in das Innere der Hautfasern nicht eindringen können.

Bei der Fettgerbung lösen die Fettstoffe die Faserbündel in der Haut auf und isolieren die Hautfasern in ähnlicher Weise, wie dies bei mineralgarem Leder geschieht. Dabei werden die Hautfibrillen von den Fettgerbstoffen ähnlich wie bei grubengarem Leder von vegetabilischen Gerbstoffen völlig durchdrungen. Die Fettgerbstoffe lagern sich aber, was für die Sämischgerbung charakteristisch ist, da sie sich dadurch von der Loh- und Mineralgerbung unterscheidet, nicht auf der Oberfläche der Hautfasern ab. Man kann nämlich dem Sämischleder das sämtliche überschüssige Fett durch geeignete Mittel (wie dies in der Praxis durch Auspressen oder alkalische Laugen, neuerdings auch durch fettlösende Mittel tatsächlich geschieht) entziehen, so daß kein freies oder nicht gebundenes Fett zurückbleibt und dennoch werden dessen charakteristische Eigenschaften nicht berührt. Wenn man ein so entfettetes Sämischleder untersucht, so findet man, daß die Hautfasern an ihrer Oberfläche kein Fett aufgelagert enthalten. Darin ist gerade der hauptsächliche Unterschied zwischen dem sämischgaren und dem bloß gefetteten oder mit Fett imprägnierten Leder begründet, indem beim ersteren das Fett als Gerbstoff im Inneren der Fasern festgebunden ist, während sich bei den letzteren das Fett an der Oberfläche der Hautfasern und in den Zwischenräumen des Fasergewebes befindet.

Das Auflockern der Faserbündel durch die Fettgerbstoffe geschieht in einer so vollkommenen Weise, wie dies durch keinen anderen Gerbstoff geschieht, woraus sich die wollige, tuchartige Textur des Sämischleders erklärt. Etwas Ähnliches geschieht auch bei den mineralgaren Ledern, speziell bei dem Chromleder, die ebenfalls ein wolliges Aussehen aufweisen. Dabei wirkt der Fettgerbstoff viel intensiver als der vegetabilische und es genügen schon geringe Mengen davon zur vollen Durchgerbung der Haut, infolgedessen wird hier weder die Masse noch das Volumen der Haut vergrößert, wie dies bei der Lohgerbung der Fall ist.

Das Sämischleder zeigt nach von Schröder-Pässler[1] die folgende mittlere Zusammensetzung:

Angenommener Wassergehalt in lufttrockenem Leder 22,00%
Asche 4,55%

---

[1] Dinglers „Polyt. Journal" 1895, Bd. 295, S. 213.

$$\text{Fett} \begin{cases} \text{in Schwefelkohlenstoff löslich} \dots \dots \quad 3{,}25\% \\ \text{in Schwefelkohlenstoff nicht löslich (von} \\ \qquad \text{den Hautfasern gebunden)} \dots \dots \quad 4{,}0\% \end{cases}$$

Hautsubstanz 66,3%

Seine Wasserbeständigkeit nach Fahrion beträgt 80%.

Die Mengen der von der Haut aufgenommenen Fettstoffe sind also bei dem Sämischleder sehr gering. Während in absolut trockenem Zustande das lohgare Leder etwa 35% gebundenen Gerbstoff, das weißgare etwa 15% gerbend wirkende Mineralgerbstoffe enthält, weist das Sämischleder nur etwa 5% gebundenes Fett auf. Hieraus folgt, daß die Sämischgerbung ein sehr geringes Gewichtsrendement ergibt.

100 Teile Blößen liefern durchschnittlich nachfolgende Gewichtsteile fertigen Leders:

bei reinem Sohlenleder 55,8

„ norddeutschem Sohlenleder . 64,0

„ ungefettetem Oberleder . . . 55,3

„ weißgarem Leder 42,5

„ sämischgarem Leder 37,8

Die Sämischgerbung liefert also verhältnismäßig das mindestgewichtige Leder.

Das Sämischleder unterscheidet sich von den übrigen Ledersorten auch durch die Eigenschaft, sich im Seifenwasser waschen zu lassen, ohne seine Geschmeidigkeit einzubüßen. Wegen seiner Durchlässigkeit im Wasser und seiner geringen Festigkeit kann dieses Leder nur dort seine Anwendung finden, wo auf Wasserdichte und Zugfestigkeit kein besonderes Gewicht gelegt wird.

4. Gerbungen mit verschiedenen gerbenden Stoffen.

Schon früher bereits hat man gefunden, daß man die Haut auch durch verschiedene andere Stoffe auszugerben vermag, nur wußte man häufig nicht genau, ob tatsächlich ein Leder herausgekommen ist oder nicht. So ist z. B. schon lange bekannt, daß die Haut mit Karbolsäure ein lederähnliches Produkt ergibt. Der Chemiker Trillot in Paris fand, daß Formaldehyd die Eigenschaft besitze, von „frischer

Haut aus seinen Lösungen aufgenommen zu werden. Das Hautgewebe schwillt darin auf und es scheint eine wahre Verbindung mit dem Formaldehyd einzugehen, ähnlich wie dies beim Leder der Fall ist"; er bemerkt dazu, daß der Formaldehyd wegen dieser seiner Eigenschaft in der Gerberei verwendet werden könnte. Im Jahre 1897 veröffentlichte Eitner seine Erfahrungen über die Verwendbarkeit des Formaldehyds in der Gerberei und ein Jahr darauf ließ sich die englische Fa. Pullmann Co. in Godalming die Gerbung mit alkalischer Formalinlösung patentieren. Dr. Weinschenk in Mainz bekam ein D.R.-P. auf die Gerbung mit α- und β-Naphthol, Meunier und Seyewetz auf eine solche mit verschiedenen Phenolen, wie z. B. mit Hydrochinon, Brenzkatechin, Pyrogallol und deren Derivaten. Ein ähnliches Produkt ist das Neradol von Ed. Stiasny, dessen Herstellung der Bad. Anilin- und Sodafabrik im Jahre 1913 patentiert wurde. Die Chromgerbung nach dem Zweibadverfahren hat zu der Entdeckung geführt, daß man auch mit Schwefel ausgerben kann, wogegen nach den Versuchen von Meunier und Seyewetz auch die Halogene, Brom, Chlor und Jod, gerbfähig sind. Von den Metallen wirken fast alle — die Alkalimetalle vielleicht ausgenommen — gerbend ein, insbesondere zeigen auch die seltenen und edlen Metalle ein hohes Gerbvermögen. Bereits im Jahre 1864 hat Kletzinsky gefunden, daß man mit der Pikrinsäure auszugerben vermag. Auch mit Alkohol oder Glyzerin kann man die Hautblöße imprägnieren, so daß sie eine Art Leder darstellt, und das mit Glyzerin hergestellte Transparentleder findet noch jetzt Verwendung[1]). So ist sicherlich der Ausspruch Procters wohl begründet, daß es jetzt schwierig ist, einen Stoff zu nennen, womit man kein Leder aus der Haut machen könnte, während noch vor 30 Jahren nur dreierlei gerbfähige Stoffe bekannt waren, nämlich vegetabilischer Gerbstoff, Tierfett und Alaun.

In der Praxis haben aber bisher von den genannten

---

[1]) Mehr hierüber findet der Leser in den „Modernen Gerbmethoden". (Wien, Hartleben, 1913), S. 77 u. ff.

Stoffen nur einige wenige in die Gerbereien Eingang gefunden,
nämlich der Formaldehyd und das Hydrochinon, in letzter
Zeit das Neradol. Aber man könnte diese Stoffe eher als
Hilfsstoffe für die eigentliche Gerbung, als für besondere
Gerbstoffe betrachten, obwohl sie tatsächlich eine Gerbung
auszuführen vermögen, wenn man sie in genügender Menge
anwendet. Für sich allein dürften sie aber schwerlich zur
Gerbung, einige Ausnahmen für technische Zwecke ausgenommen, benutzt werden, indem sie ein körper- und gewichtsloses Leder liefern. Selbstverständlich ist die Natur dieser
verschiedenen Ledergerbungen auch recht abweichend, aber
alle haben das gemein, daß die Gerbstoffe teilweise die feinen
Hautfasern umhüllen und teilweise durchdringen, wobei nicht
ausgeschlossen ist, daß sie sich auch mit der Hautsubstanz
chemisch verbinden.

5. Kombinierte Gerbverfahren.

Bei den meisten Gerbverfahren werden die fertigen Leder,
wie bereits erwähnt, gefettet, um sie geschmeidig und widerstandsfähig gegen Wasser zu erhalten, wobei sich das Fett
teilweise an die Haut festbindet und demnach theoretisch eine
Kombinationsgerbung ergibt. Aber die Praxis sieht diesen
Vorgang nicht als eine Nachgerbung an, indem das Leder
bereits vor der Fettung tatsächlich mit seinen charakteristischen
Eigenschaften vorhanden war. Dagegen liegt eine richtige
kombinierte Fettgerbung bei dem sog. Klavierleder vor,
wo die Häute zuerst sämisch und dann mit Lohe ausgegerbt
werden. Eine kombinierte Fettgerbung finden wir auch beim
Glacéleder, wo man die Blößen mit der sog. Gare aus
Eigelb, Weizenmehl, Alaun und Kochsalz zugleich fettgar und
alaungar ausgerbt, indem der Alaun die Alaungerbung, das
Eieröl die Fettgerbung bewirkt. Aber der Weißgerber sieht
die Glacégerbung nicht als eine Kombinationsgerbung
an (obwohl das Glacéleder tatsächlich die meisten Eigenschaften des fett- und alaungaren Leders in sich verbindet),
und zwar wohl aus dem Grunde, weil die Glacégerbung in
einer einzigen Operation zu gleicher Zeit erfolgt. Erst

wenn zu der Glacégerbung noch eine weitere Gerbungsweise dazutritt, das dem Glacéleder neue Eigenschaften erteilt, wird das Verfahren als eine Kombinationsgerbung betrachtet.

Unter kombinierter Gerbung oder Kombinationsgerbung versteht man also ein solches Gerbverfahren, bei dem zur Herstellung einer Ledersorte zwei oder mehrere Gerbmethoden angewandt werden. Nun werden bei den mannigfaltigen Kombinationsgerbungen hauptsächlich die Mineralgerbungen entweder untereinander oder mit der Lohgerbung in verschiedener Reihenfolge und auch in variablen Mengenverhältnissen kombiniert, wobei aber in der Regel noch eine Fettung nachfolgt, wie sie bei den loh- und mineralgaren Ledern üblich ist. Die Fettgerbung wird nur ausnahmsweise zu Kombinationsgerbungen beigezogen, wogegen mit der Glacégerbung verschiedene kombinierte Gerbungen ausgeführt werden. Wenn man nun erwägt, daß man die verschiedenen Gerbungen mit mannigfaltigen gerbenden Stoffen in abweichender Reihenfolge und in wechselnden Mengen ausführen kann, so ist leicht einzusehen, daß die Kombinationsgerbungen in zahlreichen Variationen erfolgen können, wo immer neue, mehr oder weniger abweichende Ledersorten erzielt werden und so dem erfahrenen und einsichtsvollen Gerber Gelegenheit bieten, neue Produkte auf den Markt zu bringen, die seine Mühe und Kenntnisse besser lohnen als die allgemein üblichen.

Früher hat man durch Kombinierung verschiedener Gerbmethoden eine raschere und demnach auch billigere Ausgerbung zu erreichen gesucht, weil die alte Lohgerbung Monate und sogar Jahre zur Herstellung des Leders erfordert hatte, und es ist auch tatsächlich gelungen, dieses Ziel zu erreichen. Jetzt, wo die Faßgerbung und namentlich die Chromgerbung schon in einigen Wochen, ja Tagen ein fertiges Leder herzustellen gestattet, benutzt man die Kombinationsgerbungen besonders dazu, ein Produkt von ganz bestimmten Eigenschaften zu erhalten, die man der Haut mit einer einfachen Gerbung entweder unvollkommen oder nur schwierig beizubringen vermag. Man kann nämlich die verschiedenen

Gerbmethoden nur bis zu einer gewissen Grenze verbessern. Verschiedene Mängel, welche schon die betreffende Gerbmethode mit sich bringt, lassen sich auch durch die beste Ausführungsweise nicht beseitigen.

Man hat jedoch bald herausgefunden, daß man durch Kombination der einzelnen Gerbmethoden bei richtiger Ausführung ein Produkt erhalten kann, das die günstigen Eigenschaften dieser Methoden aufweist, ohne deren Nachteile zu besitzen. Wird aber die Kombinationsgerbung nicht richtig ausgeführt, so summieren sich nur zu häufig die Schattenseiten und Nachteile der einzelnen Gerbverfahren und man erhält ein völlig mißratenes Leder.

Wo die Kombinationsgerbung den Vorteil einer schnelleren Ausgerbung bieten und dabei Produkte liefern soll, die gleich oder möglichst ähnlich der reinen Loh- oder Mineralgerbung erscheinen sollen, gelingt es ihr selten, ein günstiges Resultat zu erreichen. Der Gerbeffekt der mineralischen Gerbsalze ist nämlich von jenem der vegetabilischen Gerbstoffe so sehr verschieden, daß man bei Kombination derselben die Wirkung des einen oder des anderen in den Eigenschaften des erzeugten Leders, nie ganz zum Verschwinden bringen kann. Man ist also durch eine kombinierte Gerbung nicht imstande, ein solch mineralgares oder lohgares Leder herzustellen, welches den reinen Charakter der einen oder der anderen Ledersorte besitzen würde. Wenn man also die Gerbung des lohgaren Sohlleders durch Kombination mit einer Alaungerbung in kürzerer Zeit zu erreichen gedachte, so kommt kein richtiges lohgares Sohlleder heraus, sondern das Produkt wird die Weichheit und Zügigkeit des weißgaren Leders aufweisen, und zwar im Verhältnis zu der Stärke der ihm beigebrachten Alaungerbung.

Dagegen scheinen die neuen Kombinationsverfahren mit α- und β-Naphthol oder Hydrochinon nach Meunier & Seyewetz und diejenigen mit Neradol nach Stiasny die Beschleunigung der vegetabilischen Gerbung in günstigem Sinne gelöst zu haben, ähnlich wie dies auch beim Zusatz des Formaldehyds der Fall ist. Diese Stoffe beschleunigen die vegetabilische Gerbung in einer Weise, ohne daß das Produkt die charakteristischen Eigenschaften der Lohgerbung verlieren würde. In dieser Hinsicht dürfte die Verwendung dieser Stoffe noch eine große Zukunft vor sich haben, wie z. B. das Neradol in der letzten Zeit eine immer größere Verwendung findet. Sonst ist es ja schon längst bekannt, daß der Formaldehyd nicht nur die Lohgerbung sondern auch die Chromgerbung zu beschleunigen vermag.

In erster Reihe verfolgt man jetzt mit den Kombinationsgerbungen immer den Zweck, ein Leder mit bestimmten Eigenschaften zu erzeugen, wie es mit der einzelnen Gerbmethode nicht zu erreichen ist. Ähnlich wie schon von alters her in der Lohgerberei verschiedene Gerbmaterialien in einer Gerbung verwendet werden, die in ihrer Wirkungsweise dem Leder verschiedene charakteristische Eigenschaften beibringen, welche noch an dem fertigen Leder zu erkennen sind, ebenso geschieht es auch bei einer kombinierten Gerbung. Ein erfahrener Gerber vermag selbst an einem mit verschiedenen vegetabilischen Gerbmaterialien gegerbten Leder die hierzu verwendeten Gerbstoffe zu bestimmen, da sie dem erzeugten Leder die charakteristischen Eigenschaften dieses oder jenes Gerbstoffes beibringen, ebenso finden sich auch beim kombiniert gegerbten Leder die verschiedenen Eigenschaften der angewandten Gerbungen vor. Wir wissen ja, daß auch bei den mineralgaren Ledern, zwischen dem alaun- und chromgaren Leder große Unterschiede vorkommen, ähnlich wie dies bei dem quebrachogaren und sumachgaren Leder der Fall ist.

Nun ist man imstande, durch verschiedene Kombinationen der mineralischen Gerbsalze mit den mannigfaltigen vegetabilischen Gerbstoffen, unter weiterer Beiziehung der gerbenden Fettstoffe eine große Anzahl der verschiedensten Gerbungen auszuführen. Diese Anzahl der Kombinationsgerbungen wird noch dadurch erhöht, daß die vier Gerbmethoden in verschiedener Reihenfolge und in verschiedenen Mischungsverhältnissen zueinander erfolgen können, wodurch die Anzahl der Variationen fast zu einer unzählbaren Menge ansteigt. Es ist so dem umsichtigen und erfahrenen Gerber die Möglichkeit geboten, Lederarten herzustellen, die den besonderen Anforderungen der Kundschaft entsprechen, oder ganz neue Ledersorten zu erzeugen, die besondere Eigenschaften aufweisen.

Bei den Kombinationsgerbungen weisen die Leder bei einer ziemlich gleichen Stärke der Gerbungen stets die charakteristischen Eigenschaften der zuerst angewandten Gerbung auf, obwohl auch die nachfolgende Gerbung selbstverständlich nicht ohne Einfluß bleibt. Sonst werden die Eigenschaften der überwiegenden Gerbung mehr hervortreten, wogegen diejenigen der anderen mehr oder weniger verdrängt werden. Man muß diesen Umstand immer vor Augen behalten und sich danach bei Ausführung der Gerbungen richten.

Die wichtigsten Kombinationsgerbungen sind diejenigen mit Alaun und vegetabilischen Gerbstoffen, dann die mit Fettstoffen; zu den ersteren ist die sog. *Dongolagerbung*, zu der zweiten die *Glacégerbung* zuzurechnen. Eine nicht geringere Wichtigkeit haben auch die *kombinierten Chromgerbungen* erreicht, von denen insbesondere die Kombination mit vegetabilischen Gerbstoffen zu erwähnen ist.

Alle übrigen Kombinationen sind hinter den angeführten weit zurückgeblieben, obwohl z. B. die *kombinierte Schwefelgerbung* bei gewissen Lederspezialitäten zu großer Wichtigkeit gelangt ist. Diese wird neuerdings auch mit der Lohgerbung kombiniert und liefert besonders gute technische Leder. Es werden aber auch Mineralgerbungen, so diejenigen mit Alaun und Chrom, ja bei der Chromgerbung sogar das Zweibad- mit dem Einbadverfahren zusammen kombiniert. Zuletzt wären noch die Gerbungen mit Formaldehyd, Naphtholen, Hydrochinon, Neradol und ähnlichen Stoffen anzuführen, die vielleicht berufen sind, in der Zukunft eine wichtige Rolle zu spielen, die wir aber nur dann als selbständige Gerbmittel ansehen können, wenn sie allein verwendet werden, was eben nur ausnahmsweise der Fall ist.

II. Kombinationsgerbungen mit vegetabilischen und mineralischen Gerbstoffen.

Es dürfte wohl schwer zu entscheiden sein, welches Gerbverfahren, die Lohgerbung oder die Alaungerbung, das ältere ist. In den altägyptischen Königsgräbern sind uns bis heute lohgare Schuhe erhalten geblieben, während die alten Griechen Mäntel aus Ziegenfellen trugen, die mit Alaun bearbeitet wurden, um sie weich und geschmeidig zu machen. Nicht minder interessant ist, daß auch die kombinierte Gerbung mit vegetabilischen Gerbstoffen und Alaun schon im Mittelalter bekannt war; man kann dieses Leder als das sog. dänische oder schwedische Leder ansehen, das schon von alters her fabriziert, noch heute unter dieser Benennung im Handel vorkommt, obwohl viele Imitationen das richtige dänische Leder stark verdrängt haben.

Die kombinierte Loh- und Alaungerbung (später auch unter Mitverwendung der Glacégare) war schon vor vielen Jahrhunderten üblich, namentlich zur Herstellung des Futterleders für Harnische und eiserne Handschuhe. So fand W. Eitner in einer Rüstung, die aus der Zeit Margarete Maultasch, Gräfin von Tirol (geb. 1318, gest. 1369), herstammen soll, ein kombiniert gegerbtes loh-alaungares Leder. Aber die alte Kombinationsgerbung ist nicht als Ausgang der neuzeitlichen anzusehen, da hier die Anregung von der Chromgerbung ausging. Erst zu Ende der siebziger Jahre des vorigen Jahrhunderts hat James Kent in Amerika eine Glanzkid-Imitation hergestellt, die er „Dongola" benannte und welche nun Ausgangspunkt auch für verschiedene andere feine Oberledersorten geworden ist.

Die Alaungerbung hat bekanntlich ihren Namen davon,

daß dabei der schon in alter Zeit bekannte Kalialaun, eine Verbindung des Tonerde- und Kalisulfats, verwendet wird. Er enthält bloß 10,8% Tonerde und wird daher zweckmäßig durch das billigere Tonerdesulfat ersetzt, das auch unter dem Namen „konzentrierter Alaun" in den Handel kommt. Dieses Sulfat ist billiger als der gewöhnliche Alaun und enthält in wasserhaltigem Zustande 15,4% Tonerde. Werden diese Tonerdesulfate in größeren Mengen Wasser aufgelöst, so werden sie hydrolysiert, d. h. sie zersetzen sich zu Schwefelsäure und die kolloidale Tonerde oder basische Tonerdesalze. Die letzteren verbinden sich mit der Haut, indem sie sich an die Hautfasern anlegen und damit festgebunden werden. Die Schwefelsäure wird von den Hautfasern in gleicher Weise wie die übrigen Säuren gebunden. Dadurch wird aber die Außenlösung wieder weiter hydrolysiert und die Aufnahme der weiteren Säuremengen würde zur Anschwellung, also zur weiteren Wasserabsorption durch die Hautfasern führen, wenn das vorhandene Kochsalz der Aufnahmefähigkeit des Hautgewebes für Wasser nicht entgegenwirken würde. Wie bekannt, ist das Kochsalz hydroskopisch, d. h. es zieht das Wasser kräftig an, dadurch wirkt es der Schwellung entgegen, die gerade durch die Wasseraufnahme herbeigeführt wird. Hieraus erklärt man sich, warum die Alaungerbung nur bei Gegenwart von Kochsalz erfolgt.

Durch das Kochsalz wird also die Aufnahme des Wassers durch das Hautgewebe gehemmt, wogegen die Aufnahme der Säuren noch gesteigert wird. Gleichzeitig wird mit diesen auch die Tonerde abgelagert. Dabei hängen die absorbierten Mengen der Schwefelsäure und der Tonerde wohl von den Mengenverhältnissen und von den sonstigen physikalischen Bedingungen ab. Man sieht gewöhnlich bei der Alaungerbung die Gerbung als beendet an, sobald ein Gleichgewichtszustand mit der Lösung erreicht ist. Das weißgare Leder ist daher als ein Produkt teils der wahren Aluminiumgerbung, teils der Kochsalz- und Säurewirkung aufzufassen, welche den Hautfasern Wasser entziehen und sie durch Einlagerung der Tonerde beim Trocknen vor dem Zusammenkleben schützen.

Diese Anschauung wird besonders durch die Wirkung des Wassers auf das fertige weißgare Leder bestätigt. Legt man ein weißgares Leder in Wasser ein, so wird zunächst das Kochsalz entfernt und dadurch die schwellende Wirkung der Säure ausgelöst; sodann wird auch ein Teil des aufgenommenen Tonerdesalzes ausgelaugt, aber dessen hydrolysierter basischer Anteil bleibt im Leder zurück, so daß ein stark ausgewaschenes Leder nach dem Austrocknen hart und hornig wird, aber nicht vollständig in den Zustand ungegerbter Haut zurückverwandelt werden kann.

Bei dem üblichen Broschieren der weißgaren Leder soll nur der überschüssige Anteil von Kochsalz und Alaun entfernt werden und darf man es nicht so weit führen, daß nach dem Austrocknen ein horniges Leder herauskäme. Durch mehrwöchentliches Lagern, das sog. Altern des Alaunleders, wird ein beträchtlicher Anteil der bisher ungebundenen Tonerde an die Hautfasern gebunden, wodurch ihr auswaschbarer Anteil wesentlich verringert wird. Wenn aber das weißgare Leder zu lange lagert, so wird es mürbe und brüchig, indem gerade die durch das Festbinden der Tonerde freigewordenen Säuren das Hautgewebe angreifen.

Aber man kann die ungebundene Tonerde statt des längeren Lagers auch durch Neutralisation der im Leder enthaltenen Säuren mit Alkalien fester an das Hautgewebe binden, ähnlich wie dies bei dem Chromleder geschieht. Bei diesem wird das chromgegerbte Leder namentlich mit Borax oder mit Ammoniumsulfat und Soda in deren schwachen Lösungen behandelt, wodurch die überschüssigen, im Leder zurückgebliebenen Säuren neutralisiert und entfernt werden. Dadurch wird ein Anteil des sauren Aluminiumsalzes in eine stärker basische Verbindung überführt, die sich dann durch Auswaschen nicht entfernen läßt.

Die Wichtigkeit dieser Tatsachen werden wir bei den weiteren Ausführungen noch kennen lernen.

Den Kalialaun kann man, wie bereits erwähnt, ganz zweckmäßig durch das Tonerdesulfat ersetzen. Das Kaliumsulfat nämlich, das im ersteren enthalten ist, bleibt völlig wirkungslos und geht mit der übriggebliebenen Brühe unbenützt fort. Dabei spart man auch an Geld, indem 100 kg Kalialaun, die etwa 18 Mk. (bzw. 30 K.) kosten, durch 70 kg schwefelsaure Tonerde ersetzt werden können, die nur auf 9,80 Mk. (bzw. 17,5 K.) zu stehen kommen. Die übrigen Tonerdesalze, wie Ammoniak- oder Natronalaun, oder die essigsaure Tonerde zu verwenden, wie dies wiederholt empfohlen wurde, hätte keinen Sinn, da sie keine vorteilhaftere Wirkung ausüben und dabei bedeutend teuerer sind.

Selbstverständlich bezieht sich das über das weißgare Leder Gesagte nicht nur auf die bloß mit Alaun und Kochsalz gegerbten Leder, sondern auch auf das Glacéleder, das ja ebenfalls mit Tonerdeverbindungen ausgegerbt ist.

Für 100 kg Blößen genügen zur Weißgerbung ungefähr 10 kg Kalialaun, bei schwächeren Fellen kommt man auch mit 8,5 kg Kalialaun aus, so daß man bei Tonerdesulfat etwa 6 bis 7 kg verwendet. Von Kochsalz genügen 25 bis 35% der Alaunmenge, oder bei Tonerdesulfat 35 bis 40%, so daß auf 100 kg Blößen zur vollen Alaungerbung bei Kalialaun oder Tonerdesulfat 2,5 bis 3 kg Kochsalz völlig ausreichen. Stärkere Gaben sind nicht erforderlich, dagegen kommt man bei schwächeren Alaungerbungen auch mit kleineren Gaben aus. Wenn man diese Mengenangaben mit den tatsächlich verwendeten vergleicht, so wird man nur zu häufig finden, daß man völlig unnötigerweise mit bedeutend größeren Mengen arbeitet; wir finden Angaben, nach welchen bis 20 kg Kalialaun und bis 150 kg Kochsalz pro 100 kg Blößen verwendet werden sollen.

Was die bei Kombinationsgerbungen anzuwendenden vegetabilischen Gerbmittel anbelangt, so benutzt man dazu am besten solche, die bei einem verhältnismäßig hohen Gehalte an Gerbstoff und Nichtgerbstoffen nur ein geringes Gerbvermögen besitzen. Je größeres Gerbvermögen ein vegetabilisches Gerbmittel aufweist, in desto größeren Mengen wird sich der Gerbstoff in dem betreffenden Leder ablagern, desto mehr werden die an den mineralgaren Ledern gerühmten Eigenschaften, namentlich ihre große Zähigkeit und Widerstandsfähigkeit gegen Zerreißen und Brechen herabgedrückt. Deshalb sucht man zu Kombinationsgerbungen jene vegetabilischen Gerbstoffe auf, die das mineralgare Leder nicht zu viel auffüllen, aber trotz des geringen Gerbvermögens das Leder doch griffiger machen und ihm jene Eigenschaften mitteilen, die nachher eine geeignete Zurichtung, besseres Ausfärben und ausgiebigeres Einfetten ermöglichen.

Diese Gerbstoffe hat B. Kohnstein ganz passend *Halbgerbstoffe* genannt. Hierzu gehört in erster Reihe das Katechu oder Japonika[1]), welches die Blöße leicht und schnell durchdringt, aber das Leder nur wenig auffüllt; es wird auch in den amerikanischen Gerbereien in großen Mengen zu Kombinationsgerbungen verwendet. Noch besser geeignet ist der Mangrove-Extrakt, welcher unter dem Namen „R-Katechu" in den Handel kommt. Dieser Extrakt allein angewendet liefert ein mißfarbiges, leeres und gewichtsloses Leder; bei der Kombinationsgerbung mit Alaun und Chrom hat er sich als sehr brauchbar erwiesen.

Auch das Canaigre und der Palmetto-Extrakt werden neuerdings häufig verwendet. Canaigre[2]) ist die Knollenwurzel einer Art Sauerampfer, der in Nordamerika und Norditalien angebaut wird, und dessen drei Jahre alte Knollen ziemlich viel Gerbstoff, Zucker und Nichtgerbstoffe enthalten. Sie kommen entweder getrocknet (mit etwa $30\,^0/_0$ gerbenden Stoffen) oder als Extrakt in den Handel. Palmettoextrakt wird aus der Wurzel einer Fächerpalme gewonnen, die in Florida heimisch ist. Es ist ein auf dem Boden schleichender Strauch, dessen Wurzelstöcke bis $1^1/_2$ m lang, 10 bis 12 cm dick sind. Sie wachsen aus dem Sumpfboden heraus und tragen viele Triebe mit fächerartigen Blättern. Aus den Wurzelstöcken wird der Saft ausgepreßt, auf 30^0 Bé eingedickt und in Fässer gefüllt; in diesen wird er auch zu Versand gebracht.

Aber auch die verschiedenen leichtlöslichen sulfitierten Quebrachoextrakte, die unter verschiedenen Phantasie-

---

[1]) Siehe „Praxis und Theorie der Ledererzeugung" (Berlin, Springer, 1901), S. 207.

[2]) Ebendort, S. 214.

namen, z. B. „Mimosa-D", in den Handel gebracht werden, sind zu Kombinationsgerbungen gut geeignet. Außerdem werden hierzu auch Gambier, dem Katechu nahe verwandt, aber ein bedeutend helleres Leder liefernd, und der allgemein bekannte Sumach benutzt.

Am besten kann man die zu Kombinationsgerbungen passenden Gerbstoffe nach deren Durchgerbungsvermögen beurteilen, welches Päßler in absteigender Reihe, wie folgt, gefunden hat: Quebrachoholz, Quebrachoextrakt (nicht sulfitiert), Mimosarinde, gewöhnlicher Eichenholzextrakt, Kastanienholzextrakt, Eichenrinde, Fichtenrinde, Mangrovenrinde, Valonea, Knoppern, Divi-Divi, Myrobalanen, Sumach und Quebrachoextrakt kaltlöslich.

Youl und Griffith haben dieses Verhältnis auch ziffernmäßig angegeben, sie fanden unter gleichen Verhältnissen folgendes:

bei	werden von 100 Teilen Hautsubstanz aufgenommen:	Der gebundene Gerbstoff beträgt: (Durchgerbungszahl)
Eichenrinde	111,5 Teile	77,6 %
Quebrachoextrakt	110,5 „	89,8 „
Quebrachoholz	108,0 „	82,1 „
Eichenholzextrakt	98,8 „	70,7 „
„ entfärbt .	96,1 „	74,5 „
Hemlockextrakt	96,1 „	—
Kastanienholzextrakt	94,5 „	72,7 „
Mimosaextrakt	93,0 „	80,2 „
Canaigreextrakt	85,8 „	75,7 „
Myrobalanenextrakt	70,7 „	63,4 „
Valoneaextrakt	—	70,7 „

Neben dem Alaun wird auch das Chrom zu Kombinationsgerbungen herangezogen. Einige der Chromgerbung anhaftende Mängel, namentlich daß man damit keine vollen, gewichtmachenden Leder erhält, die Schwierigkeiten bei der Zurichtung von rein chromgarem Leder, sowie der Umstand, daß man mit Chrom nur Narbenware erzeugen kann, gaben wohl den Anlaß, auch die Chromgerbung durch eine vegetabilische Gerbung zu vervollständigen.

Bei den kombinierten Mineralgerbungen, nämlich mit der Alaun- und Chromgerbung, wird die Lohgerbung in verschiedener Reihenfolge ausgeführt; manchmal erfolgt die vegetabilische und mineralische Gerbung zu gleicher Zeit, das andere Mal folgt die eine der anderen nach. Alle diese drei Kombinationen ergeben ein Produkt von abweichenden Eigenschaften.

Die Vorgerbung mit vegetabilischen und Nachgerbung mit mineralischen Gerbmaterialien wird jedoch sowohl bei der Alaun- als auch bei der Chromgerbung seltener ausgeführt. Viel häufiger folgt die vegetabilische Gerbung nach. Sämtliche chromgare Leder müssen eine solche erhalten, wenn sie mit basischen Anilinfarbstoffen ausgefärbt und mit Stoßglanz versehen werden sollen; selbstverständlich muß dann die Lohegerbung ganz leicht sein, damit sich der Charakter der Chromgerbung nicht verwischt. Dabei nehmen die Chromleder den vegetabilischen Gerbstoff schnell und leicht auf, so daß man bei zweckmäßiger Ausführung ein recht mildes Leder erhält, bei dem sich diese leichte vegetabilische Nachgerbung nicht stark bemerkbar macht.

Tatsächlich wurde schon Ende der sechziger Jahre des vorigen Jahrhunderts und noch einige Zeit nachher von einem reisenden Gerbereikünstler eine kombinierte Chromgerbung verbreitet, wonach insbesondere Satin-, Kalb- und Ziegenfelle, aber auch schwarz genarbte und glatte Kalbfelle hergestellt wurden, die sich durch außerordentliche Weichheit und milden Griff auszeichneten. Dabei wurden die Blößen zuerst mit wässerigen Lösungen von chromsauren Salzen und dann mit vegetabilischen Gerbstoffen behandelt, wobei die Chromate derart auf die Haut einwirken, daß sie dann den vegetabilischen Gerbstoff schnell aufnimmt und damit ein recht mildes Leder liefert. Selbstverständlich konnte man dabei nur solche Gerbstoffe verwenden, die, wie Sumach, Gallen und Gambier, durch Oxydation nicht stark nachdunkeln. Es wurde so eine leichte Chromgerbung erreicht, bei welcher die vegetabilischen Gerbstoffe als Reduktionsmittel dienten. Aber durch die in dem Chromat enthaltene und durch die Einwirkung der Hautsubstanz teilweise freigemachte Chromsäure wurde das Hautgewebe stark angegriffen; das anfangs zähe Leder wurde nach einiger Zeit immer mürber und ging schließlich wie Zunder auseinander[1]). Aus diesem Grunde verschwanden auch diese Leder bald völlig aus dem Markte. Wir führen dies als einen recht einleuchtenden Beweis an, daß namentlich bei den Kombinationsgerbungen große Vorsicht und genaue Kenntnis der angewandten Gerbmaterialien vorhanden sein muß, wenn gute Resultate erreicht werden sollen.

1. Das dänische oder schwedische Handschuhleder.

Das dänische oder schwedische Leder (französisch Cuirs danois oder Suède, englisch Danish leather) wird mit Pflanzengerbstoffen und Alaun ausgegerbt. Dieses Leder gehört neben dem sämischgaren zu dem ältesten, woraus Handschuhe erzeugt wurden, aber man stellte hieraus auch Futter für die Eisenrüstungen her. In Schweden und Norwegen werden diese Leder häufig auch zu Unter- und Oberröcken, Westen u. dgl. verarbeitet.

Es wird nicht gerade selten behauptet, daß dieses Leder bloß mit Weidenrinde gegerbt wird, aber obwohl diese ein weiches und feines Leder liefert, besonders wenn man es durchfrieren ließe, wozu sich ja in jenen Gegenden genug Gelegenheit darbietet, so würde man doch kein zügiges Leder erhalten, wie es zu Handschuhen nötig ist. Will man durch Lohgerbung ein weiches Leder erzielen, so muß man es gut durchgerben, aber ein solches Leder wird zwar voll, stark und weich, aber nie zügig sein. Außerdem weist ein lohgares Leder, auch wenn es durch Dollieren an der Fleischseite abgeschliffen wäre, nie die wollige Beschaffenheit auf, wie sie dem dänischen Leder eigen ist. Man könnte zwar die Fleischseite durch eine Bimswalze aufrauhen, aber auch dann ließe sich dies mit der feinen Wolligkeit nicht vergleichen. Das tuchartige Aussehen wird nur durch die Alaungerbung erreicht und man

---

[1]) „Der Gerber" 1900, Nr. 609, S. 16.

kann voraussetzen, daß das dänische Leder mit Alaun schon von alters her gegerbt wurde.

Solches Leder ist uns noch aus dem 15. Jahrhundert erhalten geblieben, aber seine Herstellungsweise wurde als Geheimnis gehütet, wie dies auch bei den übrigen Gewerben der Fall war. Erst gegen das Ende des 16. Jahrhunderts hat auf Anraten seines genialen Ministers Colbert der „Sonnenkönig" Ludwig XIV. der Pariser Akademie der Wissenschaften den Auftrag erteilt, auch die Hebung der Gewerbe und Künste auf Grund des wissenschaftlichen Fortschrittes, namentlich der Naturwissenschaften, in ihren Wirkungskreis aufzunehmen. Diese erfüllte die ihr gestellte Aufgabe mit vollem Eifer und ließ die einzelnen Gewerbe wissenschaftlich bearbeiten. Schon im Jahre 1708 unterbreitete Desbillets seine Schrift über Lohgerberei („La Tannerie et la préparation des Cuirs"), aber das Manuskript ist verloren gegangen und hat sich bloß in Bruchstücken erhalten. So übernahm die Bearbeitung dieses Gewerbe De la Lande, welcher im Jahre 1758 seine Schrift „L'art de l'Hongroyeur au XVIIIe siècle" herausgab, die im Jahre 1912 und 1913 in der französischen Fachzeitschrift „Le Cuir" neu abgedruckt wurde. In dieser Schrift wurde die kombinierte Alaun- und Lohgerbung zum ersten Male beschrieben, und zwar fast genau so, wie sie noch jetzt ausgeführt wird.

Nach dieser Vorschrift wird die Eichenlohe und Erlenrinde mit der zwanzigfachen Menge heißem Wasser begossen und die Brühe nach wiederholter Durchmischung abgezogen; diese wird nochmals aufgekocht auf frische Rinden gegossen und nach drei Tagen abgezogen. Auf 100 l dieses ziemlich starken Gerbauszuges werden $2^1/_2$ kg Alaun und 2 kg Kochsalz zugesetzt. Mit dieser Brühe werden die Blößen, welche vorher entweder durch bloßes Abrasieren oder nach Kalkäschern enthaart wurden, auf zweierlei Weise ausgegerbt. Entweder wurde die Gerbbrühe angewärmt und die Blößen darin 12 Stunden gewalkt, wobei zeitweilig frische Brühe zugesetzt wurde, oder die Blößen wurden 3 Tage in der kalten Lohbrühe belassen und darin wiederholt umgetrieben, dann wieder in frische Brühe eingegeben, was noch einmal oder zweimal wiederholt wurde. Hiermit erhielten die Blößen eine ziemlich starke vegetabilische Vorgerbung und darauf eine Nachgerbung mit Alaun. Dabei wurden die Felle, nachdem sie aus der Lohbrühe gut abgetropft waren, von beiden Seiten mit einer Mischung aus 3 Teilen fein zerkleinertem Alaun und 1 Teil Kochsalz bestrichen, dann zusammengeballt und in Bottiche eingelegt. Nach je sechs Stunden wurden die Ballen aufgerollt und die Felle mit der ausgeflossenen Brühe nochmals bestrichen. Dies wurde viermal wiederholt, worauf die Felle so lange in den Bottichen verblieben, bis sie völlig gar waren, dann wurden sie gefettet und zugerichtet.

Geäscherte Blößen, bei welchem mit dem Haar auch die Narbenschicht beseitigt wurde, wurden zunächst in schwachen, reinen Lohbrühen (also ohne Alaun- und Kochsalzzusatz) angegerbt, wo sie 3 bis 6 Wochen verblieben, worauf sie mit Alaun und Kochsalz ausgegerbt wurden, und zwar in gleicher Weise, wie eben angegeben.

2. Gerbverfahren von Vallet d'Artois.

Diese kombinierte Gerbung hat zu Anfang des vorigen Jahrhunderts auch Vallet d'Artois [1]) zur Herstellung von imitiertem Dänischleder verwendet, welches Verfahren jetzt zur Herstellung von Dogskin-Handschuhleder dient. Die Felle werden in völlig gleicher Weise wie zu Glacégare hergerichtet und erhalten dann in einem Walkfasse oder in einem Haspelgeschirre eine schwache Gerbstoffbrühe, worin sie so lange verbleiben, bis sie genügend durchgefärbt sind. In Schweden verwendet man dazu die vermahlene Rinde einer Weidenart, Salix arenaria, wogegen d'Artois die Rinde von Salix caprea benutzte, deren Abkochung ein helleres Leder lieferte. Aus diesem Grunde setzte er etwas Färbekrapp zu. Die letztere Weidenrinde enthält aber auch weniger Gerbstoff, und es wird deswegen auch noch Sumach oder Eichenlohe zu-

---

[1]) „Handbuch der Handschuhfabrikation und der Kunst, das Handschuhleder zu gerben und zu färben" übersetzt von Dr. Heinrich Leng (Weimar, Bernh. Fried. Voigt, 1836), S. 207.

gesetzt. Die ziemlich warme Brühe goß d'Artois in ein Drehfaß und walkte darin die Felle ungefähr eine Stunde, dann ließ er sie 5 bis 7 Stunden ruhen und wiederholte dies in 24 Stunden drei- bis viermal, damit die Leder gut durchgefärbt und ziemlich durchgegerbt sind. Den zweiten Tag setzte er frische Brühe zu und wiederholte die Gerbung vom vorigen Tage. Dadurch wurden die Leder bei verhältnismäßig schwacher Gerbung völlig durchgefärbt, so daß sie dem Dänischleder ähnlich aussahen. Um sich zu überzeugen, ob die Felle genügend gegerbt sind, nahm er sie heraus, wringte und trocknete sie aus; bei Bedarf gerbte er sie noch einen ganzen Tag wie vorher.

Die Blößen waren so genügend durchgefärbt und angegerbt, wiesen auch den gewünschten Geruch auf, aber ausgetrocknet waren sie nicht zügig genug, um als Handschuhleder verwendet zu werden. Die übrigen Weidensorten, die schwedischen und russischen ausgenommen, haben nicht Gerbstoff genug, um die Felle genügend auszugerben und dabei ein zügiges Leder zu liefern. Die finnländische Weidenrinde z. B. mit 7 bis 8 $^0/_0$ Gerbstoff wird in St. Petersburg jährlich zu Hunderttausenden Puds verbraucht. Deshalb gerbte d'Artois seine Felle mit Eiergare nach. Die Felle wurden aus den Farbbrühen herausgenommen und am Baum leicht ausgestrichen, damit sie etwas abtrocknen und die Gare aufnehmen können. Diese bestand für 12 Dutzend Ziegenfelle aus 2 kg Kalialaun, $^1/_2$ kg Kochsalz, 6 kg feines Weizenmehl [1]) und 300 Stück Eidotter, zu welchen unter Umrühren $^1/_2$ l brenzliches Birkenöl zugesetzt wurde, um den Juchtengeruch, wenn gewünscht, nachzuahmen. In dieser Gare wurden die Felle ungefähr eine Stunde getreten und ähnlich zubereitet, wie dies z. B. auch bei Chair geschieht.

Anstatt der Weidenrinde haben wir jetzt verschiedene besser geeignete Gerbstoffe und Gerbextrakte, es sind dies die früher bereits (S. 24) erwähnten Halbgerbstoffe, welche zwar die Blößen schnell durchfärben, aber sich im Hautgewebe

---

[1]) Im Buche ist Roggenmehl angegeben, was ein Fehler des Übersetzers sein dürfte.

nur in geringen Mengen ablagern; sie liefern zwar ein leeres und leichtes Leder, aber ein solches ist gerade zur Nachgerbung mit Alaun geeignet. Es sind dies namentlich Kastanienholzextrakt, „Mimosa-D", „R-Katechu" (zugerichteter Mangroveextrakt), Palmetto, Canaigre u. a. Auch das „Neradol" würde hier sicherlich gut geeignet sein.

Man weiß genau, daß echtes Dänischleder schon von alters her mit Lohe und Alaun ausgegerbt wurde, aber es geriet in Vergessenheit, ob die Lohgerbung vor oder nach der Alaungerbung erfolgte, oder ob beide Gerbstoffe zugleich verwendet wurden. Nun besaß die frühere k. k. Versuchsstation für Lederindustrie in Wien ein Dänischleder von Jos. Kandler in Linz aus dem Jahre 1818, wovon genau bekannt ist, daß es zunächst mit Alaun und dann erst ziemlich satt mit Fichtenlohe gegerbt wurde. Dieses Leder ist ebenso weich und fein wie das neuere Dänischleder, aber nicht so zügig und viel voller im Griff; es ist auch rotbraun gefärbt und zeigt, obwohl nur geschliffen und nicht gebimst, einen feinwolligen Griff, gerade infolge der starken Nachgerbung mit Fichtenlohe, die augenscheinlich in mehreren Lohfarben längere Zeit, bestimmt mehrere Wochen, erfolgt ist. Alaungegerbte Felle müssen mit ziemlich schwachen und ansteigend stärkeren Lohbrühen gegerbt werden, falls sie nicht zu fest herauskommen sollen. Stärkere Lohbrühen, besonders wenn sie viel Farbstoff enthalten, fallen nämlich die Außenschichten des alaungaren Leders noch viel stärker an als die Blöße selbst und fällen dort die Tonerdesalze aus, so daß die Außenschichten fest werden und keinen Garstoff in das Hautinnere einlassen. Werden Gerbstoffe benutzt, die weniger Farbstoffe enthalten wie die Weidenrinde, so ist die Gefahr der Gerbung von den Außenschichten geringer, und deshalb wird sie auch so viel benutzt. Sie erteilt aber dem Leder eine hellere Färbung als die Fichtenlohe, und aus diesem Grunde setzte man früher die Krappwurzel oder den Nußschwamm zu, der an Nußbäumen wachsend einen intensiv braunen Farbstoff enthält. Manchmal wurden die ausgegerbten

Felle zwecks Ausfärbung auch in Bütten mit verdünnter Brühe aus Fichtenlohe getreten, wodurch mehr lebhafte Ausfärbungen erzielt wurden.

Die Zurichtung dieser Ledersorte bestand darin, daß das Fleisch von der Aasseite mit dem Schlichtmonde abgekratzt und dann die Fleischseite mit dem Bimsstein geglättet wurde. Diese Arbeit führte man in den kleineren Gerbereien von der Hand aus; später wurden dazu eigene Werkstätten errichtet, wo die Felle mit Bimswalzen, die von einer Maschine angetrieben waren, abgeschliffen wurden.

Das echte Dänischleder stellte man in der Weise her, daß die zweckmäßig zugerichteten Blößen zunächst mit Alaun und Kochsalz ausgegerbt, dann gestollt und einige Zeit lagern gelassen wurden, um die Alaungare zu festigen. Dann wurden die Felle in Wasser gegeben, um den überschüssigen Alaun zu beseitigen, mit Weidenlohbrühen nachgegerbt, ausgewaschen, getrocknet, gefalzt und geschliffen. Sollte das Leder einen volleren Griff besitzen und weniger zügig sein, so wusch man den überschüssigen Alaun nicht aus und gab die Felle direkt aus der Alaungare in die Lohbrühen. Die Felle bekamen in Dänemark kein Eigelb; die Eiergare haben die Franzosen erfunden, welche sie auch bei dem Dänischleder benutzten. Aus Frankreich verbreitete sich dann die Verwendung der Eiernahrung in andere Länder, wo sie später auch für andere Ledersorten verwendet wurde. So entstanden unter anderen auch Dogskin und Chair.

In Nordamerika wird auch Schwedischleder hergestellt, das mit der Narbenseite nach außen getragen wird. Felle nämlich, die Narbenfehler aufweisen, werden gebufft und zu schwedischem Leder ausgegerbt. Dieses Leder wird auch recht begehrt.

Um aus dem Glacéleder ein dem schwedischen ähnliches Erzeugnis herzustellen, gibt man demselben gleich nach dem Ausbroschieren, also noch auf das nasse Fell, einen Farbenanstrich mit einer Abkochung von Eichenrinde, Katechu, Bablah od. dgl., wobei man auch mit Blauholz abtönen, bzw. abdunkeln

kann. Dann werden die Felle getrocknet und gestollt, worauf
sie einen zweiten Farbenauftrag erhalten und nochmals getrocknet und gestollt werden; zuletzt bürstet man sie von
der Fleischseite mit einer strammen Bürste aus, um den wol-
ligen Chairstrich zu erzielen. Man trägt den ersten Anstrich
noch auf das nasse Fell aus dem Grunde auf, weil der in den
Gerbrinden und Farbhölzern enthaltene Gerbstoff das Hautgewebe stark zusammenzieht und die Farblösung nicht bis
zum Narben einsinken läßt. Würde man jedoch die Farbflotte
auf trockenes Leder auftragen, so würden die Farbstoffe zum
größten Teil an der Oberfläche verbleiben, wodurch das Leder
viel satter gefärbt, aber auch fleckig erscheinen, dagegen die
Innenschichte ungefärbt bleiben würde, so daß nach dem Abschleifen das Leder scheckig herauskäme.

Das wichtigste bei dem schwedischen Leder, ebenso wie
bei Chair und Mocha, ist das feine Abschleifen der Fleischseite bezw. der Narbenseite, das mit großer Umsicht ausgeführt werden muß; wir werden hierüber später noch ausführlicher berichten.

Mit der kombinierten Alaun- und Lohegerbung werden
nicht nur Handschuh-, sondern auch verschiedene Schuhoberleder und technische Leder, namentlich auch Schlagriemen hergestellt. Durch Mitverwendung von Chrom werden viele Schuhoberledersorten, neuerdings auch mancherlei
Handschuhleder erzeugt. An Versuchen, die Mineralgerbung
mit der Lohegerbung zu diesem Zwecke zu kombinieren, hat es
nie gefehlt, aber es sind uns nur einige wenige Verfahren bekannt geblieben.

Joh. Hainemann, fürstl. braunschweigischer Kammer-
assessor in Blankenburg, beschreibt im „Hannoveranischen
Magazin" vom Jahre 1777 „den Gebrauch des Zinkvitriols
in Ansehung der Gerberei" und bemerkt unter anderem,
daß die Engländer ihre Lohe mit Alaun versetzen; es war
also diese Art Kombinationsgerbung schon im 18. Jahrhundert in England im Gebrauch. Er meint, daß das Zinkvitriol recht gut den Alaun ersetzen könnte, indem er zusam-

menziehend auf das Hautgewebe einwirkt, dabei einen feineren Niederschlag als Alaun ausscheidet und als starkes Antiseptikum die Häute vor Verwesung bewahrt.

Ignaz Bautsch, Lohgerber in Wartenburg, beschreibt im Jahre 1796[1]) die Verwendung des Eisenvitriol bei einem Versuch, eine Kuhhaut zu Sohlleder mit Lohe oder Knoppern auszugerben. Aber er fand keine Nachfolger, ebenso wie Hainemann mit dem von ihm anempfohlenen Zinkvitriol.

Das englische Gerbverfahren mit Alaun und Lohe ist wohl in Vergessen geraten, denn zu Ende der vierziger Jahre hat M. A. V. Newton eine gleiche Gerbung erfunden, welche dann dem Chevalier Huyttens in Brüssel für das Königreich Sachsen unter dem Namen „Megisso-Tannage" patentiert wurde[2]). Nach diesem Verfahren sollen die Häute mit Alaun, Kochsalz und Katechu ausgegerbt werden. Gerade die Verwendung dieses Gerbmaterials, das die Blöße schnell durchbeizt, ohne sich darin in größeren Mengen einzulagern, bietet einen großen Vorteil. Aber dieser wurde zu jener Zeit hauptsächlich aus dem Grunde nicht beachtet, weil es zu jenen für die Lohgerberei so guten Zeiten an Verständnis für einen Fortschritt gebrach und weiter auch darum, daß es für Ledersorten vorgeschlagen wurde, wie Rinds- und Kalbleder, wo diese Gerbungsweise eher nachteilig als vorteilhaft war. So fand damals die „Megisso-Tannage" in Europa nur eine geringe Beachtung, wurde jedoch später von den amerikanischen Gerbern aufgenommen und zunächst zur Erzeugung neuer Ledersorten aus Ziegenfellen verwendet, wozu sie viel besser geeignet ist. Aber man hat bald die Vorzüge dieses Gerbverfahrens herausgefunden und gerbte danach auch Schaf- und Kalbsfelle, Rindshäute, insbesondere Kuhhäute und Kipse, sowie Roßhäute aus. Es wurden so verschiedene feine Ledersorten in schwarz und farbig für Schuhoberteile,

---

[1]) In seiner in Dresden erschienenen Schrift „Ausführliche Beschreibung der Lohgerberei".

[2]) Die ausführliche Beschreibung dieser Gerbmethode findet der Leser auch im „Handbuch der Chromgerbung" (Leipzig, Schulze & Co., 1913) S. 136.

Sattler- und Taschnerwaren hergestellt. Sämtliche Erzeugnisse zeichnen sich durch ihre Haltbarkeit bei der Verwendung und einen recht widerstandsfähigen und festen Narben aus.

Die Dongolagerbung.

Die größte Wichtigkeit hat die Kombination der vegetabilischen und Alaungerbung bei der sog. Dongolagerbung erzielt. In erster Reihe wurde die echte Dongolagerbung für jene Sorten angewandt, die man früher entweder mit Sumach allein oder mit Sumach und Lohe herstellte, so zunächst für Ziegenleder zu Schuhzwecken, dann auch Schafleder in Matt chagriniert oder Halbglanz, für gefärbte Kalbleder zu Schuhzwecken und Galanterieartikeln, endlich auch für Roßschuhleder. Auch das sämtliche nordamerikanische Juchtenleder, das sog. „Russia Leather", ist entweder wirkliches Dongolaleder oder wurde mittels kombinierter Gerbung hergestellt, wobei mit Hemlock angegerbt und dann mit Alaun-Katechu nachgegerbt wurde.

In England hat die Dongolafabrikation eine begrenzte Ausdehnung gefunden, indem sie zumeist Leder nur für die Schaufenster, nicht aber für den Gebrauch selbst herstellte.

Man erhält durch die Kombination der Lohe- und Mineralgerbung bei Kalbfellen, Rinds- und Roßhäuten vorzügliche Resultate, wobei die Angerbung mit Mineralsalzen, die Ausgerbung mit vegetabilischen Gerbstoffen erfolgt. Bei Kipsen, Ziegen- und Schaffellen werden dagegen jene Methoden vorgezogen, wobei umgekehrt mit vegetabilischen Gerbstoffen vorgegerbt und mit den mineralischen nachgegerbt wird.

Dabei muß man bei Herstellung der Dongolaleder zwei Gruppen unterscheiden, wovon die eine die matten, die andere die geglänzten Sorten umfaßt. Bei der ersten Gruppe herrscht im allgemeinen die Alaungerbung bzw. in neuerer Zeit die Chromgerbung vor, wobei eine noch stärkere Fettbehandlung herangezogen wird, während bei der anderen die Lohgerbung in Vordergrund steht.

Bis zum Jahre 1894 wurde die Dongolagerbung bloß mit Alaun und Gambier oder Sumach ausgeführt; es wurden derart nicht nur verschiedene Sorten von Oberledern, sondern auch von Handschuh-, Riemen-, Geschirr- und Zeugledern hergestellt. Als aber später die Chromgerbung aufgetreten ist, die sich als der größte Gegner der alten Dongolagerbung erwiesen hatte, wurde jene immer mehr verdrängt. Die kombinierte Chromgerbung oder, wie sie mancherorts genannt wurde, die sauere Dongolagerbung, dient zumeist zur Herstellung von schwarzen und gefärbten Kalbledern, dann von Schaf- und Ziegenledern, sowohl mit Hochglanz als auch matt, an Stelle der glacégaren Kalb-Kid und Chevreaux, zuletzt auch zu den verschiedenen echten und imitierten Känguruhledern.

Die großen Marokko-Erzeuger in Lynn, Mass., bestätigten seiner Zeit, daß der Handel mit den dongolagegerbten, indischen Ziegenledern im Untergehen begriffen sei. Sie fanden, daß die Chromleder billiger erzeugt werden können; infolgedessen ging die Fabrikation der „Indias" immer mehr zu der Chromgerbung über, und es hatte den Anschein, als ob die Erzeugung von Indias überhaupt aufhören würde. Ähnlich wie in Lynn gestaltete sich dieser Wandel auch in den übrigen amerikanischen Zentren der Marokkoerzeugung.

Der günstige Ruf, den sich die Chromgerbung für die Herstellung einiger Lederspezialitäten erworben hat, führte viele zur Verallgemeinerung derselben; doch fand man bald heraus, daß häufig die erwarteten günstigen Resultate ausblieben. Man kehrte daher bei manchen Ledersorten zu der kombinierten Alaun-Lohegerbung wieder zurück, aber den Ledersorten ist die gleiche Benennung geblieben, als ob sie chromgegerbt wären, obwohl die Häute gar keine oder nur eine so geringe Chromgerbung erhalten haben, daß dieselbe keine besondere Wirkung auszuüben vermag.

Der Hauptgrund, warum sich die kombinierten Mineral-Lohegerbungen so gut bewährt haben und bei der Kundschaft einer großen Beliebtheit erfreuen, ist in erster Reihe in der neuen Fettungsweise zu suchen. Bei den farbigen Schuhoberledern ist nämlich mit der vegetabilischen Gerbung allein die feine Milde mit fast völliger Abwesenheit der Fettstoffe absolut nicht erreichbar, die aber unumgänglich

vorhanden sein muß, wenn die Ware leicht gefärbt werden
soll. Das lohgare Leder benötigt unbedingt eine größere
Fettung, die sich mit leichtem Färben nicht verträgt. Erhält
aber ein lohgares Leder noch eine Gerbung mit Alaun oder
Chrom, so kommt ein weiches und mildes Leder heraus,
dem eine Behandlung mit Fettbrühe[1]) völlig genügt und so
auch viel leichter gefärbt werden kann.

Je nachdem nun die Lohgerbung oder die Mineralgerbung
vorwaltet, kommt auch die Ledersorte mit ihren charakteristischen Eigenschaften heraus. So sieht z. B. manches amerikanische Dongolaleder, das mit Hemlockfarben angegerbt
wurde und dann erst eine kombinierte Gerbung erhielt, einem
lohgaren Leder so ähnlich, daß es damit leicht verwechselt
werden kann, indem es sich nur durch seine größere Milde
und Weichheit kennzeichnet. Auch bei dem farbigen Kalbleder, wie es wenigstens bei uns gewöhnlich gewünscht wird,
sollte sich die Gerbung eher der vegetabilischen Gerbung
als der Mineralgerbung nähern. Es sollte daher aus Gründen,
die bereits erwähnt wurden, mit Alaun bzw. mit Chrom
schwach vorgegerbt und mit vegetabilischen Gerbstoffen
stärker nachgegerbt werden. Dabei wirkt die Chromgerbung
kräftiger als die Alaungerbung, was schon aus dem Umstand ersichtlich ist, daß ein Leder bereits mit $2^0/_0$ Chromoxyd völlig chromgar ist, während ein weißgares Leder etwa
4 bis $6^0/_0$ Aluminiumoxyd enthält, obwohl in einem recht ausgewaschenen Alaunleder auch nicht mehr als $2^0/_0$ Aluminiumoxyd vorhanden sind. Die vegetabilischen Gerbstoffe müssen
in viel größeren Mengen der Blöße beigebracht werden, um
eine genügende Gerbung herbeizuführen: man kann $25^0/_0$ Gerbstoff im fertigen Leder fast als die äußerste Grenze ansehen;
bei den Kombinationsgerbungen kommt man selbstverständlich mit bedeutend geringeren Gerbstoffmengen aus und ein
Gehalt von $5^0/_0$ Gerbstoff macht sich bei einem Kombinationsleder schon recht bemerkbar.

---

[1]) Die Fettbrühe ist im „Handbuch der Chromgerbung" (Leipzig,
Schulze & Co., 1913) S. 401 und in den „Modernen Gerbmethoden"
(Wien, Hartleben 1913) S. 49 ausführlich behandelt.

Es sei noch auf einen wichtigen Unterschied zwischen der Dongola- und der kombinierten Glacégerbung, wie wir sie bei Kalbkid oder echtem Chevreaux besitzen, aufmerksam gemacht. Während die glacégaren Leder nicht wasserbeständig sind und nur in Trockenem getragen werden können, widerstehen die Dongolaleder dem Wasser viel besser, auch brechen sie beim Wichsen oder von feuchten Füßen nicht. Die Gerbung dieser Leder läßt sich nicht wieder auswaschen, sie weisen also eine viel größere Wasserbeständigkeit auf, indem sie sogar bis zu einem gewissen Grade gegen die Einwirkung von warmem Wasser widerstandsfähig sind, obwohl sie darin dem reinen Chromleder nachstehen. —

Bei der Dongolagerbung kann man nach W. Eitner, je nach der Reihenfolge der beiderlei Gerbmethoden, dreierlei verschiedene Verfahren unterscheiden, von denen jedes einen bestimmten Effekt ausübt und zwar:

a) Zu der ersten Type gehören jene Methoden, bei denen die Blößen zuerst mineralgar gemacht und dann erst mit vegetabilischem Gerbstoff nachbehandelt werden.

b) Bei der zweiten Type werden die Blößen gleichzeitig mit mineralischen und vegetabilischen Gerbstoffen gargemacht, wobei man sie entweder mit gemischten Brühen ausgerbt oder die beiderlei Gerbstoffe gesondert verwendet.

c) Die dritte Type umfaßt jene Gerbverfahren, bei denen die Blößen zuerst mit vegetabilischen Gerbstoffen angegerbt, hierauf entweder mit rein mineralischen oder gemischten Brühen (aus mineralischen und vegetabilischen Gerbstoffen) ausgegerbt werden. Wo nur mit mineralischen Gerbstoffsalzen nachgegerbt wird, kann noch eine weitere Nachgerbung mit vegetabilischem Gerbstoff erfolgen.

Es sei aber gleich bemerkt, daß diese drei Typen noch verschiedene Übergänge zeigen und daß außerdem bei einer und der gleichen Ledersorte verschiedene Typen angewendet werden, so daß sie nicht scharf abgetrennt werden können.

Nach diesem kombinierten Gerbverfahren wurden verschiedene Oberledersorten zunächst aus Ziegenfellen, dann auch aus Schaffellen in der Marokkofabrikation hergestellt. Die günstigen Resultate bewogen aber auch die Lohgerber dieses Verfahren für Kalbfelle und Rindshäute zu versuchen und es gelang wirklich neuartige Ledersorten herzustellen, welche eine gute Aufnahme bei der Kundschaft erzielten; dabei wurde die Benennung der Gerbungsweise als „Dongolagerbung" beibehalten, während die Produkte selbst unter verschiedenen Namen in den Handel kamen.

a) Vorgerbung mit mineralischen und Ausgerbung mit vegetabilischen Gerbmaterialien.

Wie bekannt, wird eigentlich eine leichte vegetabilische Nachgerbung den meisten Chromledern gegeben, wenn sie ausgefärbt werden sollen, und zwar verwendet man dazu ein dünnes Sumachbad; aber man könnte dies eher als eine Beize betrachten, womit die Eigenschaften des rein chromgaren Leders nicht abgeändert oder beeinflußt werden dürfen. Eine richtige Ausgerbung müßte in stärkerem Maße erfolgen, als dies bei Vorbereitung der Chromleder zum Ausfärben tatsächlich geschieht. Jedenfalls darf zu einer solchen nicht ein beliebiges Gerbmaterial verwendet werden, sondern — wie bereits früher angeführt — ein solches, das zwar rasch durchgerbt, sich aber nicht in zu großen Mengen im Leder ablagert. Je größeres Gerbvermögen nämlich ein vegetabilischer Gerbstoff besitzt, der zur Ausgerbung von alaun- und chromgaren Ledern verwendet wird, desto rauher und spröder wird das erzeugte Leder sein und desto mehr wird es von den günstigen Eigenschaften des mineralgaren Leders verlieren.

Durch solche schwache Nachgerbung des Chromleders mit vegetabilischen Gerbstoffen wird dieses nicht nur für die Farbstoffe aufnahmsfähiger, sondern auch zum Glanzstoßen geeignet gemacht. Auf 100 kg Falzgewicht löst man z. B. 5 kg Sumachextrakt in 50 l warmem Wasser auf, verdünnt auf 100 l, filtriert durch Sackleinwand und walkt darin die Leder bei ungefähr 30° C etwa eine Stunde lang, worauf man sie in reinem, frischem Wasser auswäscht. Man kann auch gepulverten Sumach verwenden, indem man für je drei Ziegenfelle oder ein Kalbfell $^1/_2$ kg Sumach mit 30° C warmem Wasser auslaugt und dann durch einen Sack oder Leinwand abseiht. Da man nicht immer sicher ist, frischen Blättersumach zu erhalten, so zieht man bei gleichem Preise des Gerbstoffes den Sumachextrakt vor.

Nach dieser ersten Type der kombinierten Alaun-Lohegerbung werden zumeist Kalbfelle verarbeitet, und zwar sowohl zu schwarz-glatt als Ersatz der Satinfelle, als auch zu farbig, welche Ledersorten in Amerika mit den verschiedensten Namen belegt werden. Solche Kalbleder zeichnen sich durch große Weichheit, samtartigen Griff und wollige Fleischseite aus; dabei sind sie recht zähe und zu Schuhleder sehr beliebt. Sie werden stets mit der Fleischseite nach oben getragen. Während nämlich Schaf- und Ziegenfelle mittels der Dongolagerbung ein schönes Narbenleder liefern, verlieren Kalbfelle dabei eine von ihren wichtigsten Eigenschaften, nämlich die glatte Fleischseite, die stets wollig wird. Zur Herstellung von Narbenleder ist dieses Verfahren nicht recht geeignet, obwohl es an derartigen Versuchen nicht fehlte; es seien bloß die Gerbverfahren von Kornacher angeführt.

3. Kombinierte Gerbverfahren v. Fritz Kornacher.

Nach dem D.R.-P. Nr. 86565 vom 5. Juli 1894 des Friedrich Kornacher in Frankfurt a. M. und Diesel & Weise in Pößneck [1]), das keine besondere Verbreitung gefunden hat, werden die Häute zunächst mineral- oder fettgar und hierauf lohgar gemacht, wodurch ein Leder von schöner, heller Farbe, vorzüglicher Qualität und hohem Rendement erzielt werden soll.

Nach diesem Patent soll man die Gerbung in folgender Weise ausführen: Die Häute werden etwas stärker wie gewöhnlich geäschert und gebeizt, dann in einer schwachen sauren Lohbrühe angefärbt, damit der Narben widerstands-

---

1) Dr. S. Hegel, „Chromgerbung" (Berlin, Springer, 1899) S. 86 oder „Handbuch der Chromgerbung" (Leipzig, Schulze & Co., 1900) S. 425.

fähiger gemacht und auch der Kalk vollends beseitigt wird, was letzteres man schwerlich durch eine Lohbrühe erreichen dürfte, falls dies nicht durch die Beize geschehen ist. Dann sollen die Häute mit Mineralsalzen oder Fettstoffen vorgegerbt werden, aber in welcher Weise dies geschehen soll, hierüber schweigt sich das Patent aus. Päßler meint, es handle sich bei der Mineralgerbung um eine Kombination von Alaun und Chromgerbung[1]), die man in bekannter Weise ausführt. Nach dem Zusatzpatent Nr. 95 759 soll sich hier ein Imprägnieren resp. Einreiben des Narbens mit Fett vor der Ausgerbung mit vegetabilischen Gerbstoffen als vorteilhaft erwiesen haben, indem das Fett nicht allein die zarte Narbenschichte vor zu starker Einwirkung schützt und so das Zusammenziehen derselben verhütet, sondern auch den Narben geschmeidig erhält, was zur Beförderung der Gerbung und zur Erzielung einer guten Qualität beitragen soll.

Die so vorbereiteten Häute kommen jetzt in eine Lohbrühe von 3 bis 5° Bé (gleich 20 bis 35° Bark.) und werden darin unter ständiger Bewegung, Erwärmung und öfterer Erneuerung der Brühe ausgegerbt, was bei leichteren Häuten in wenigen Stunden, bei schwereren in einem oder mehreren Tagen ausgeführt wird.

Nun hat sich zwar die Behauptung Eitners nicht bestätigt, daß mit einem derartigen Verfahren überhaupt kein Unterleder gegerbt werden könne, aber jedenfalls ist es möglich, ein kombiniert gegerbtes Leder viel einfacher herzustellen. Genärbtes Leder kann bei einer satten Alaungerbung nicht hergestellt werden, weil ein schönes Korn nur an solchem Leder stehen bleibt, das mit vegetabilischem Gerbstoff satter gegerbt wurde. Folgt aber eine satte vegetabilische Gerbung einer satten Mineralgerbung nach, so gelangt man zu keinem günstigen Resultate. Eine solche zweifache satte Gerbung erhält man, wenn man alaungares Leder zwecks schneller Ausgerbung sofort mit konzentrierten Gerbebrühen behandelt; unter solchen Umständen gerbt der konzentrierte vegetabilische Gerbstoff nicht nur weniger rasch als auf rohe Blöße

---

[1]) Dinglers „Polytechnisches Journal" 1896, Bd. 306, S. 284.

angewendet, sondern man erhält ein schwammiges, loses, auch stark narbenbrüchiches Leder. Bei einer Nachgerbung alaungarer Leder in Farben ist die Gefahr des Übersattgerbens weniger zu befürchten, wenn die Gerbebrühen dabei nicht zu stark sind, weil sich in den schwächeren Farbbrühen die überschüssige Alaungare auswäscht und auch der vegetabilische Gerbstoff, von dem ein Teil durch den ausgewaschenen Alaun ausgefällt wird, nur mäßig gerbt. Bei der Ausgerbung von alaungarem Leder in starken Brühen wird dagegen der Alaunüberschuß von dem Gerbstoff innerhalb des Leders ausgefällt, wodurch einerseits die Gerbung verzögert, andererseits das Leder spröde im Griff und brüchig wird[1]).

Ein kombiniertes Gerbverfahren wurde Fritz Kornacher in Auerbach, Hessen, auch durch ein weiteres D.R.-P. Nr. 244 066 vom 31. Januar 1911 geschützt. In der Beschreibung führt der Patentinhaber aus, daß ein Leder bekanntlich eine um so größere Festigkeit bzw. Zähigkeit aufweist, je weniger die Hautfasern bei der Gerbung verändert oder angegriffen werden, und daß man durch Imprägnieren mit Stearin oder Paraffin die Festigkeit des Leders wesentlich erhöhen, sowie eine bedeutende Wasserdichtigkeit desselben erzielen kann.

Auf diese beiden Tatsachen stützen sich verschiedene Verfahren zur Herstellung eines festen und wasserdichten Leders, die im wesentlichen darin bestehen, daß man die zum Gerben vorbereitete Haut mit einem die Hautfasern wenig angreifenden Gerbverfahren (Chromgerbung, Alaungerbung u. dgl.) ausgerbt, gegebenenfalls vegetabilisch nachgerbt und das dadurch erhaltene Leder nach dem Trocknen mit Fettstoffen oder einem Gemisch von solchen mit Harzen, Kohlenwasserstoffen od. dgl. heiß imprägniert. Die nach diesem Verfahren hergestellten Leder haben aber den Nachteil, daß sie ein sehr unschönes, dunkles, fettiges und schmieriges Aussehen besitzen, sich nur schwer verarbeiten lassen, beim Gebrauch schlüpfrig werden und infolgedessen zu vielen Zwecken nicht verwendbar sind.

---

[1]) „Der Gerber", Jahrgang 1897, Nr. 536, S. 2.

Versuche, diese Übelstände durch nachträgliches Entfetten der Außenschichten des Leders zu beseitigen, ergaben immer nur mangelhafte Resultate, da bei der Schwierigkeit dieser Arbeit entweder zu wenig Fett gelöst oder die Lösung eine zu starke wird, so daß das Fett erst recht an die Oberfläche drängt und das Aussehen sowie die Qualität des Leders durch dunkle Farbe und weiches schwammiges Anfühlen noch mehr beeinflußt.

Alle diese genannten Nachteile sollen durch das neue patentierte Verfahren Kornachers beseitigt werden. Dasselbe besteht darin, daß man die Außenseiten der vegetabilisch vorgegerbten oder mineralisch durchgegerbten und vegetabilisch nachgegerbten Haut, nach dem Bleichen und Trocknen mit verseifbaren oder unverseifbaren Fettstoffen, z. B. durch Einbrennen, sättigt, dann durch Behandlung mit schwacher Alkalilauge, Waschen, darauffolgende Behandlung mit schwacher Schwefelsäure und nochmaliges Abwaschen entfettet, reinigt, aufrauht und bleicht, hierauf das Leder in klaren Brühen nochmals vegetabilisch gerbt und nach dem Abspülen mit Metallsalzen, die unlösliche Seifen bilden können, behandelt und schließlich in der üblichen Weise zurichtet.

Das auf diese Weise hergestellte Leder soll äußerst fest, nahezu vollkommen wasserdicht, dabei aber trocken und hell und im Äußeren von nichtimprägniertem Leder nicht zu unterscheiden sein. Es soll sich genau wie dieses färben, appretieren und verarbeiten bzw. leimen und polieren lassen, dabei beim Gebrauch nicht rutschen und alle Eigenschaften zeigen, die von einem vollkommenen schweren Leder, z. B. Sohl-, Treibriemen- oder Sattlerleder verlangt werden.

Ein Muster von einem nach diesem Verfahren hergestellten Unterleder erscheint innen grünlich-blau von einer Einbad-Chromgerbung, während die Außenschichten lohgar gefärbt sind. Das Leder erscheint also von beiden Außenseiten lohfarbig und die Chromgerbung wird nur am Durchschnitt sichtbar. Das Leder ist auch recht fest und gut gegerbt, es weist trotz seiner Imprägnierung mit Fettstoffen äußerlich ein vollständig trockenes, keinesfalls fettiges Aussehen auf.

Wird die Nachgerbung mit schwächeren Lohbrühen ausgeführt, so erhält man aber einige ganz schöne Ledersorten, die man namentlich auch zu den sog. Sammetledern zurichtet. In der letzten Zeit steigt die Nachfrage nach Ledern, deren obere Fläche eine sammet- oder plüschartige Zurichtung aufweist, und zwar werden in dieser Zurichtung insbesondere verschiedene Handschuhleder, wie schwedisches, Chair, Mocha, aber auch feines Oberleder zu Schuhen, Gürteln, Taschner- und Galanteriewaren hergestellt. Dabei wird die sammetartige Oberseite entweder auf der Fleischseite oder auch auf der Narbenseite zugerichtet, und die Gerbung selbst kann sowohl mit vegetabilischen Gerbstoffen als auch mit Tonerde- oder Chromsalzen, oder verschieden kombiniert erfolgen. Wir werden noch später auf diese Ledersorte zurückkommen.

4. Farbige Dongolakalbfelle.

Zu farbigen Dongolakalbfellen verarbeitet man leichte, wenig gelederte Felle, die in der Wasserwerkstätte genau so wie Kidleder behandelt werden; man kann auch solche Felle auf Farbendongola umarbeiten, die sich für Kalbkid zu flach und leer herausstellten.

Wo es angeht, werden die Kalbfelle am besten in Partien verarbeitet, die man aus ungefähr 300 Stück mittelgroßen, 250 bis 200 größeren und 350 bis 400 kleineren Fellen zusammenstellt. Dementsprechend müssen auch die Weichkästen, Äschergeschirre u. a. bemessen werden. Die Anzahl der Weichen und Äscher richtet sich nach dem Umfange des Betriebes, eine leistungsfähige Fabrik wird selten weniger als eine Partie täglich verarbeiten. Da das Wässern durchschnittlich 4 Tage und das Äschern 12 bis 16 Tage dauert, so sind 4 Weichgruben mit einer Reservegrube und 6 bis 7 Äschergruben erforderlich, da jede Partie 3 Tage in einer Äschergrube verbleiben kann, so daß man mit 5

Äschergruben auskommt, wozu man aber noch 1 oder 2 Reserveäscher beifügt.

Das Weichen soll vollständig ausgeführt werden, damit nicht nötig ist, noch in den Äschern nachzuweichen, weil dadurch sowohl der Narben als auch die Festigkeit des Leders Schaden leiden könnte. Aus demselben Grunde soll die Weiche stets in reinem, frischem Wasser und nicht in einer faulen Weichbrühe erfolgen. Man muß das Weichen überhaupt recht aufmerksam ausführen. Die Kalbfelle sind stärker als Lamm- und Ziegenfelle, dabei an verschiedenen Stellen von ungleicher Dicke und Gefügigkeit, und sollen trotzdem in sämtlichen Teilen egal ausfallen, ebenso wie jene feineren Fellsorten. Außerdem ist der Narben des Kalbfelles, als eines Milchfelles, von sehr zarter Textur und muß daher möglichst geschont werden, was nur in frischem und nicht zu warmem Wasser geschehen kann. Zur vollständigen Wässerung genügen für die Kalbfelle 3 bis 5 Tage, wobei das Wasser, gleich ob im Sommer oder im Winter, ungefähr 15 bis 20° warm sein soll. Um eine solche gleichmäßige Wärme zu erreichen, legt man die Weichen in einer geräumigen und geschlossenen Werkstätte an, wo man den Weichkästen ein ausreichendes Ausmaß geben und sie vor großen Temperaturschwankungen schützen kann.

Am besten legt man Weichbehälter von 2 m Länge, 2 m Breite und 1,7 m Tiefe und zwar so hoch an, daß das verbrauchte Wasser leicht wegfließt, ohne ausgeschöpft zu werden. Man läßt reines Wasser ein, gibt die Felle herein und beläßt sie dort bis zum zweiten Tag; dann werden die Felle aufgeschlagen und eine Stunde abtropfen gelassen. Im Sommer wechselt man das Wasser sofort, im Winter erst den nächsten Tag. Am dritten Tage werden die Felle wiederholt aufgeschlagen und mit einem halbstumpfen Schabemesser auf gesatteltem Baume vorsichtig gestreckt, selbst wenn es ganz frische Felle sind. Stets gibt man wieder frisches Wasser zu, schlägt die frischen Felle wiederholt auf und bringt sie dann in den Äscher, während man gelagerte Felle noch einen Tag weiter weichen läßt. Mehr als 5 Tage sollen die Felle nie geweicht werden, da sonst der Narben sicher Schaden leidet.

Aus der Weiche kommen die Felle in den Haaräscher. Bei etwa 300 Stück mittelgroßen Kalbfellen muß der Äscher etwa 2 m lang, 1,6 m breit und 1,6 m tief sein, welche Form und Größe auch am handlichsten ist. Die Felle sollen nämlich im Äscher recht viel Raum haben, so daß sie nicht fest aufeinander gestoßen zu werden brauchen; sie sollen gleichsam schwimmend in der Äscherbrühe bleiben, weil dadurch eine gleichmäßige und lockere Äscherung erreicht wird. Man legt die Äscher am zweckmäßigsten der Reihe nach nebeneinander längs der Seitenwände an, so daß in der Mitte ein ziemlich breiter Gang zur nötigen Manipulation und zum Aufstellen der Bäume frei bleibt. Zum Aufschlagen werden die Äscher der Wandseite entlang bis zur Hälfte mit starken Holzbohlen überdeckt, die je 5 cm freie Zwischenräume behalten, damit die Brühe abfließen kann. Die Äscher werden in den Boden eingelassen, wo sie durch einen Abzugskanal entleert werden können, stehen aber 30 cm über das Terrain, damit kein Schmutz einfließen kann. Die Einfassung geschieht mit 30 cm breiten, glatten Pflastersteinen, die sich nicht so leicht abnützen und worauf die Arbeiter bequem herumgehen können.

Das Fundament für die Äscher stellt man aus einer Lage rauher Steine her, die man mit fettem Kalkmörtel vergießt, worauf die Grubenwände mit gut gebrannten Ziegeln, den sog. Klinkern, in Zementmörtel ausgemauert werden. Der Verputz wird auch mit Zement ausgeführt. Die Weichgruben führt man in gleicher Weise aus, nur erhalten sie am Boden Abflußkanäle zum Auslassen von Weichwasser, was — wie bereits erwähnt — täglich erfolgt. Früher wurde anempfohlen, die Felle jeden Tag in die zweitnächste Äschergrube zu bringen, wo dann etwa 16 Äschergruben außer 1 oder 2 Reserveäschern nötig wären, aber dies ist nicht nötig, die Felle können ruhig 2 bis 3 Tage in einem Äscher verbleiben.

Selbstverständlich kann man den Äscher auch anschärfen,

wenn das Haar nicht besonders geschont zu werden braucht. Stets soll der Äscherraum heizbar eingerichtet sein, damit auch im Winter eine geeignete Temperatur erhalten werden kann. In einem zu kalten Äscher kann die Äscherung nie gut ausgeführt werden, die Haarlockerung wird schwieriger und das erzeugte Leder bleibt stets mangelhaft. Man meint häufig, daß es genügt, wenn die Äscher im Winter nicht einfrieren, aber man wird bald zum Einsehen gelangen, daß die Qualität der Ware viel eingebüßt hat.

Nachdem die enthaarten Felle noch auf drei bis vier Tage in einen frischen Schwelläscher kommen, so sind auch dazu zwei bis drei Äschergruben nötig, die aber nur in halber Größe hergestellt werden, weil die Blößen weniger Platz einnehmen. Man legt sie wegen der leichteren Hantierung über der Erde an.

Die Äscher werden in der üblichen Weise angestellt. Man füllt die Grube mit Wasser über die Hälfte der Grube an und gibt etwa 120 l abgelöschten und abgelagerten Kalk ein; man tut gut den Kalk einige Wochen lagern zu lassen, da man mit einem solchen sicherer arbeitet, indem er die Hautsubstanz nicht so stark angreift. In der Regel mißt man den Kalk in einem Tragkübel oder einer Bütte ab, dessen Inhalt vorher abgemessen wurde. Zweckmäßig gibt man den abgemessenen Kalk nicht direkt in die Äschergrube ein, sondern zunächst in ein neben dem Äscher, aber höher aufgestelltes Faß, wo man ihn mit der gleichen Menge Wasser gut anrührt, den Sand abstehen läßt und nur die reine Kalkmilch in die Äschergrube eingibt. Alte Äscherbrühe, die früher häufig zu dem Zwecke zugesetzt wurde, daß der Kalk nicht zu Boden sinkt, sondern schwebend verbleibt, gibt man nicht herein, sondern beläßt eher die Felle in dem frisch angesetzten Äscher zwei Tage länger, wodurch dem gänzlichen Niederfallen des Kalkes in dem klaren Wasser vorgebeugt wird.

Man hat früher den Äschern kein Gift zugesetzt, weil man befürchtete, daß die Felle nicht gehoben werden, aber ein Zusatz von 1 kg Gift schadet nicht, sondern ist sogar von Vorteil. Man bestreut damit den ungelöschten Kalk, welchen man dann mit Wasser ablöscht und gut verrührt dem Äscher zusetzt; oder man gibt das Gift in gelöschten Kalk, verdünnt mit Wasser und rührt $^1/_2$ Stunde um, bis es sich aufgelöst hatte. Bei dem ersten und zweiten Aufschlagen setzt man noch je 60 l abgelöschten Kalk zu.

Die geweichten Felle läßt man auf einem Haufen 1 bis 2 Stunden gut abtropfen und wirft sie dann mit der Fleischseite glatt auf die Kalkbrühe, wobei man darauf achtet, daß sie nicht zusammenklappen. Die Felle werden jeden zweiten Tag aufgeschlagen, wo sie eine Stunde zum Abtropfen liegen bleiben und man schärft zweimal mit Kalk an; auch werden die Felle in den zweitnächsten Äscher umgezogen, bis sie nach 14 bis 16 Tagen gut haarlässig sind. Der Narben muß dann beim leichten Abstreifen der Haare nicht nur haar- sondern auch schmutzrein sein, dabei glatt und blank erscheinen und zwar auch in den starken Schild- und Rückenpartien. Die Felle werden dann auch von der Fleischseite schlank und schlüpfrig sein, was man schon beim Aufschlagen bemerkt; man sagt, daß die Felle „lebendig" werden, womit man die lockere und schlüpfrige Beschaffenheit bezeichnen will.

Manchmal wird der Äscher nach Herausnahme der Häutepartie 1 bis 2 Tage stehen gelassen, damit sich der Schlamm absetzt, der dann mit einem eisernen Rechen herausgehoben und weggefahren wird; dadurch wird jedenfalls die Lebensdauer der Äscher bedeutend verlängert. Aber auch dann soll der Äscher im Sommer nicht länger als zwei, im Winter als drei Monate im Gang bleiben, da er sonst zu viel faulige Stoffe enthält, welche die Hautsubstanz zu stark angreifen. Daß man jetzt auch Drehäscher u. dgl. verwendet, in welchen die Äscherzeit auf fünf Tage abgekürzt wird, braucht wohl nur erwähnt zu werden.

Sobald die Äscherung beendet ist, kommen die Felle in mäßig kühles Wasser, den zweiten Tag werden sie gut abgespült und dann am besten in die Glättbrühe eingegeben, d. h. in ein Wasser, das schon zum Läutern einer vorhergehenden Partie gedient hat. In der Glättbrühe bleiben die Felle glatt und schlank, und die Schlankheit bildet sich weiter aus, so daß die harten, dicken Kopf- und Schildteile an Dehnbarkeit gewinnen und so zu einer vollständigen Egalisierung vermittelst der nachfolgenden Operationen vorbereitet werden. Die Felle sollen in diesem Wasser nicht prall werden, aus diesem Grunde darf man die kalkhaltigen Felle nicht in reines, kaltes Wasser einlegen, weil in solchem die Hautmasse aufquellen, steif und ungeschmeidig erscheinen würde. Im Glättwasser ziehen sich gerade entgegengesetzt die bisher kalkhaltigen Felle aus der Äscherschwulst, werden schlank und vom Narben glatt, lassen auch das Haar leicht los, ohne daß der Narben beschädigt wäre.

Aus der Glättbrühe werden soviel Felle, als von den Arbeitern schnell vergriffen wird, aufgeschlagen und zu den Bäumen gebracht, wo sie abgehaart werden. Alle Baumarbeiten werden auf „gesatteltem" Baume ausgeführt, der etwa um ein Drittel größer sein kann, als der in den Glacéleder-Gerbereien übliche. Beim Satteln legt man zuerst eine Lage glattes Roggenstroh, hierauf lange Binsen und ein Stück lohgares Leder, das gut angezogen an der Rückseite des Baumes festgenagelt wird; oben soll ein etwa 10 cm breites Stück Leder überstehen, das umgebogen und angenagelt wird. Über dieses Leder kommt noch ein Stück weißgarer Rindshaut gelegt, welches man nur oben annagelt. Zum Enthaaren wird das rundstumpfe Narbeneisen verwendet, das bei gut haarlockerigen Fellen völlig genügt.

Die Felle werden zunächst beschnitten, wobei aber nur die Flanken und Brustzipfel schärfer ausgeschnitten werden, die Schwänze und Kopfenden aber möglichst ungekürzt bleiben, um dem Fell die beliebte gleichmäßige Form zu geben; dabei wird auch das Fleisch tunlichst abgezogen. Unmittelbar nach dem Beschneiden werden auch die Köpfe ausgeschoren, wozu man jetzt zweckmäßig konstruierte Schermaschinen verwendet. Hierauf kommen die Felle in ein Walkfaß, wo man sie mit ein wenig Wasser 10 Minuten laufen läßt, damit sie gut durchnäßt sind; dann läßt man sie über Nacht in einer mit Wasser gefüllten Bütte liegen, damit sie in einen mäßig schlanken und glatten Zustand kommen, so daß sie sich mit dem Streicheisen gut abhaaren lassen. Das Abhaaren soll regelmäßig nur mit dem Narbeneisen geschehen, das überhaupt für alle Narbenarbeiten das beste ist und dem Narben die angenehme Glätte und Zartheit erhält. Nur bei mangelhaftem Weichen oder Äschern, oder bei sehr hartnaturiger Ware ist der Narben mit dem Narbeneisen nicht reinzubringen, so daß man notgedrungen zu dem Glättstein greifen muß.

Bei zarten, fettreichen Fellen genügt, wenn entlang dem Rücken und den beiden Seiten der Länge nach gestrichen wird, nur Kopf und Buck zwischen den Vorderbeinen sind nach der Quere zu streichen; die Narben- und Fleischfasson werden dabei in gleicher Weise ausgeführt. Bei der geringeren, härteren und mehr unegalen Ware muß die Fleischfasson durchgreifender und wirksamer sein, damit das Fell mechanisch kräftiger ausgedehnt wird. Die Fleischfasson muß hier mehr in die Quere gehen, wobei Rücken, Schild und Kopf besonders kräftig anzuhalten sind, damit die dicken, harten Teile gefügiger und dünner werden. Die Fleischfasson soll auch nach angemessener Ruhe im Wasser wiederholt werden, damit den härteren Teilen eine genügende Nachgiebigkeit gegeben wird. Ob die Ware genügend bearbeitet ist, erkennt man durch den Griff; es müssen auch die stärkeren Teile vollständig weich, schlank und geschmeidig in die Hand fallen. Diesen Zustand erreicht man nach Bedarf auch durch wiederholtes Walken. Dieses wurde früher mittels Stößern in einem Bottich ausgeführt, jetzt wird dazu ein Walkfaß benutzt. Man füllt die Geschirre mit der Glättbrühe und gibt die Felle herein; nachdem sie darin ungefähr 10 Minuten bearbeitet wurden, nimmt man sie heraus und führt die erste Reinigung auf dem Schabebaume aus, was sehr leicht und gründlich vor sich geht.

Die gehaarten Felle, besonders die mageren deutschen Sorten gelangen dann in den Schwelläscher, auch Putzäscher genannt. Dieser hat den Zweck die mageren Felle in Rücken, Schild und Kopf, wo die Struktur fester ist, mehr

zu lockern, damit das Fell zu einer gleichmäßigen Milde gelangt. Dieser Äscher wird mit ungefähr 80 l Löschkalk für
die Partie in genügender Wassermenge angestellt und bei
jeder Partie mit 40 l Kalk angeschärft. Felle von echtem
weichem Milchgut benötigen diesen Äscher nicht und können
aus dem Haaräscher fertig gemacht werden.

In dem Schwelläscher verbleiben die Felle nach Bedarf
2 bis 5 Tage und werden jeden Tag einmal aufgeschlagen, wodurch das Fell rascher durchgeäschert wird und dabei doch
viel schlanker und zarter vom Narben bleibt. Zwischen dem
Einlegen einer neuen Partie sollten auch die Schwelläscher,
ähnlich wie die Haaräscher, 1 bis 2 Tage in Ruhe bleiben, um
den Schlamm abzusetzen, den man mit einem eisernen
Rechen aushebt.

Nach wiederholtem Walken bekommen die Felle die erste
Fleischfasson, die über den Kopf und Rücken in die
Länge, dann noch in die Quere zu geben ist. Die Ansicht,
daß dadurch die Flanken lose und lappig werden könnten,
ist nicht begründet, im Gegenteil, die Felle müssen auch
von der Fleischseite gleichmäßig bearbeitet werden, wenn
man das ganze Fell milde haben will; dabei müssen selbstverständlich die stärkeren Teile auch stärker bearbeitet werden. Dünne und leichte Felle kommen mit dieser ersten
Fleischfasson aus, bei stärkeren und rauheren muß die Manipulation wiederholt werden; die stärkeren Teile müssen dann
ebenso schlank und geschmeidig in die Hand fallen, wie
die schwächeren.

Nach dem Glätten und Ausstreichen werden die Felle
zwecks Beseitigung des gelösten Schmutzes entweder im Bottich oder im Walkfaß mit lauwarmem Wasser abgespült
und dann einer eintägigen, bei kalter Jahreszeit aber einer
zweitägigen Ruhe in reinem Wasser überlassen. Das Wasser
soll dazu möglichst weich sein, damit die Felle in einen vollkommenen Zustand von gesunder Mattigkeit überführt werden.
Ist ein solches nicht vorhanden, so muß ein hartes Wasser
durch Einrühren von Streckfleisch oder Hautabfällen und
einiges Stehenlassen dazu besser geeignet gemacht werden.

4*

Das Wasser zieht die trübende Substanz aus der Haut heraus
und werden die Felle nach jeder Operation in dieses Wasser
eingelegt, so werden sie zuletzt schlank und dünn, wie es
gerade erwünscht ist.

Die Felle müssen gut ausgewaschen und von Schmutz
und Fetteilen gründlich gereinigt werden, sonst entsteht
ein fleckiger Alaunausschlag. Wenn nötig läutert man die
Felle in lauwarmem Wasser; um sie zu entschleimen, gibt
man in das Wasser etwas abgebrühte Kleie. Zu diesem
Zwecke setzt man dem Spülwasser ein Viertel der bemes-
senen Kleienmenge zu und bearbeitet darin die Felle etwa
10 Minuten; hierauf schlägt man sie auf, läßt sie abtropfen,
setzt die übrige Kleie zu und gießt so viel warmes Wasser
darauf, daß das Geschirr mit der einzutreibenden Partie Felle
nahezu voll wird. Die Gärung tritt im Sommer bald ein,
im Winter kann man einige Kübel gebrauchter Kleienbrühe
von der früheren Partie zusetzen. Die Temperatur der Brühe
soll zwischen 30 und 40° betragen, je nach der Witterung
und der Mattigkeit der Kalbfelle.

Für 300 mittelgroße Kalbfelle rechnet man ungefähr
45 kg grob gemahlener Kleie, die man nach dem älteren Beizverfahren mit soviel siedendem Wasser übergießt, daß die
Kleie ganz unter Wasser ist, und läßt sie so zwei Stunden
weichen. Dann gießt man soviel kaltes Wasser zu, daß man
die Kleie darin bequem mit einer Holzspatel durchrühren kann,
um das Mehl herauszuwaschen. Das Wasser mit dem Mehl
wird abgegossen, während sich die Kleie zu Boden setzt.
Das Auswaschen wird zwei- bis dreimal wiederholt, bis das
Mehl entfernt ist, und dann wird die Kleie in den Bottich
oder in das Haspelgeschirr eingegeben, in dem das Beizen
vorgenommen werden soll. Man gibt die Felle herein und
beläßt sie darin, bis sie gebeizt sind.

Aber dieses Abbrühen der Kleie ist nach J. T. Wood[1]
weder nötig noch zweckmäßig. In England gibt man auf je
100 l Wasser, das man auf 35° anwärmt, 1/2 bis 1 kg Kleie,

____

[1] Siehe seine Schrift: „Das Entkälken und Beizen der Felle
und Häute" (Braunschweig, Vieweg, 1914) S. 183.

zerquetscht dieselbe, gibt die Felle herein und läßt die Beize tüchtig haspeln, bis sie völlig gleichmäßig ist, wobei die Temperatur gewöhnlich infolge der kälteren Felle auf 30 bis 28° herabsinkt. Die Brühe vergärt in 18 bis 24 Stunden recht stark, wobei sich Gase in großer Menge entwickeln und schwache organische Säuren bilden. Die Gase heben die Felle zur Oberfläche der Beize, der Arbeiter stößt sie zum Boden; man läßt die Felle je nach Bedarf zwei- bis dreimal aufsteigen, worauf sie genügend gebeizt sind. In einem Haspelgeschirr wird das Beizen viel bequemer und auch besser ausgeführt, ohne befürchten zu müssen, daß die Felle mit der Stange beschädigt werden.

Zum Ausarbeiten werden gewöhnlich bloß 100 mittelgroße Kalbfelle zu einer Partie vereinigt, wo dann 15 kg Kleie gegeben werden. Aus der Kleienbeize werden die Felle ausgestrichen und kommen zur Gerbung.

Für schwarzes, satinartiges Leder oder **gewöhnliches Farbleder** gibt man für je 100 kg Blößen

    8 kg Alaun oder 5,5 kg Tonerdesulfat,

    2,5 bis 3 kg Kochsalz und

    4 kg Weizenmehl.

Für besseres Farbenschuhleder, wenn man sehr weiche, sammetartige Leder herstellen will, gibt man noch Eidotter zu; die Nahrung besteht dann aus

    8 kg Kalialaun oder 5,5 kg Tonerdesulfat,

    2,5 bis 3 kg Kochsalz,

    8 kg Weizenmehl und

    100 Stück Eidotter oder 2 l Eigelb.

Man gibt die Gare in ein Walkfaß, wirft die Felle herein, läßt laufen und nach $1\frac{1}{2}$ bis 2 Stunden dürfte die Nahrung völlig aufgenommen sein. Sobald dies geschehen, nimmt man die Felle heraus, legt sie auf einem Bock glatt übereinander und hängt sie dann zum Trocknen auf. Die aufgetrockneten Felle werden in Sägespänen oder in einer Dunstkammer anziehen gelassen, mit der Maschine gestollt und ausgereckt. Dann werden die Felle gefalzt, um sie zu egalisieren, wodurch auch die nachfolgende Gerbung gleichmäßig vor sich geht.

Die zu Kalbkid bestimmten Felle werden genau in gleicher Weise vorbereitet, so daß man diejenigen, welche zu dieser Ledersorte als nicht geeignet gefunden wurden, in diesem Stadium zu Dongola weiter verarbeitet. Zu diesem Zwecke erhalten die Felle eine Nachgerbung mit Katechu oder einem anderen gleichwertigen Gerbstoffe.

Bei Katechu rechnet man für je 100 Stück Kalbfelle 4 bis 5 kg dieses Gerbstoffes; man löst es in der fünfzigfachen Menge kochendem Wasser auf, läßt absitzen und setzt die klare Brühe in mehreren Portionen zu. Man gibt die Felle in das Gerbfaß mit etwa 40° warmem Wasser ein und walkt darin die Felle ungefähr eine halbe Stunde lang. Dabei wird der überschüssige Alaun und das Kochsalz aufgelöst und durch Ablassen des Wassers beseitigt. Dann führt man die Nachgerbung mit Katechu aus: Man gibt in das Faß 5 l Wasser auf jedes Fell, läßt laufen und setzt ungefähr $^1/_4$ l der Katechubrühe pro Fell zu. Nach einer halben Stunde bessert man mit der gleichen Menge Katechubrühe auf und wiederholt dies so lange, bis der sämtliche Gerbextrakt zugesetzt wurde. Die ganze Operation dauert so ungefähr acht Stunden, wobei die Felle nur mit einer stark verdünnten Katechubrühe behandelt werden. Dies ist von großer Wichtigkeit, denn die Nachgerbung mit Katechu soll nur recht mäßig sein, weil ein mit Alaun vorgegerbtes Leder sehr leicht zu viel Gerbstoff aufnimmt, wodurch ein brüchiger Narben entstehen kann, was selbst durch tüchtiges Einfetten nicht verhindert werden könnte.

Diese Nachgerbung mit Katechu kann auch in Farben ausgeführt werden; es dauert zwar dann die Gerbung viel länger, ungefähr ebensoviel Tage wie im Walkfaß Stunden, aber man kann das Fortschreiten der Gerbung viel besser kontrollieren und schützt sich vor Fehlern, die dann nicht mehr beseitigt werden können.

Sobald die Felle in der ganzen Dicke völlig von dem Katechu durchgedrungen sind, wovon man sich durch Anschneiden in der dickeren Kopfpartie überzeugt, nimmt man sie heraus, schlägt sie über die Böcke und läßt sie abtropfen. Hierauf bringt man sie in das inzwischen vorbereitete Farbgeschirr, entweder ein Farbfaß oder ein Haspelgeschirr. Die Felle werden hier zunächst mit Kaliumbichromat gebeizt, wozu man für je 100 Felle etwa 300 l lauwarmes Wasser und 1,5 kg Bichromat (in 10 l warmem Wasser aufgelöst) zusetzt. Man läßt darin die Felle etwa eine halbe Stunde laufen und die Beizbrühe, welche nach dieser Zeit völlig erschöpft sein wird, fort. Dann leitet man wieder etwa 30⁰ warmes Wasser ein und setzt durch die hohle Welle die Farbflotte zu.

Zum Färben der farbigen Dongolakalbfelle werden die üblichen Anilinfarbstoffe verwendet, so Auramin, Neugelb, Azophosphin, Ledergelb, Echtrot, Safranin, Lederrot u. a. der verschiedenen Farbenfabriken.

Bei diesen Ledern wird eine Durchfärbung, wenigstens bis zu einer gewissen Tiefe verlangt. Das Beizen mit Chromkali wird auch aus diesem Grunde ausgeführt, weil es das Durchdringen der Anilinfarbstoffe ermöglicht, sonst würden die Farbstoffe bei dem alaungaren Leder an dessen Außenseiten sitzen bleiben.

Das Färben wird in der üblichen, als bekannt vorausgesetzten Weise ausgeführt. Nachdem der Farbstoff ausgezehrt ist, was etwa in einer halben Stunde der Fall sein dürfte, wird die erschöpfte Farbflotte abgelassen, frisches lauwarmes Wasser in das Geschirr eingeleitet und die Felle darin gut ausgewaschen, Am besten geschieht dies unter gleichzeitiger Zu- und Ableitung des Waschwassers, wo dann das Auswaschen in einer Viertelstunde ausgeführt ist. Man nimmt die Felle heraus, läßt sie gut abtrocknen und ölt sie dann ganz leicht mit Leinöl ab, oder fettet sie in einem Walkfaß mit einer Emulsion von Knochen- oder Leinöl mit ein wenig Soda ein.

Die gefetteten Felle werden dann auf der Tafel ausgestreift und zum Trocknen aufgenagelt. Nach dem Trocknen werden die Felle an der Fleischseite wie das sämischgare Leder abgeschliffen, welchem Leder sie ähnlich aussehen sollen. Man läßt die Leder anziehen, damit sie gleichmäßig feucht werden, und entweder stollt man sie zuerst am Pfahl und reckt sie erst dann im Rahmen aus, oder man reckt sie direkt mit einer Reckmaschine aus. Nach diesem Ausrecken werden die Felle zum zweiten Male ausgetrocknet und dann trocken ausgereckt, wodurch sie wie Sämischleder erweichen sollen.

Der Narben dieser Samtleder ist nicht glatt, sondern zieht ein leichtes Korn. Man kann nach diesem Verfahren überhaupt kein hübsch genarbtes Leder herstellen, weil ein schön gekörnter Narben nur in solchem Leder stehen bleibt, das mit vegetabilischen Gerbstoffen satter ausgegerbt wurde. Genarbtes Leder erfordert also eine andere Vor- und Nachgerbung, namentlich eine mildere Vorbehandlung mit Alaun, da man auch dann zu keinem günstigen Resultate gelangt, wenn eine satte vegetabilische Nachgerbung einer satten Alaungerbung nachfolgt. Im letzteren Falle wirkt nämlich auch konzentrierte Gerbbrühe weniger stark auf das mit Alaun bereits sattgegerbte Leder als auf die rohe Blöße ein, und es würde dann ein loses, schwammiges und stark narbenbrüchiges Leder herauskommen.

Bei dieser Ledersorte wird das Augenmerk überhaupt auf die Fleischseite gerichtet, der man durch wiederholtes Bimsen ein feinwolliges Aussehen beibringt. Dieses wird in zwei Operationen ausgeführt. Das grobe oder Vorbimsen erfolgt auf der Bimswalze, wie sie für Chairleder verwendet wird, auf der das gröbere Fleisch entfernt und das Leder nachegalisiert wird. Das Nach- oder Feinbimsen wurde früher mit der Hand ausgeführt und zwar entweder in flacher Lage, wobei man unter die Felle einen mit Roßhaar gefüllten Polster legte und einen dem Farbenreibstein ähnlich geformten Bimsstein benutzte, oder man spannte sie in Rahmen auf und schliff sie darin mit einem hornförmigen Bimsstein ab. Neuerer Zeit bedient man sich auch zum Feinbimsen besonderer Maschinen, an welchen die eiförmig geformten Schleifwalzen mit feiner Schmirgelleinwand beklebt oder nach einem Leimanstrich mit feinem Schmirgel bestreut werden. Da beim Bimsen die obere Fläche der Fleischseite entfernt wird, so muß das Leder durchgefärbt sein, was mit Anilinfarbstoffen beim Leder, das mit vegetabilischen Gerbstoffen nachgegerbt und mit Kaliumbichromat gebeizt ist, leicht gelingt.

In den Handel kommen die Leder unter verschiedenen Phantasienamen, wie Samtleder, Velvet- oder Ooze-Leather u. a.; sie zeichnen sich durch große Weichheit, samtartigem Griff und wollige Fleischseite aus. Die Leder sind dabei sehr fest und zähe und geben ein vorzügliches Schuhleder ab.

Sollen die nach dieser Methode gegerbten Felle auf **schwarzglatt kidartig** weiter bearbeitet werden, so werden sie nach der Ausgerbung mit Katechu im lauwarmen Wasser ausgewaschen, dann noch in nassem Zustande geschwärzt, ausgereckt, mit Tran abgeölt und zum Trocknen aufgehängt. Die aufgetrockneten Leder werden auf irgend eine Weise (durch Einlegen in feuchte Sägespäne, durch rasches Durchziehen im Wasser oder in einer Dunstkammer) möglichst gleichmäßig anziehen gelassen, über den Stollpfahl gezogen und noch im Rahmen ausgereckt.

Die auf diese Weise weichgemachten Leder werden gelüstert, dann entweder geglast oder auch wie Kidleder gebügelt. Auf diese Art hergestellte Kalbfelle haben die Weichheit und fast die gleiche Zügigkeit wie das Kidleder, von dem sie sich nur dadurch vorteilhaft unterscheiden, daß sie durch Feuchtigkeit keine Veränderung erleiden und beim Tragen nicht hart und brüchig werden.

Zu feinem Farbendongola-Kalbleder werden leichte Felle von geringer Lederung verarbeitet, oder diejenigen, welche sich zu Kidschuhleder als zu flach und leer erwiesen haben. Wir haben bereits S. 53 erwähnt, daß ihnen in der Nahrung Eigelb zugesetzt wird, man kann die Milde auch noch durch Zusatz von ¼ kg Klauenöl erhöhen. Sonst werden sie völlig gleich wie die übrigen Farbendongolaleder hergestellt, nur werden sie selbstverständlich beim Schleifen noch vorsichtiger behandelt.

5. Das Gerbverfahren von P. Castiau.

Auch zur Herstellung eines gleitfreien, festen und fast vollkommen wasserdichten chromgaren Sohlleders soll die Nachgerbung mit vegetabilischen Gerbstoffen nach dem D.R.-P. Nr. 261 323 (F.P. Nr. 440 736, Schw. P. Nr. 62 141) des Pierre Castiau, Viehhändler in Renaix, Belgien, herangezogen werden.

In der Einleitung zu seinem Patent macht Castiau darauf aufmerksam, daß die chromgaren Sohlleder den Übelstand zeigen, durch Berührung mit dem feuchten Boden glitschig zu werden, so daß sie als gewöhnliches Sohlleder nicht taugen. Wenn man das Gleiten der chromgegerbten Leder beobachtet, so bemerkt man, daß die im Leder vorhandenen Zwischenräume Wasser durch Kapillarität aufnehmen. Dadurch erhöht sich die Dicke um etwa ein Zehntel und das Anschwellen der Faserbündel treibt die Sohle auseinander. Dadurch machen die Haar- und Fleischseite Bewegungen in entgegengesetzter Richtung, wobei die Fasern bequem aneinander gleiten können. Um diesen Übelstand zu beheben, muß ein Aufnehmen von Wasser vermieden und die Faserflächen weniger glatt gemacht werden.

„Durch das neue Verfahren wird nun ein chromgares Sohlleder erzeugt, das fast vollkommen wasserdicht und gleitfrei ist und zugleich die Vorteile des mit Tannin und Paraffin nachbehandelten Leders aufweist. Es besteht darin, daß die Häute nach einer Chromgerbung in eine schwache pflanzliche Gerbbrühe getaucht werden, aus der man sie herausnimmt, sobald sie durchtränkt sind. Der nicht gebundene pflanzliche Gerbstoff wird mit lauem, mit etwas Borax od. dgl. versetztem Wasser ausgespült. Die Spülungen werden so weit getrieben, bis das Spülwasser farblos bleibt.

Dann werden die Häute getrocknet, glatt gemacht und in eine zwischen 80 bis 100° erwärmte Mischung von Paraffin und Harz getaucht; sie werden erst herausgenommen, bis keine Luftblasen mehr an die Oberfläche treten."

Dieses Verfahren soll sich von der bekannten Nachgerbung

der chromgaren Leder dadurch unterscheiden, daß hier in
dem Leder nur gebundener Gerbstoff zurückbleibt, der die
Hautfasern verkittet und wasserdicht macht, nicht aber, wie
dies in der Regel der Fall ist, sich in den Zwischenräumen
ablagert und diese auffüllt. Doch ist diese Angabe nicht
richtig: man kann zwischen dem festgebundenen und bloß
abgelagerten Gerbstoff keine genaue Grenzscheide treffen,
mit Borax kann man auch den „festgebundenen" Gerbstoff
aus dem Leder herausbringen, und man wird damit nie früher
ein reines Waschwasser erhalten, bevor nicht sämtlicher
Gerbstoff entfernt ist.

Das neue Verfahren soll man in folgender Weise ausführen:
„Die nach einem der bekannten Verfahren chromgegerbten
Häute werden zuerst vollständig neutralisiert und in gewöhnlicher Weise gespült. Dann werden sie in Lohbrühen von
anwachsender Dichte von 1 bis 6° Bé. aufgehängt und darin
belassen, bis das Tannin die Häute durchgedrungen hat, was
in 10 bis 14 Tagen der Fall ist. Hierauf gibt man die Häute
in mit einer doppelten Gewichtsmenge Wasser von 40° C
gefüllte Walkfässer. Nachdem die Fässer 1 bis 2 Stunden ge-
laufen sind, wird das überschüssigen Gerbstoff enthaltende
Wasser abgelassen und frisches, mit einem schwach alkalischen Salz, wie Borax, versetztes Wasser gleicher Temperatur
eingefüllt. Das dem Wasser zugesetzte Quantum des Salzes
beträgt ungefähr 2% des Gewichtes der Häute. Nachdem
die Häute nochmals zwei Stunden mit diesem alkalischen
Wasser gewalkt worden sind, wird das Wasser wieder abgelassen und dann zum dritten Male mit reinem Wasser gewalkt,
so daß der ganze, nur mechanisch anhaftende Gerbstoff ausgewaschen ist. Die Häute werden hierauf in üblicher Weise
getrocknet und mit Paraffin, Harz od. dgl. getränkt.

Das Leder besitzt nun eine Wasserdichtigkeit, die es
als Sohlleder besonders geeignet macht. Das chromgare
und mit pflanzlichem Gerbstoff einfach nachgegerbte Leder
nimmt in 24 Stunden 30 bis 40% seines Gewichtes an Wasser
auf. Das chromgare und dann direkt mit Paraffin behandelte
Leder nimmt in gleicher Zeit bis 12% Wasser auf; dagegen

nehmen die nach dem neuen Verfahren behandelten Leder sogar in zwei- bis dreimal längerer Zeit nur 5 bis 6 % Wasser auf".

„Da die nach dem neuen Verfahren gegerbten Leder zum Trocknen nicht auf Rahmen gespannt werden müssen, was bei dem nur mit Chrom behandelten Leder der Fall ist, kann denselben eine größere Dicke erhalten bleiben." (Wie bekannt, werden Chromleder nur aus dem Grunde auf Rahmen gespannt, damit sie sich beim Trocknen nicht zusammenziehen und eine größere Fläche behalten. Die stark gefetteten Chromsohlleder können sich überhaupt nicht zusammenziehen.) „Die Beibehaltung der Maximaldicke geht auch daraus hervor, daß die nach dem neuen Verfahren gegerbten Leder nicht geklopft oder gewalzt zu werden brauchen, wie es bei dem mit pflanzlichem Gerbstoff gefüllten Leder der Fall ist. Wenn man in dem ersten Teil des neuen Verfahrens Gerbbrühen verwendet, die aus gelblichem, wenig gefärbtem Tannin bestehen, so erhält das Leder eine grünliche Farbe, die derjenigen mit reinem Chrom gegerbten Leders fast gleichkommt."

„Das neue Verfahren ist auch für die durch andere Körper als Chromsalze, z. B. Formaldehyd oder Chinon, chemisch gegerbten Leder anwendbar."

Der Patentnehmer besitzt nur geringe Kenntnisse in den vegetabilischen Gerbstoffen, wenn er selber glaubt, was er behauptet. Auch seine Angabe bezüglich der gelbfärbenden Gerbstoffe ist falsch. Es ist ja allgemein bekannt, daß ein Einbad-Chromleder, das in der Regel zu Sohlleder benutzt wird, einen bläulich-grünlichen Schnitt aufweist; tritt noch eine gelbliche Färbung hinzu, so muß er gelbgrün erscheinen, wodurch er sich ganz genau von rein chromgarem Leder unterscheiden wird. Aber das ist Nebensache.

Wichtiger ist, daß das Auswaschen mit Borax keinen Sinn hat und es wird auch ohne dasselbe der Zweck erreicht, wenn man zu der vegetabilischen Nachgerbung kein beliebiges vegetabilisches Gerbmaterial verwendet, sondern nur eins von den sog. Halbgerbstoffen, wie wir dies bereits angeführt haben. Die darin enthaltenen Gerbstoffe werden sich mit

den Hautfasern verbinden, nicht in den Zwischenräumen
ablagern und brauchen daher auch nicht ausgewaschen
zu werden. Dabei muß darauf geachtet werden, daß sich die
Brühenstärke je nach dem Gerbmaterial richtet. Die im
Patent angegebenen 6° Bé.(gleich 43° Bark.) sind für eine bloße
Nachgerbung zu viel und kommt man mit bedeutend dünneren
Brühen auch aus, wo man dann nicht soviel Gerbstoff heraus-
zuwaschen braucht.

Nach einem weiteren F. P. Nr. 440 736 soll die Chrom-
und Lohegerbung nicht in getrennten Bädern vorgenommen
werden, sondern man soll die Häute in einem Bade behandeln, das ein Gemisch einer Chromsalzlösung und einer vegetabilischen Gerbstoffbrühe enthält. Außerdem soll dem Leder
seine ursprüngliche Farbe wiedergegeben werden, indem man
das mit einem Harzparaffingemisch behandelte Leder noch
warm in 50 bis 80° C warmes Wasser bringt und mit einem
mit heißem Wasser durchtränktem Tuch oder Schwamm
tüchtig abreibt; oder man taucht das erkaltete Leder während
einiger Sekunden in Benzin und reibt es dann mit einem
trockenen Lappen ab.

**b) Gleichzeitige Gerbung mit mineralischen und vegeta-
bilischen Gerbmitteln.**

Verschiedene Spezialitäten in Kalb-, Rinds- und Roß-
leder werden nach dieser zweiten Type der Dongolagerbung
ausgeführt, indem die Angerbung mit kombiniertem Material,
die Ausgerbung entweder ebenfalls mit kombiniertem oder
nur mit vegetabilischem Gerbmaterial erfolgt.

6. Dongolagerbverfahren nach W. Eitner.

Ein Verfahren, womit gute Resultate erzielt werden,
hat W. Eitner in folgender Weise beschrieben:

Die trockene Rohware kommt in die mit frischem Wasser
angestellte Weiche und verbleibt darin 2 bis 3 Tage, bis sie
gestreckt werden kann. Nach dem Strecken kommen die
Häute nochmals in frisches Weichwasser und bleiben darin
noch 1 bis 2 Tage. Die Ware kommt vielleicht etwas härter

heraus, aber nachdem ein angeschärfter Äscher verwendet wird, ist ein hochgradiges Weichen überflüssig, als dadurch die Häute zuviel an Hautsubstanz verlieren, eine mehr abfällige Lederung und ein schwaches Rendement resultieren würden.

Aus dieser zweiten Weiche kommen die Häute in einen gebrauchten, angeschärften Äscher, dem nach 2 bis 3 Tagen Kalk und Kalziumsulfhydrat zugesetzt wird, und zwar für je 1 cbm (gleich 10 hl) Brühe 10 kg ungelöschten Brennkalk und 5 l Kalziumsulfhydrat. Nach weiteren 3 bis 4 Tagen kann man die Häute enthaaren. Aus einem solchen Äscher kommen die Häute recht milde heraus, auch wenn sie etwas fester eingebracht werden, besonders wird der Narben recht zart sein und die Grundhaare gehen leicht weg.

Die gehaarten Häute kommen auf 3 bis 4 Tage in einen Schwelläscher, nämlich in einen reinen Kalkäscher, der 10 kg Kalk auf 1 cbm Brühe bekommt und so ungefähr sechs Wochen lang gehalten werden kann. Nach sechswöchentlicher Verwendung wird dieser Äscher durch obigen Zusatz in einen angeschärften umgewandelt und ein reiner Kalkäscher frisch angestellt.

Die Reinmacharbeiten sind bis zum Beizen die gleichen wie sonst für Oberleder, es wird aber keine Kotbeize verwendet, indem der bei der Gerbung verwendete Alaun das Auflösen der Hautfasern selber besorgt. Rinds- und Roßhäute werden einfach mit Salzsäure entkälkt, wogegen die Kalbfelle eine Kleienbeize erhalten.

Diese wird für je 100 kg Blößen mit 10 kg Kleie mit warmem Wasser angestellt, man setzt einige Liter alter Kleienbeize zu und überläßt etwa 24 Stunden der Gärung. Für den Gebrauch wird die gärende Kleie mit warmem Wasser verdünnt, die Felle werden eingebracht und 12 bis 15 Stunden getrieben. In England wird die Kleie in dem Beizgeschirr bei einer Temperatur von etwa 35⁰ mit Wasser verrührt, dann gibt man die Felle hinein und läßt die Beize tüchtig haspeln, bis sie ganz gleichmäßig ist, wobei die Temperatur gewöhnlich auf 30 bis 28⁰ herabsinkt und die Milchgärung eintritt. Die zulässige Temperatur schwankt je nach dem Zustande der Felle und der obwaltenden Außentemperatur; sie kann im Winter höher sein als im Sommer, soll aber 32° nicht übersteigen. Im übrigen ist dieses Beizverfahren bereits S. 52 u. ff. beschrieben worden.

Die kleiengebeizten Felle werden mit warmem Wasser abgespült, abgezogen und sind so zur Gerbung bereit; die mittels Salzsäure entkälkten Häute kommen direkt in die Gerbbrühe.

Zur Angerbung sind Haspelgeschirre am besten geeignet, da bei der gleichzeitigen Gerbung mit Alaun und vegetabilischem Gerbstoff viel getrieben werden muß, damit die zwei verschiedenen Gerbmaterialien möglichst gleichmäßig angreifen. Beim ruhigen Stehen der Häute in der Gerbbrühe gerbt der Alaun viel rascher als der vegetabilische Gerbstoff, während bei gleichzeitiger Bewegung der Häute und Brühe der Gerbstoff mit dem Alaun ungefähr gleichen Schritt hält. Man könnte zwar auch ein Walkfaß verwenden, aber es könnte dann leicht eine zu schnelle Gerbung eintreten, die ein sehr intensives Narbenziehen zur Folge zu haben pflegt.

Als vegetabilischen Gerbstoff benutzt man nur Extrakte; aus den festen Gerbmaterialen, etwa Sumach und feingemahlene Myrobalanen ausgenommen, extrahiert sich nämlich der Gerbstoff bei Gegenwart von Alaun nur schwierig, so daß eine Verzögerung der vegetabilischen Gerbung eintreten könnte. Aber auch von Gerbstoffextrakten lassen sich nicht alle verwenden: Quebracho- und Fichtenextrakt z. B. geben mit der Alaunlösung starke Niederschläge. Am besten sind neben Katechu der Sumachextrakt und einige Sorten Kastanienholzextrakt geeignet. Die Gerbung wird in ziemlich schwacher Brühe begonnen und weiter geführt, dagegen werden die Brühen sehr oft zugebessert, und zwar zum Anfang der Gerbung täglich viermal, später täglich zweimal.

Wenn man mit der Gerbung anfängt, so nimmt man zu 1 hl Gerbbrühe

     150 g Kalialaun oder 100 g Tonerdesulfat,

      50 ,, Kochsalz,

     600 ,, Kastanienholzextrakt oder 500 g Katechu;

bei Verwendung des Katechu muß dieses früher im kochenden Wasser aufgelöst und bloß die klare Lösung verwendet werden. Die Häute werden in dieser Brühe eingetrieben; nach drei Stunden setzt man noch die gleichen Gerbstoffmengen zu und dieser Zusatz wird noch einmal wiederholt, wenn zum Laufen des Haspelgeschirres genügend Zeit übrig bleibt. Den zweiten Tag wird mit den angegebenen Mengen viermal, also je nach drei Stunden, zugebessert.

Um die Stärke der Gerbbrühen in mehreren Abstufungen zu haben, bestimmt man für Kalbfelle drei, für stärkere Häute fünf bis sechs Farben, in denen die Leder umgezogen werden. Beim Frischanstellen solcher Farben wird die zweite Farbe in der doppelten Stärke wie die erste, also mit

      300 g Kalialaun,

      100 ,, Kochsalz,

    1200 ,, Kastanienholzextrakt oder 1000 g Katechu

angestellt; die dritte Farbe erhält das dreifache, die vierte das dreieinhalbfache, die fünfte das vierfache, die sechste das viereinhalbfache Quantum des Gerbmaterials. In jeder Farbe verbleiben die Häute zwei Tage, worauf sie in die nächstfolgende umgezogen werden. Bei der Angerbung in der ersten Farbe wird täglich viermal zugebessert, weil hier die Häute rasch zehren, in den späteren Farben erfolgt das Zubessern täglich nur zweimal. Zum Anstellen und Zubessern der Farbe werden die beiderlei Gerbmaterialien nicht vorher gemischt, sondern es werden die vegetabilischen Extrakte separiert von Kochsalz und Alaun zugesetzt.

In so kombinierten Farben sind die Häute nach 9 bis 12 Tagen gleichmäßig durchgegerbt; die Gerbung ist zwar mager und auch das Gewichtsergebnis ist ein geringes, aber die Leder sind sehr zähe und nach richtiger Fettung sehr haltbar, so daß sie für manche Zwecke schon jetzt zugerichtet werden können. Die stärkeren Kuh- und Roßhäute werden gespalten, Kalbfelle nur ausgefleischt.

Aber häufig erhält das Leder noch eine **Nachgerbung**, eigentlich Sattgerbung mit vegetabilischen Gerbstoffen, wozu jetzt die sämtlichen in der Lohgerberei verwendeten Gerbmaterialien benutzt werden können. Will man mit Extrakten ausgerben, so kann man Quebracho-, Fichtenrinden- oder Kastanienholzextrakt, entweder jeden für sich oder besser gemischt, und · zwar Quebracho- oder Fichtenrindenextrakt · mit Kastanienholzextrakt verwenden.

Für Roßschuhleder, das man möglichst voll und nicht rinnend herstellen will, nimmt man 5 Teile Eichenholz- mit 3 Teilen Quebrachoextrakt (beide 25^0 Bé stark) gemischt. Von festen Gerbmaterialien kann man für Roß- und Rindsleder Mischungen von 6 Teilen Quebracholohe und 4 Teilen Myrobalanen, Dividivi, Algarobilla oder vorteilhaft auch mit Kneppern verwenden. Diese Gerbstoffgemische werden entweder extrahiert, und man gerbt mit den daraus bereiteten Gerbbrühen oder man setzt diese Gerbmaterialien direkt der Gerbbrühe zu. Kalbfelle gerbt man mit Gerbbrühen von 25 bis 32^0, Roß- und Rindsleder in solchen von 30 bis 35^0 Bark. aus. Für Kalbfelle eignen sich besser Quebracho- und Fichtenlohe, für farbiges und satiniertes Kalbleder am besten der Sumach. Diese Nachgerbung kann nach Belieben mehr oder weniger stark ausgeführt werden, je nach dem Zwecke, zu welchem die Ware bestimmt ist.

Diese Dongolaledersorten werden genau so wie die bezüglichen Sorten von Oberledern zugerichtet [1]).

7. Ein amerikanisches Dongolaverfahren.

Zur Ausführung dieser Kombinationsgerbung gibt Davis in seinem Buch „The Manufacture of Leather" (Philadelphia 1897), S. 375 die nachfolgende Vorschrift an:

Man sortiert die Kalbfelle je nach der Größe der Weich- und Äschergruben in Partien von je 200 bis 250 Stück von 4 bis 6 kg, oder etwas mehr bei leichterem Material von 3 bis 4 kg. Die Felle werden hinlänglich geweicht und mit der Hand

---

[1]) „Der Gerber", 1897, Nr. 538, S. 27.

oder Maschine gestreckt. Hierauf werden sie beschnitten und, wenn nötig, nochmals geweicht, bevor sie in den Äscher kommen.

Das Äschern wird zumeist mit Kalk und Schwefelarsen ausgeführt, weil das letztere die Haut milder macht. Man gibt ungefähr 8,5 kg Brennkalk und 1,5 kg Schwefelarsen auf 180 bis 220 l Wasser. Der erste Äscher soll schwächer sein und bloß etwa ein Drittel von Kalk und Gift bekommen. Die Häute werden täglich einmal aufgeschlagen und der Äscher zugebessert. Das Äschern dauert 8 bis 10 Tage. Wenn das Haar leicht abgeht, so wird mit der Hand oder mit der Maschine sorgfältig abgehaart.

Die Blößen werden dann in einer Kurbelwalke oder in einem Haspelgeschirre mit lauwarmem Wasser geläutert, bis sie kalkrein sind, hierauf mit der Maschine entfleischt, der Narben geglättet und die Felle gefalzt. Es wird dann nochmals geläutert und mäßig gebeizt. Es kann hierzu jede von den bekannten Kotbeizen, auch von den künstlichen, verwendet werden; manche Gerber benutzen dazu eine recht steife, andere eine ziemlich dünnflüssige Hundekotbeize.

Aus der Kotbeize wird die Fleischseite fassoniert und die Narbenseite gut geglättet. Dann werden die Felle tüchtig im lauen Wasser ausgewaschen und ungefähr drei Viertelstunden in der Kleienbeize behandelt, dann ausgestrichen und zur Gerbung gebracht.

Die reingemachten Blößen werden in sehr schwacher Gerbbrühe angegerbt. Zum Anstellen derselben werden für je 1 hl Brühe 1000 g Katechu, 250 g Alaun und 150 g Kochsalz im Wasser aufgelöst. In dieser Gerbebrühe, welche täglich zweimal (früh und mittags) zugebessert wird, werden die Felle tagsüber gehaspelt. Als tägliche Verstärkung werden die gleichen Mengen wie zum Anstellen verwendet. Auf diese Art werden die Kalbfelle acht Tage behandelt, wodurch sie eine gleichmäßige, wenn auch nicht satte Durchgerbung in ihrer ganzen Dicke erhalten.

Die gegerbten Felle werden herausgenommen, auf einen Bock geschlagen und über die Nacht abtropfen gelassen; hierauf erhalten sie in einem Schmierfaß eine leichte Fettung. Auf 200 bis 250 Stück, also eine Partie, rechnet man je 24 l Tran und Knochenöl. Man läßt die Felle eine Stunde in der Fettmischung laufen, nimmt sie dann heraus, schlägt sie über die Böcke zum Einziehen und hängt sie zum Trocknen in der Trockenstube auf.

Die getrockneten Felle werden herabgenommen, übereinander geschlagen und so 5 bis 6 Tage liegen gelassen, dann auf der Fleischseite mit schwacher Gerbebrühe leicht angefeuchtet und sorgfältig ausgefalzt. Die gefalzten Felle werden durch Einlegen in laues Wasser ganz erweicht, dann im Walkfaß 4 bis 5 Stunden nochmals in einer 4 bis 5 %igen Gerbebrühe nachgegerbt. Zu dieser Nachgerbung sind besonders Blättersumach oder Sumachextrakt, sulfitierter Quebrachoextrakt, Kastanienholzextrakt u. dgl. anstatt des Katechu gut geeignet.

Die nachgegerbten Felle werden wieder aufgetrocknet, auf der Maschine ausgereckt und zum zweiten Male gefettet. Auf 200 bis 250 Stück Felle nimmt man 600 l Wasser und 40 l Fettbrühe. Diese bereitet man z. B. aus

9 l Olivenöl,
9 l braunem Dorschtran,
4,5 l reinem Moëllon,
1,1 kg harter Seife und
600 g Borax,

die man in 40 l Wasser auflöst bzw. suspendiert.

Sollen die Felle an der Fleischseite eine schöne gelbe Farbe erhalten, so löst man 120 g Auramin in warmem Wasser (das Wasser darf nicht über 70° C warm sein) auf und setzt die Farbflotte der Fettbrühe zu. Man gibt die Felle in das mit lauwarmem Wasser angefüllte Walkfaß und läßt laufen, durch die Bewegung des Walkfasses bildet sich eine Fettemulsion, die von den ziemlich trockenen Fellen schnell aufgenommen wird. Man läßt die Felle in der etwa 30° C warmen Brühe ungefähr drei Viertelstunden laufen und nimmt sie, sobald das Fett aufgenommen ist, heraus und schlägt sie zum Abtropfen über die Böcke.

Die Felle sollen nun auf der Tafel gefärbt resp. geschwärzt werden, was aber nicht leicht auszuführen ist, weil sie ziemlich naß und gefettet sind; es dürften hier wohl die fettlöslichen Anilinfarbstoffe gute Dienste leisten. Die gefärbten Felle werden ausgestrichen und mit einem Fettgemische aus gleichen Teilen Lebertran und Klauenöl leicht abgeölt.

Nach dem Abölen werden die Felle in einer Trockenstube getrocknet, dann herabgenommen, in feuchten Sägespänen anziehen gelassen, auf der Maschine ausgestollt und von der Fleischseite ausgestoßen; hierauf werden die Felle an der Luft getrocknet und von der Narbenseite fassoniert, darauf über Balken gelegt, gestreckt und getrocknet. Zuletzt werden sie gebügelt, beschnitten und gemessen, dann wieder abgeölt und über Nacht mit den Narbenseiten aufeinander liegen gelassen. Den nächsten Tag wird der Narben mit dem Flanellballen abgerieben, die nun fertige Ware wird sortiert und in Dutzenden für die Expedition zusammengeballt.

8. Verarbeiten der Kuhhäute zu Dongola nach einer modifizierten amerikanischen Gerbmethode.

Die wie üblich rein gemachten Blößen werden zunächst mit Kochsalz und Schwefelsäure gepickelt und dann in einem Haspelgeschirr mit der aus Alaun, Kochsalz und Pegukatechu kombinierten Brühe angegerbt. Diese Eintreibfarbe wird durch Verdünnung mit Wasser aus derjenigen Brühe hergestellt, aus der die vorhergehende Fellpartie herausgenommen wurde und die etwa 12 bis 15° Bark. anzeigt. Zum Antreiben wird die Brühe auf etwa 8° Bark. verdünnt und für 1 hl mit 1 kg Alaun und 400 g Kochsalz versetzt, wodurch die Brühenstärke auf 10° Bark. erhöht wird. Der von der stärkeren Brühe übriggebliebene Anteil wird zum Auflösen von Gerbmaterialien und Anstellen der frischen Brühe verwendet. Nachdem die Häute in diese Brühe eingebracht sind, werden sie gehaspelt; mit der frischen Brühe wird täglich zweimal, und zwar früh morgens und nachmittags, die Farbe zugebessert, so daß die Stärke der Farbe allmählich ansteigt und zum Schluß

der Angerbung, die auf acht Tage verteilt ist, ungefähr 16⁰
Bark. beträgt, wobei deren Alaungehalt zum größten Teil
ausgezehrt ist. Durchschnittlich wird für eine Haut bei Anfang der Gerbung 5 kg, später, wenn die Gerbung im Gange
ist, 3 kg Katechu verbraucht.

Die Häute sind nach dieser Angerbung durchgebissen
und kommen zum Spalten. Sie werden zunächst im Walkfaß ausgewaschen, dann in einer Spindelpresse (in Amerika
wird hierzu die Boomerpresse benutzt) ausgepreßt; doch hat
die bei uns übliche Kniepresse gegen die Spindelpresse den
Vorteil, daß sie bei ebenfalls gleichmäßigem Druck eine viel
größere Druckfläche besitzt, so daß man die Häute nicht
soviel zusammenzulegen braucht.

Von der Presse gehen die Häute in ein Walkfaß, wo
sie eine Zeitlang trocken laufen, wodurch sie weich werden;
dann kommen sie auf die Vaughnsche Ausreckmaschine,
die alle Preßfalten entfernt und die Häute völlig glatt streicht,
was für das Spalten von großer Wichtigkeit ist.

Vor der eigentlichen Spaltoperation werden die Häute
mittels der Bandmesser-Spaltmaschine ausgefleischt, wobei
man von der Aasseite nur eine dünne Schicht wegspaltet,
wodurch die Haut egalisiert wird; der dabei erhaltene Abfall
ist nur zu Kunstleder verwendbar. Hierauf wird die Haut
umgewendet und von der Narbenseite aus ein Schnitt ausgeführt, durch den ein dünner Narbenspalt und ein dickerer
Fleischspalt erhalten wird; der letztere kann, wenn dies seine
Stärke zuläßt, nochmals von der Ober- oder Unterseite gespalten werden. Der aasseitige Spalt wird zu Afterleder
weiter verarbeitet, aus dem windseitigen aber das eigentliche Spaltleder (Splitts) hergestellt. Will man ordinäres,
starkes und auch sattgefettetes Oberleder in Wichszurichtung,
also das gewöhnliche Wax Upper-leather, herstellen, so gerbt
man es gewöhnlich mit Hemlock aus; feinere Splitts werden
mit Katechu allein oder mit Katechu und Sumach gemischt
fertiggegerbt. Der Narbenspalt wird mit den gleichen Gerbmitteln wie die feineren Splitts behandelt.

Für diese Nachgerbung erweisen sich drei Farben als

zweckmäßig, in denen die Spalte umgezogen werden; die erste hält man mit reinem Katechu bei 15°, die zweite bei 17° und die dritte bei 18° Bark.; bei Pegukatechu werden die Brühen durch täglich einmaliges Zubessern um 1° schwächer gehalten. In jeder dieser drei Farben bleiben die Spalte je drei Tage, so daß die ganze Nachgerbung neun Tage andauert. Die ganze Gerbezeit umfaßt daher 17 Tage und man hat dabei die Sicherheit im Ausfall des Produktes, als wenn nur kürzere Zeit gegerbt wäre.

Diejenigen Narbenspalte, welche nach dem Spalten zu Farbleder aussortiert wurden, erhalten nicht alle drei Nachgerbefarben mit Katechu, sondern nur zwei, weil sie später noch eine weitere Nachgerbung mit Sumach oder Sumachextrakt bekommen.

Die Narbenspalte werden aus dem Gerbgeschirr herausgenommen, auf einen Bock geschlagen und dort 12 bis 24 Stunden abtropfen gelassen, wobei man die Brühe ansammelt. Dann werden sie mit Knochenöl in einem Fettwalkfaß oder bloß von der Fleischseite auf der Tafel leicht gefettet, wobei man 4 % (vom Gewichte des feuchten Leders) Knochenöl verwendet. Für schwarzes Leder kann das Knochenöl durch den billigeren Waltran ersetzt werden. Die gefetteten Leder werden dann bei niedrigerer Wärme, am besten an der Luft oder in ungeheizter Trockenstube, aber bei gutem Luftwechsel getrocknet und für farbige Feinlederimitationen oder für schwarzes, stärker gefettetes Leder aussortiert. Für das erstere werden Narbenspalten von feinerer Struktur und zarterem Narben mit Sumach nachgegerbt und in bekannter Weise zugerichtet. —

Narbenspalte von gröberer Struktur und mit derberem Narben richtet man zu schwarzem Oberleder in nachfolgender, ziemlich einfacher Weise zu. Man feuchtet die Spalte gut ein und fettet sie in einem Fettwalkfasse bei 30° C etwa 30 bis 40 Minuten lang mit einer Schmiere, die in verschiedener Weise hergestellt wird, z. B. aus

3 Teilen reinem Moëllon,
1 Teil Dorschfischtran,

1¹/₂ Teilen Klauenöl und
1 Teil hartem Paraffin.

Diese Schmiere besitzt eine butterartige Konsistenz; von Fischtran wird nur wenig, von Talg gar nichts zugesetzt, weil der erstere bei dem Dongolaleder leicht ausharzt, der letztere leicht ausschlägt. Wird für die Fettschmiere ein weiches Paraffin verwendet, so nimmt man noch weniger oder auch gar keinen Tran, dagegen kann ein Vaselinfett mitverwendet werden. Von der Schmiere setzt man soviel zu, daß das fertige Leder, das ja ohnehin nicht nach Gewicht sondern nach der Fläche verkauft wird, höchstens 15 bis 20 °/₀ enthält, eine stärkere Fettung würde der Qualität des Leders nur nachteilig sein. Ist das Fett in das Leder eingedrungen, so läßt man in das Walkfaß durch die hohle Welle lauwarmes Wasser ein und zwar nur so viel, daß sich die Leder nachher ausstoßen lassen; man walkt darin die Häute, wodurch das Fett besser verteilt wird.

Das gewalkte Leder wird auf der Tafel ausgesetzt, dann getrocknet, in Sägespänen oder in einer Dunstkammer anziehen gelassen und auf einer Reck- oder Stollmaschine aufgestollt. Man stollt zuerst der Länge, dann der Breite nach, stoßt dann die Narbenseite auf der Tafel aus, um das Leder wieder in Fasson zu bringen, wobei man nach Bedarf befeuchtet.

Der Narben wird dann gebufft und nach nochmaligem Trocknen des Leders mit einer gewöhnlichen oder mit einer „dicken“ Schwärze geschwärzt. Für die Schwärzen gibt es eine große Anzahl von Vorschriften, wir wollen hier bloß einige bewährte anführen:

Nach W. Eitner werden 10 kg Blauholz, 4 kg Kubagelbholz und 1 kg Fisetholz mit 500 g gestoßenen Knoppern oder Gallen in 320 Liter weichem Wasser gekocht. Nach dem Auskochen wird die erhaltene Brühe sogleich, also noch heiß, durch ein Tuch oder durch Leinwand geseiht, um die Farbstoffpartikelchen zurückzuhalten; in dem Filtrat werden 7 kg Salzburger Vitriol (oder 6,5 kg gewöhnliches Eisenvitriol und 0,5 kg Kupfervitriol) und 200 g Indigokarmin aufgelöst.

Diese Schwärze wird eine Woche ruhig stehen gelassen und dann das Klare abgezogen. Sie besitzt eine vorzügliche Deckkraft, gibt daher ein sattes Schwarz mit dem beliebten tiefblauem Stich, schlägt nicht durch und gibt später einen schönen Glanz.

Nach M. C. Lamb löst man 187 g Blauholzextrakt, 30 g Gelbholzextrakt, 8 g Kristallsoda (oder 3 g kalzinierte Soda) in 5 l weichem Wasser auf,

die Eisenlösung wird durch Auflösen von 240 g Eisenvitriol, 30 g Kupfervitriol in 5 l Wasser hergestellt;

die beiden Lösungen werden nicht vermischt, sondern jede für sich mit einer Bürste auf das zu schwärzende Leder aufgetragen.

Die dicke Schwärze wird in etwa folgender Weise bereitet. Man löst 12 Teile Blauholzextrakt und 2 Teile Gelbholzextrakt in 350 Teilen warmem Wasser auf, und läßt abkühlen; dann rührt man 24 Teile Kartoffelstärke ein und kocht so lange, bis die Stärke verkleistert; zuletzt wird noch eine Lösung von 15 Teilen Eisenvitriol und 2 Teilen Kupfervitriol in 75 Teilen weichem Wasser zugesetzt und tüchtig durchgerührt.

Eine amerikanische Vorschrift für eine dicke Schwärze lautet wie folgt: In 10 l einer gewöhnlichen Blauholzabkochung (man setzt dem Blauholz zweckmäßig ungefähr den sechsten Teil an Gelbholz zu) löst man 10 g Kaliumbichromat auf, setzt dann 1 l Essig (oder 100 g konzentrierte Essigsäure) und 75 g Glyzerin zu; darauf gibt man 350 g Tischlerleim herein und läßt 24 Stunden quellen. Zuletzt wird erwärmt, bis sich der Leim auflöst, und fügt noch 500 g Eisenvitriol und 50 g Kupfervitriol zu; man rührt so lange durch, bis sich die Salze aufgelöst haben.

Die geschwärzten Leder werden abgeölt, getrocknet und mit einer Glänze versehen, worauf man sie, nachdem sich die Glänze eingezogen hat, eventuell mit der Glanzmaschine rollt; manchmal wird aber die Glänze einfach antrocknen gelassen und die Leder nochmals abgeölt.

Das Abölen geschieht mit Klauenöl oder Mineralöl,

nicht aber mit Tran. Die Glänze zu schwarzem Dongolaleder wird in folgender Weise hergestellt. Man vermischt
$2^1/_2$ l Blutserum (oder 250 g trockenes Blutalbumin in $2^1/_2$ l
Wasser gelöst) mit 6 l Leinsamenabkochung (aus $^1/_4$ kg Leinsamen hergestellt) und 15 g Nigrosin in 1 l Wasser gelöst;
diese Glänze ist noch zu stark und wird vor Verwendung
nach Bedarf mit Wasser verdünnt. Man trägt die Glänze mit
einem Baumwollballen, Samtbausch oder mit einem weichen
Schwamm auf und ist damit das Leder fertig, oder es wird
noch, wie schon oben bemerkt, gerollt und nochmals abgeölt.

Diese Dongolaleder kamen unter sehr verschiedenen Namen
in den Handel, so z. B. als Columbiakid, Oregonkid, Sabakid,
Kangorookid (= Känguruhkid) oder Excelsior-sides, wo man
sie häufig fälschlicherweise als verschiedene Ledersorten ansieht, obwohl sie keine besonderen Unterschiede aufweisen.
Das echte Känguruhleder, das unter dem Namen Dahlia-
Gambier, Dahlia-Chrom oder Dahlia-Wallabies verkauft wird,
stellt man in Amerika in ähnlicher Weise her [1]).

Häufig werden diese Leder gebufft und zu dem sog.
Samtleder verarbeitet, das früher unter dem Namen
„Ooze-leather" (soviel wie Lohbrühen-Leder) in den Handel
kam. Es unterscheidet sich aber das heutige Samtleder insoweit von dem früheren Ooze-leather, als dieses ein von der
Fleischseite geschliffenes Kalbleder war, während jetzt zu
Samtleder meistens ostindische Schaffelle von der Narbenseite zugerichtet werden; es werden aber zu dieser Ledersorte
auch Ziegenfelle und leichte Kipse verarbeitet, die zumeist
von der Narbenseite, aber auch von der Fleischseite geschliffen
werden. Bäuche, Hälse u. a. m. werden immer vom Narben
zugerichtet. Man sieht, daß das Buffieren mit diesem samtartigen Abschleifen nicht identisch ist, denn beim ersteren wird
immer nur der Narben abgezogen; auch die Arbeit selber wird
in abweichender Weise ausgeführt.

Das Buffieren hat den Zweck, narbenbeschädigten Ledern,

[1]) Die Herstellungsweise ist in „Moderne Gerbmethoden" (Wien,
Hartleben, 1913), S. 183 u. ff. ausführlich beschrieben.

namentlich Kalbfellen und Kipsen, eine schöne tadellose Oberfläche zu erteilen, die man ebenfalls den „Narben" nennt, obwohl dabei die eigentliche Narbenschicht beseitigt ist. Manchmal verfolgt man mit dem Buffieren den Zweck, die härtere Narbenschicht zu entfernen und dadurch die Oberfläche feiner, milder und griffiger zu machen, wodurch selbstverständlich auch das Aussehen der Ware gehoben wird. Beim Schleifen, das bekanntlich bei dem sog. schwedischen oder dänischen Handschuhleder zuerst geübt wurde, wird aber

Abb. 1. Lambs Werkzeug zum Lederabschleifen.

die Fleischseite abgeschliffen, wie dies auch bei dem modernen Chairleder geschieht. Bei dem Mochaleder und einigen Samtledersorten wird der feine Plüsch auf der Narbenseite bereitet. Man sieht also, daß man das Buffieren und das Samtschleifen gut unterscheiden muß.

Wird der Plüsch auf der Fleischseite ausgeführt, so schreitet man nach M. C. Lamb am besten in folgender Weise vor: Die getrockneten Leder werden mit der Stollmaschine, mit dem Schlichtmond oder durch Krispeln auf dem Tisch weich gemacht [1]. Hierauf werden die Leder von der Fleischseite

---

[1] Siehe Lamb-Jablonski: „Lederfärberei" (Berlin, Springer, 1912), S. 302 u. ff.; der Schrift sind auch die zwei beigefügten Figuren entnommen.

zunächst gebimst, was mit einem sehr feinen Stein geschehen
muß, um das Leder nicht zu stark aufzurauhen. Besser
rauht man die Leder auf einem Schlichtpfahl und bearbeitet
sie mit einem Werkzeug, das nach Lambs Anga benhergestellt
wurde. Dieses Werkzeug (s. Abb. 1) ist ein Holzblock, etwa
23 × 7 cm groß, unten leicht oval gekrümmt; an der unteren

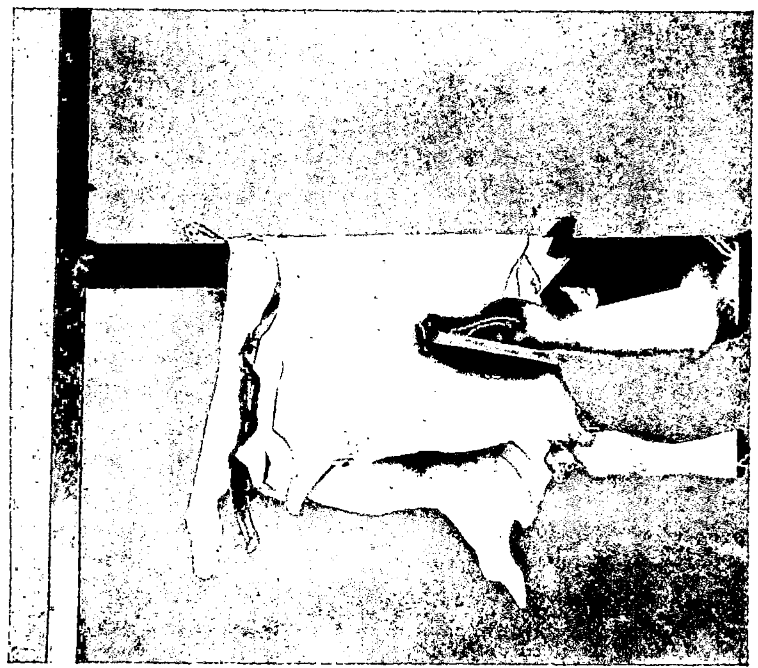

Abb. 2. Abschleifen des Leders mit Lambs Werkzeug.

Fläche wird ein Streifen Schmirgelpapier von erforderlicher
Feinheit mittels zwei Schraubklammern befestigt, auf der
oberen flachen Seite ist ein Handgriff angebracht. Der Arbeiter
(s. Abb. 2) streicht die betreffende Oberfläche des Leders
aus, wobei durch die Wahl der feineren oder gröberen
Nummer des Schmirgelpapiers und durch die Veränderung
des Druckes beim Arbeiten ein schöner Plüsch erzielt werden

kann, ohne die Farbe des gefärbten Leders zu beeinträchtigen, wie dies bei der Maschine leicht geschieht.

Das Abziehen des Narbens, das eigentliche Buffieren, geschieht mit der Hand oder mit der Maschine, je nachdem man stärkere Häute oder dünnere Felle bearbeitet. Die letzteren wäre es ganz unmöglich mit der Hand abzuziehen, ebenso wie es untunlich ist, schwere Häute mit der Maschine zu buffieren; zumindest erzielt man keine so guten Resultate, als wenn umgekehrt verfahren wird. Für die beste Ware ist die Handarbeit vorzuziehen, da man so den Ungleichmäßigkeiten des Narbens besser gerecht werden kann und auf dem fertigen Leder eine feinere und gleichmäßigere Oberfläche erhält.

Zur Handarbeit bedient man sich des gewöhnlichen Blanchiereisens, dessen Messer auf dem Abziehstein fein geschliffen und die Schneide mittels eines dünnen Stahlpfriems umgelegt, wird, aber nur so leicht, daß der Grat fast die Fortsetzung der geschliffenen Schneide bildet. Der Arbeiter hält das Blanchiereisen beim Abziehen gegen das Leder so schief wie nur möglich und sorgt besonders darum, daß die Schneide recht scharf bleibt. Man muß hauptsächlich darauf achten, daß gerade nur die dünne Narbenschicht abgenommen wird und weiter, daß das Messer in der Richtung des Haarwuchses und nicht gegen den Narben geführt wird. Dabei muß manchmal, so beim Abziehen der Flämen, recht weit ausgeholt werden, um ein gutes Resultat zu erhalten.

Bei der Maschinenarbeit werden verschieden konstruierte Maschinen verwendet, namentlich ist es die Pendelbuff- und dann die gewöhnliche Blanchiermaschine, die auch zum Buffieren benutzt wird. Auch zum zweiten Abziehen oder Nachbuffieren werden diese Maschinen verwendet, obwohl für die feinste Arbeit, namentlich bei schweren Häuten, die Handarbeit vorzuziehen ist, weil man dabei die Arbeit viel besser zu beurteilen vermag. Für die Handarbeit wird wieder ein Werkzeug verwendet, wie wir es oben beschrieben haben[1]).

---

[1]) Eine gute Abhandlung über die Herstellung der Sammetleder findet der Leser im „Technikum" Nr. 63 und 64 vom 14. und 21. Juni 1913; dort nach „Leather Manufacturer".

Für matte Zurichtung, das sog. Satinleder, wird der Narben mit braunem Tran abgeölt und das Leder abgelüftet. Nachdem sich der Tran in den Narben eingezogen hat, wird nachgeholt, um den Narben völlig faltenlos zu machen, dabei bestreicht man die Tafel mit reinem, etwas mit Wasser verdünntem Dégras, legt das Fell mit der Fleischseite auf und bearbeitet den Narben mit dem Schlicker. Dann werden die Leder in Rahmen angetrocknet und geschwärzt. Beim Schwärzen wird die Blauholzbrühe mit einer langhaarigen Bürste aufgetragen und schnell mit einer kurzhaarigen Bürste verrieben, um damit den ganzen Narben gleichmäßig durchzutränken; hierauf trägt man in gleicher Weise die Eisenlösung auf. Nachdem sich die Schwärze völlig eingezogen hat, wird der Narben mit nachfolgender Fettmischung eingerieben: 1 kg Weichtalg mit 100 g Bienenwachs geschmolzen und in die Schmelze 5 l Fischtran tüchtig eingerührt. Anfänglich gibt man von dem Tran nur wenig ein, damit das Fettgemisch nicht zu rasch erstarrt, weil die Schmiere eine vollständig gleiche dickflüssige Masse bilden soll. Die Schmiere wird mit einem Flanellballen aufgetragen und tüchtig eingerieben; der Narben wird dann mit einem Schlicker leicht überfahren.

Die Felle werden dann abgelüftet, einen Tag im Haufen liegen gelassen, durch Wasser gezogen und geschmiert. Die Schmiere dazu wird aus drei Teilen Dégras, einem Teil Wasser und einem Teil Weichtalg zusammengesetzt; der Talg kann auch durch verschiedene Vaselinpräparate ersetzt werden. Auch diese Schmiere wird mit einem Flanellballen und zwar in den stärkeren Partien etwas dicker aufgetragen.

Die Felle gibt man in die Trockenstube ein, trocknet sie bei einer möglichst niedrigen Temperatur, die 25° C nicht übersteigen soll und läßt sie dann 2 bis 3 Wochen lagern; sie werden auch noch gegebenenfalls blanchiert oder dolliert und mit einer Glanzmaschine gerollt oder in Ermangelung einer solchen abgeglast. Da durch diese Operation gerade der matte Glanz hervorgebracht werden soll, so wird das Rollen mit mäßiger Spannung und mit leichtem Druck ausgeführt.

Sollen technische Leder hergestellt werden, bei denen es auf eine gewisse Fülle, Dichte und Wasserdurchlässigkeit ankommt, so wird mit vegetabilischem Gerbstoff gut durchgegerbt und das Fett eingebrannt.

Zu der Nachgerbung verwendet man eine Quebrachobrühe, wobei man 850 g Extrakt auf 1 kg Leder rechnet, und gerbt darin, mit einer Brühe von 5° Bark. beginnend und allmählich auf 20 bis 30° Bark. steigend, das Leder aus. Ein Zusatz von 50 g Kochsalz auf 1 kg Leder zu der Gerbbrühe ist vorteilhaft. Man bringt die Leder in ein Walkfaß mit der nötigen Menge Wasser, damit sie darin laufen können, läßt von der etwa 8° Bé. starken Stammbrühe so viel zu, daß man ungefähr 10° Bark. erhält, setzt das Kochsalz zu, legt die Leder ein und setzt das Faß in Bewegung. Nach und nach wird die Brühe verstärkt und man walkt die Leder so lange, bis sie durchgegerbt sind.

9. Verfahren der Chemischen Industriegesellschaft.

Nach dem D. R.-P. Nr. 248 055 der Chemischen Industrie- und Handelsgesellschaft m. b. H. in Dresden soll man zu der Sulfitzellulose-Ablauge Chromsalze zusetzen, um die leichte Wasserlöslichkeit der organischen Bestandteile der Ablauge herabzudrücken und damit die Möglichkeit einer zu weit gehenden Auswaschung der Ablauge als Füllmittel zu verringern. Die Chromsalze sollen hier also nicht zur Ausgerbung der Blößen, sondern zum Festhalten der gerbenden Stoffe aus der Sulfitzellulose dienen. Ob sie das tun würden, ist wirklich recht fraglich, ohne das Hautgewebe auszugerben oder je nach ihrer Natur anzugreifen.

Um die gewünschte Wirkung in praktisch brauchbarer Weise zu erreichen, meint der Patentinhaber einen verhältnismäßig großen Prozentsatz der Chromsalze zusetzen zu müssen, wo dann angeblich ein leicht zu weitgehendes Festwerden der Ablauge eintreten würde, wodurch die Qualität des Leders leiden könnte. Um nun die Reagentien in genügender Konzentration anwenden zu können, ohne eine zuweitgehende Erstarrung der Ablauge befürchten zu müssen, wendet man nach der Erfindung der Dresdener Gesellschaft neben Ablaugen und Chromsalzen Glyzerin an. „Das letztere beeinflußt den chemischen Prozeß zwischen Chromsalzen und Ablauge derart, daß sich diese Reaktion für den Gerbprozeß praktisch verwerten läßt. Man verwendet eine fertige Mischung von Ablauge, Chromsalzen und Glyzerin. Die Haut nimmt diese Mischung gerne auf, die eine leicht gerbende Wirkung ausübt, aber wesentlich zu einer Beschwerung des Leders mit organischen Substanzen beiträgt. Zur besseren Einwirkung auf die Haut kann man diese vorteilhaft in ein evakuiertes Gefäß geben, in das dann die Gerbflüssigkeit eingelassen wird. Als Beispiel diene folgendes: Auf 100 kg einer entkälkten Zellulose-Ablauge von 30° Bé. nimmt man 5 kg einer kalt konzentrierten Lösung von doppeltchromsaurem Kali (Kaliumbichromat) und 10 kg Glyzerin von 28° Bé."

c) Vorgerbung mit vegetabilischen und Nachgerbung mit mineralischen Gerbstoffen.

Diese dritte Type der kombinierten Lohe- und Mineralgerbung, bei welcher die Blößen zuerst mit vegetabilischen Gerbstoffen vorgegerbt und dann mit Mineralsalzen nachgegerbt werden, hat schon von Anfang der Chromgerbung an recht weite Verwendung gefunden. Den Grund davon werden wir noch später besprechen. Es kommen überdies große Mengen Felle und Häute in den Handel, die zwecks Konservierung im Ursprungslande, namentlich in Ostindien und Australien mit vegetabilischem Gerbstoff halbgar gemacht werden. Es sind dies namentlich ostindische Schaf- und Ziegenfelle, aber auch Kipse, dann australische Schaffelle, die sog. Basils, die in ungeheueren Mengen auf den Londoner Auktionen verkauft werden. So wurden bei der Auktion am 30. April 1912

835 972 Madras- und 199 528 Bombay-Schaffelle,
716 296 Madras- und 140 674 Bombay-Ziegenfelle und
90 000 Basils

angeboten; diese Auktionen finden jede sechs Wochen statt.

Auch von halblohgaren Kipsen werden in London namhafte Mengen verkauft; so wurden bei der Auktion am 17. Mai 1912

53 242 Madras- und 35 787 Bombay-Kipse

angeboten und da war das Angebot noch verhältnismäßig schwach; diese Auktionen werden je vier Wochen abgehalten.

Ein großer Teil dieser Rohware wird jetzt mit Chrom nachgegerbt, aber es werden in der letzten Zeit auch große Mengen von ungegerbt ankommenden Kipsen nach diesem Kombinationsverfahren ausgegerbt. Die Kipse ergeben so das sog. Semichrom, während die Schaf- und Ziegenfelle zu dem sog. Maroquinleder (englisch Morocco) verarbeitet werden [1]).

10. Kombinierte Chrom- und Lohegerbung.

Es wurde früher diese Kombination der Lohe- und Mineralgerbung auch mit Alaun ausgeführt, doch geschieht dies jetzt zumeist mit Chromsalzen, wobei ganz neue und recht schöne Ledersorten herauskommen. Bei dem Zweibad-chromleder, das stets flacher als das Einbadleder herauskommt, hat man die Vorteile der vegetabilischen Nachgerbung bald herausgefunden, da bei dem ersteren die Narbenzurichtung schwieriger ist, wogegen das Narbenrinnen zu leicht auftritt, dem man durch die vegetabilischen Gerbstoffe teilweise abhelfen kann. Erst später ist man zu dieser Nachgerbung auch bei dem Einbadleder übergegangen, wo ebenfalls günstige Resultate erreicht werden, wenn man ein passendes Gerbmaterial in geeigneter Weise verwendet; doch muß hier diese Nachgerbung mit noch größerer Vorsicht ausgeführt werden.

Diese günstigen Erfolge führten nun dazu, die Nachgerbung mit vegetabilischen Gerbmaterialien zum Verbessern

---

[1]) Unter Maroquin oder Marokko-Leder versteht man in Europa bereits gefärbte und zugerichtete Schaf- und Ziegenleder, in den östlichen Ländern dagegen das zu diesem Zwecke zu verwendende Halbfabrikat; in Nord-Amerika heißen Morocco Schaf- und Ziegenleder überhaupt.

der schlecht gelungenen Chromleder zu verwenden. Besonders in früheren Jahren (aber es geschieht dies auch heute noch) kam ziemlich häufig aus der Chromgerbung ein mangelhaftes Chromleder heraus, das man manchmal durch eine vegetabilische Nachgerbung verbessern konnte. Leider wird manche Haut trotz sorgfältiger Kontrolle erst nach vollendeter Chromgerbung, also bei dem Zweibad nach der Reduktion, bei dem Einbad nach der Neutralisation, als untauglich erkannt. Diese Leder arbeitet man vorteilhaft als Chromleder nicht weiter. Sind sie noch stark sauer, werden sie neutralisiert, sonst bloß in reinem Wasser ausgewaschen, da ein schwacher Säuregehalt den weiteren Arbeiten nicht schadet.

Die Leder werden zunächst gefalzt resp. egalisiert, dann in eine leichte, aus vegetabilischen Gerbstoffen hergestellte Brühe gebracht, die bei Treibfarben nur etwa 5° Bark., im Haspelgeschirr oder Gerbfaß aber 10° Bark. stark sein kann. Man verwendet hierzu einen sulfitierten Extrakt, z. B. „Mimosa D" oder „R Katechu", auch Japonika oder Palmettoextrakt. Man gerbt leicht an und verstärkt die Brühe bis auf etwa 30° Bark., so daß mittlere Kalbfelle in 6 bis 8 Stunden ausgegerbt sind. Die gegerbten Leder werden in lauwarmem Wasser ausgewaschen und abgelüftet oder abgepreßt.

Die weitere Behandlung ist verschieden, je nachdem welche Ledersorte gearbeitet wird. Wenn z. B. dem Leder das Aussehen eines Chromleders erhalten bleiben soll, so lickert man es unter Zusatz eines passenden Teerfarbstoffes; die Farbe dringt mit der Seife leicht durch. Da durch die vegetabilische Nachgerbung die Leder voller geworden sind, so nehmen sie auch ein mehr konsistentes Fett leichter an, so daß man auch den Licker fetter zu halten vermag. Außerdem wird das Leder nach dem Ausrecken und Plattieren am Narben leicht mit hellem Tran abgeölt, wogegen besonders bei stärkerem Leder die Fleischseite eine Schmiere aus Talg und Tran oder Dégras bekommen kann. Hierauf werden die Leder bei gelinder Wärme und guter Ventilation getrocknet; dann läßt man sie etwa 14 Tage ruhen, damit sich das Fett gut einzieht, und färbt je nach der vorhandenen Einrichtung in der Mulde, im Faß oder in der Farbtrommel aus.

Zum Färben sind basische oder saure Teerfarbstoffe verwendbar, so z. B.:

für Schwarz: Corvolin, Nigrosin, Lederschwarz u. a.;

für Braun: Vesuvin, Rheonin, Ledergelb, Euchrysin, Bismarckbraun u. a.;

zu Blutrot: Juchtenrot, Lederrot u. a. m.

Dagegen sind Chromlederfarben für vegetabilisch nachgegerbtes Leder, z. B. Chromlederschwarz, nicht verwendbar.

Selbstverständlich kann man den Narben auch mit Blauholz und Eisenschwärze genau so wie lohgares Leder schwärzen [1]); doch sind Teerfarbstoffe aus mehreren Gründen besser geeignet, namentlich für Leder mit Stoßglanz.

Auch die weitere Zurichtung erfolgt ähnlich wie bei lohgarem Leder. Nur ist zu beachten, daß diese mit vegetabilischen Gerbstoffen nachgegerbten und stärker gefetteten Leder leichter weichzumachen sind, als die reinen Chromleder. Man wird also nicht stollen, sondern bloß strecken und krispeln.

Handelt es sich um Glanzleder, so wird wie üblich ein Glanz (aus Eiweiß, Rindsblut, Milch od. dgl.) aufgetragen, dem man eine passende Farbe, z. B. bei Schwarz Nigrosin zusetzt, und dann mit der Maschine blank gestoßen [2]).

Aber man würde fehlgehen, wenn man der Meinung wäre, wie es früher tatsächlich geschah, daß man jedem mit Chrom schlecht gegerbten Leder mit der Lohgerbung nachzuhelfen vermag und wenn man diese Nachgerbung als ein Universalmittel gegen alle bei Chromleder vorkommenden Mängel betrachten würde. Man gewann nur zu bald die Erfahrung, daß die vegetabilische Nachgerbung zwar ihre Vorteile, aber auch ihre Nachteile besitzt, wobei die letzteren stark

---

[1]) Siehe: „Das Färben des lohgaren Leders" (Leipzig, Bernh. Fried. Voigt), S. 151 u. ff.

[2]) Siehe die „Ledertechnische Umschau", 1910, Nr. 26, wo auch weitere Vorschriften für Matt usw.

überwiegen. Abgesehen von dem höheren Herstellungspreis wird die größere Fülle auf Kosten der übrigen guten Eigenschaften erreicht; das Leder wird bei unzweckmäßiger Ausführung mehr oder weniger lose und schwammig, nimmt dabei die Feuchtigkeit leicht an und besitzt dann alle Untugenden eines schwachen und lose gegerbten Leders. Wenn noch bei der Nachgerbung Fehler begangen werden, so verliert das Leder vollends seinen Halt, wird rissig und narbenbrüchig, die Farbe erscheint unschön und fleckig, und das Leder stellt ein Mittelding zwischen chrom- und lohgarem Leder vor, dem alle Fehler der beiden Ledersorten anhaften.

Das rein chromgare Oberleder wird jetzt fast nur zu Chromkid gegerbt; die übrigen Chromleder, namentlich diejenigen, deren Narben speziell zugerichtet wird, wie alle mit einem Grain versehenen Ledersorten, bekommen sämtlich eine mehr oder weniger leichte vegetabilische Nachgerbung. Hierdurch bekommt der Narben ein wenig vom vegetabilischen Gerbstoff und zugleich wird auch das Leder etwas gefüllt, was bei manchem Hautmaterial erwünscht ist. Ein lohgarer Narben ist nämlich der Zurichtung auf Chagrin viel leichter zugänglich, weil darin das Korn, ob eingepreßt oder levantiert, viel besser stehen bleibt als in rein chromgarem Leder. Aber diese Nachgerbung erfordert eine besondere Vorsicht, weil der Narben durch die Lohgare leicht spröde wird und das Leder auch den Charakter eines Chromleders verlieren kann.

Die vegetabilische Nachgerbung wurde, wie bereits erwähnt, bei Zweibadleder angewendet, erst später wurde sie auch bei dem Einbadleder eingeführt, aber sie ist hier viel heikler als bei dem Zweibadleder. In erster Reihe ist dabei der zu verwendende Gerbstoff ausschlaggebend und sind hier die früher angeführten Halbgerbstoffe (S. 24 u. ff.) gut am Platze.

Als ein recht gutes vegetabilisches Gerbmaterial hat sich das sog. R-Katechu erwiesen, das aus der Mangroverinde hergestellt, entweder im flüssigen oder im festen Zustande geliefert wird. Der flüssige Extrakt enthält etwa 37%, der feste 65% an gerbender Substanz, so daß sie den guten Sorten der Japonika bzw. Pegu-Katechu gleichkommen. Aber auch hinsichtlich ihrer Wirkungsweise bei Nachgerbung des chromgaren Leders haben sie sich mit jenen ziemlich teueren Gerbmaterialien als gleichwertig erwiesen.

Das wie üblich chromgegerbte Leder wird aus dem Faß herausgenommen und über Böcke geschlagen ungefähr 24 Stunden liegen gelassen, damit sich die Gerbung festigt. Dann werden die Häute ausgereckt, mit lauwarmem Wasser ausgewaschen und mit 2% Borax od. dgl. neutralisiert; hierauf werden sie wieder ausgewaschen und ausgereckt. Die ausgereckten Häute werden gefalzt und sind sie zu Schwarz bestimmt, so werden sie mit einer Blauholzbrühe oder einem geeigneten Anilinfarbstoffe im Farbfaß durchgefärbt und nochmals ausgereckt, worauf die Nachbehandlung mit vegetabilischem Gerbstoff und das Einfetten mit der Fettbrühe gleichzeitig erfolgt.

Diese Brühe kann nach W. Eitner [1] in nachfolgender Weise bereitet werden:

Auf 100 kg Falzgewicht werden bei Rindshäuten 3 kg Schmierseife (für Boxcalf und Hochglanzleder besser Lickerseife) in 50 l heißem, weichem Wasser aufgelöst, 600 g Pottasche, 3 kg flüssiges R-Katechu zugesetzt und tüchtig durchgerührt; zuletzt rührt man noch 3 kg Knochenöl und $\frac{1}{2}$ kg Vaselinöl (z. B. das Dermolin) ein. Bei Roßhäuten gibt man von sämtlichen Ingredienzien um ein Drittel mehr zu. In dieser Brühe werden die Leder je nach der Gattung 30 bis 60 Minuten im Walkfaß behandelt. Bei Schaf- und Ziegenfellen genügen etwa 30 bis 40, bei mittleren Kalbfellen 40 bis 50 Minuten; bei stärkeren Kalbfellen und Roßhäuten muß eine Stunde gewalkt werden. Dann werden die Leder herausgenommen, auf den Bock geschlagen, 4 bis 6 Stunden liegen gelassen und zum Abwelken aufgehängt.

Das abgewelkte Leder wird ausgestoßen, mit Knochenöl, das man mit etwa 5% Glyzerin versetzt, abgeölt und zum Trocknen aufgehängt. Man kann nämlich die mit vegetabilischem Gerbstoff nachgegerbten Leder ähnlich wie lohgare

---

[1] „Der Gerber", 29. Jahrg., Nr. 697, S. 256, 1903.

abtrocknen lassen und dann erst zurichten, was bei den rein chromgaren nicht möglich ist. Nach dem Auftrocknen wird das Leder auf der Narbenseite mit einer Eisenschwärze oder einem schwarzen Anilinfarbstoffe geschwärzt und in bekannter Weise weiter zugerichtet.

Die zu Farbleder bestimmten Häute werden nach dem Falzen sogleich mit der oben angegebenen Gerb- und Fettbrühe behandelt, ausgestoßen und aufgetrocknet. Dann werden die Leder in lauwarmem Wasser aufgewalkt und mit R-Katechu behandelt, da dieser selbst als Farbstoff wirkt und so zu gut gedeckten, satten Farbentönen beiträgt. Man nimmt davon $3\,{}^0/_0$ vom Falzgewicht, löst es in der hundertfachen Menge Wasser auf und walkt darin die Häute etwa eine Stunde lang; die gewalkten Häute kommen dann direkt in die Farbbrühe. Die zu sehr hellen Farbentönen mit gelbem Stich aussortierten Häute werden mit 60 bis 80 g Blättersumach oder Sumachextrakt behandelt, abgespült und ausgefärbt.

Auch das Farbleder braucht nicht aufgetrocknet zu werden, sondern kann, wenn es im Fettlicker einige Stunden abgelagert und an der Luft abgewelkt ist, sofort mit R-Katechu oder Sumach nachbehandelt werden. Zum Färben sind alle Farbstoffe geeignet, die man für loh- und sumachgare Leder benutzt.

11. Das Semichromleder.

Semichromleder heißen, wie bereits der Name andeutet, jene Ledersorten, die nur teilweise chromgar gegerbt sind; sie erhalten außerdem eine Gerbung mit vegetabilischen Gerbstoffen. Diese kombinierte Gerbung wird entweder an rohen Häuten oder auch bei bereits halblohgar gegerbtem Hautmaterial ausgeführt. Es sind namentlich die ostindischen und australischen lohgaren Schaffelle, die sich infolge ihrer schütteren Natur besonders zu Chromleder gut eignen, weil dadurch ihr lockeres Gewebe verdichtet wird. Aber es werden auch die ostindischen lohgegerbten Ziegenfelle und Kipse zu Semichrom verarbeitet [1]).

Vor der Verarbeitung wird die Rohware zunächst nach ihrer Größe, Stärke und Gerbung, manchmal auch nach

Abb. 3. Stempelpresse für Häute der Turner Co. in Frankfurt a. M.

Geschlecht und Alter aussortiert und mit der laufenden Nummer oder einer anderen Signierung versehen, wozu verschieden konstruierte Stempelpressen oder Stempelmaschinen dienen.

---

[1]) Siehe hierüber auch „Moderne Gerbmethoden" (Wien, Hartleben, 1913), S. 166 und Lamb-Jablonski, „Lederfärberei" (Berlin, Springer, 1912), S. 317 u. ff.

Die Stempelpressen sind entweder Schrauben- oder Hebelpressen. Die ersteren besitzen doppelarmige Hebel mit Schwungkugeln, die eine starkgängige Schraubenspindel bewegen, wogegen bei den Hebelpressen eine Schlagwirkung durch einen mit Spiralfeder gespanntem Druckhebel mittels Federkraft erzielt wird. Jetzt werden zumeist Stempelmaschinen verwendet, bei welchem der Antrieb vermittelst Riemenscheiben erfolgt. Die Bewegung wird entweder durch einen Daumen oder durch eine Exzentervorrichtung auf eine Schubstange übertragen, wobei diese bei der ersteren Konstruktion durch eine Feder gehoben wird. Am unteren Ende der Schubstange ist ein Metallstempel angebracht, mit dem die Haut durchgeschlagen wird. Von diesen Maschinen sind verschiedene Konstruktionen in Gebrauch; sie werden entweder auf den Tisch angeschraubt oder sind auf einem säulenförmigen Ständer befestigt (s. Abb. 3). Die letztere Bauart ist bequemer, weil die Manipulation leichter erfolgt.

Nach dem Stempeln werden die Häute egalisiert, was entweder durch Spalten oder durch Falzen geschieht. Die schwereren Kipse werden gespalten und nach Bedarf nachgefalzt, wogegen die leichteren Schaffelle bloß gefalzt werden. Zu diesen Arbeiten muß man die Häute anfeuchten. Bei dickeren Häuten taucht man zunächst die dicken Hälse in lauwarmes Wasser ein und zieht dann die ganzen Häute durch. Die leichteren Felle gibt man unter Zusatz einer geringen Wassermenge in ein Walkfaß und walkt sie darin eine kurze Zeit, etwa 10 Minuten lang. Die geweichten Häute werden dann auf einige Stunden in Stapeln zusammengelegt, damit sie gleichmäßig anziehen, worauf sie eventuell gespalten oder gefalzt werden.

Beim Spalten muß man die Narbenspalte etwas dicker halten, als wie es von dem fertigen Leder verlangt wird, weil sich infolge der Reibung des Messers eine größere Wärme entwickelt, wodurch die Fleischseite einen groben und raspeligen Griff erhält, so daß immer noch nachgefalzt werden muß. Zum Falzen benutzt man am besten eine Falzmaschine, weil nur so eine glatte Fleischseite erreicht wird; nur muß sorgfältig darauf geachtet werden, daß keine Eisenflecke entstehen, die namentlich bei Willow-Calf oder einer anderen Farbledersorte den Narben verunstalten würden; beim schwarzen Leder werden die Flecke leichter verdeckt. Man vermag zwar die Eisenflecke auch durch Schwefel-, Salz- oder Oxalsäure herauszubringen, aber es bleiben immer Spuren von diesen Säuren zurück, welche dann beim Färben hervortreten. Man soll daher stets diesem Fehler vorzubeugen trachten, was dadurch geschieht, daß man die Klinge anschärft und die ganze Maschine sorgsam reinmacht, noch bevor man zu falzen beginnt. Es sind zwar in der letzten Zeit Verbesserungen an den Falzmaschinen ausgeführt worden, welche die Gefahr der Eisenflecke auf das Minimum reduzieren, aber es bleibt immer besser, die Klingen vor als während des Falzens anzuschärfen.

Die Fleischspalte werden verschiedentlich verwendet, namentlich zu Brandsohlen, Schuhabsätzen, Futterledern u. dgl.; die Narbenspalte werden zu Semichrom verarbeitet, wobei man zunächst mit einer teilweisen Entgerbung beginnt. Es dürfte manchem diese Entgerbung als überflüssig erscheinen, weil die Häute auch ohne diese Operation recht viel Chrom aufnehmen; aber man hat gefunden, daß ein hartes und geringes Leder herauskommt, wenn nicht die lose und ungleichmäßig abgelagerten vegetabilischen Gerbstoffe entfernt werden. Erst nach Beseitigung der letzteren können die Häute das Chrom gleichmäßig aufnehmen, was unbedingt nötig ist, wenn man ein volles und mildes Semichromleder erhalten will.

Die Entgerbung kann mit Alkalien ausgeführt werden, aber die Ätzalkalien (namentlich das Ätzkali und Ätznatron) und auch die Soda wirken zu schnell und kräftig, obwohl die letztere wegen ihrer Billigkeit zumeist verwendet wird. Man muß daher sehr achtsam vorgehen, weil ein etwaiger Überschuß schädlich auf das Ledergewebe einwirkt und es locker macht, was dann durch keine nachfolgende Operation wieder wettgemacht werden kann. Aber man sollte versuchen, die Nachteile der Soda durch Zusatz von Ammoniumsulfat zu beseitigen, wie dies Stiasny zur Neutralisation der Leder nach der Chromgerbung anempfiehlt.

Sonst ist Borax auch hier ganz gut verwendbar, da er schwächer wirkt und auf dem Leder einen recht weichen Narben hervorbringt. Man verwendet bei leichteren Fellen 2% (von dem Falzgewichte) Borax; bei schwereren Häuten muß man mehr geben. Bei kalzinierter Soda genügt ungefähr 1%, da sie bedeutend mehr Natron enthält.

Man gibt die gefalzten Häute in ein Walkfaß mit warmem Wasser ein und läßt sie darin solange laufen, bis die Temperatur von 38 bis 42^{0} C erreicht ist, worauf man durch die hohle Welle die Alkalilösung zufließen läßt. Man verwendet am besten ein Walkfaß mit durchbohrten Zapfen, wie es in Lamb-Jablonski „Lederfärberei" S. 98 oder in dem „Handbuch der Chromgerbung" S. 257 beschrieben ist. Stehen die Zapfen heraus, so ist das Faß dicht; werden sie aber in das Faß eingeschlagen, so fließt die Brühe, während das Faß läuft, aus demselben fort.

Man läßt die Häute mit dem lauen Wasser laufen, setzt dann die Alkalilösung durch die hohle Welle zu und rotiert etwa eine Viertelstunde weiter. Die Häute sollen lauwarm sein, damit die Alkalilösung leichter angreifen kann; da sie aber kalt in das Walkfaß hereinkommen, so müssen sie eine Zeitlang in dem lauwarmen Wasser laufen. Auch muß die Alkalilösung mit Wasser verdünnt und während das Faß läuft, langsam zugesetzt werden, sonst könnte das Alkali stellenweise stark angreifen, wodurch dunkle Flecken entständen, die nicht mehr herauszubringen wären. Dabei verwendet man soviel Wasser, als nur das Walkfaß verträgt, und setzt die Alkalilösung nicht auf einmal, sondern in mehreren Portionen zu. Das Alkali soll nämlich milde und allmählich einwirken.

Man läßt das Faß etwa 30 bis 40 Minuten laufen, während welcher Zeit der ungebundene Gerbstoff entfernt sein dürfte. Jedenfalls soll man nach 30 Minuten nachsehen, wie die Entgerbung fortschreitet. Zeigen die Häute einen weichen und teilweise gelatinösen Griff, so kann man voraussetzen, daß ein großer Teil des bloß abgelagerten Gerbstoffes als alkalisches Tannat entfernt ist. Zeigt sich dieser Griff noch nicht, so läßt man die Häute noch weiter laufen, bis die Reaktion zu Ende ist. Sobald dies geschehen, so schlägt man die Zapfen ein, ohne das Laufen des Fasses einzustellen. Dadurch wird die Alkalilösung entfernt, und man läßt lauwarmes Wasser langsam zu, damit die Häute tüchtig ausgewaschen werden. Man setzt das Auswaschen solange fort, bis klares Wasser abfließt, wo dann der sämtliche aufgelöste Gerbstoff entfernt ist.

Zur Neutralisation des von den Häuten zurückgehaltenen Alkalis setzt man dem Waschwasser ein wenig verdünnte Säure zu. Es ist gleichgültig, ob man dazu eine organische oder Mineralsäure verwendet, nur soll davon kein Überschuß vorhanden sein. Wird Schwefel- oder Salzsäure benutzt, so genügen $\frac{1}{4}$ bzw. $\frac{1}{2}\%$ von dem Falzgewichte vollständig. Organische Säuren, wie Essig-, Milch- oder Ameisensäure, sind dem Leder weniger gefährlich; man muß von diesen Säuren, die starke Buttersäure (90%) ausgenommen, etwas mehr verwenden, aber man kommt auch hier mit $\frac{1}{2}$ bis 1% völlig aus. Dabei kann man sich ganz leicht überzeugen, ob die Neutralisation beendet ist; man schneidet eine Haut an ihrer dicksten Stelle (im Kopf) an und legt auf die frische Schnittfläche blaues Lackmuspapier auf, wird dieses s c h w a c h r ö t l i c h gefärbt, so ist genügend neutralisiert.

Man könnte meinen, daß diese Neutralisation unnötig ist, nachdem die Häute ohnedies in basische Chrombrühen hereinkommen, aber sie ist ganz gut am Platze. Mit dem Alkali verbleibt nämlich in den Häuten auch aufgelöster Gerbstoff, welcher nur durch eine schwache Säure entfernt werden kann. Auch ist das Chrombad alkalisch und könnte demnach der gelöste Gerbstoff aus den Häuten überhaupt nicht herauskommen. Die neutralisierten Häute werden in demselben Fasse wieder mit reinem Wasser ausgewaschen, worauf sie zur Chromgerbung vorbereitet sind. Je mehr von den vegetabilischen Gerbstoffen und den fremden Stoffen aus dem Leder herauskommt, desto besser wird das Chrom von den

Häuten aufgenommen. Aber andererseits dürfen sie nicht völlig entgerbt werden, da man gerade durch die kombinierte Gerbung ein Semichrom mit dessen charakteristischen Eigenschaften erhält.

Die Chromgerbung kann entweder nach dem Zweibad- oder Einbad-Verfahren ausgeführt werden. Durch das erstere erhält man ein milderes Leder, aber wir ziehen dennoch das Einbad vor, aus Gründen, die hier zu besprechen, uns zu weit führen würde. Das Chromeinbad wird entweder aus den käuflichen oder aus einem selbsthergestellten Chromextrakte angesetzt. Ein guter Chromextrakt, welcher dem Eitnerschen Cromul entsprechen dürfte, wird nach einer Vorschrift von Procter in folgender Weise bereitet:

Man wiegt 6 kg Kaliumbichromat ab, stößt es in einem Mörser klein oder vermahlt es in einer eigens hierzu verwendeten Mühle und löst es in 15 l 80 bis 90 ^{0} C warmem Wasser auf, damit ein möglichst konzentrierter Chromextrakt erreicht wird. Man löst das Bichromat am besten in einem größeren Steingutgefäß auf, wobei man das Wasser mit direktem Dampf anwärmt; man kann aber dazu auch einen emaillierten Kessel verwenden, entweder mit direkter Feuerung oder mit einer eingelegten Dampfschlange aus Bleirohr, damit kein Wasser in die Brühe hereinkommt. Im Notfalle genügt auch ein Extraktfaß aus Eichenholz, das man mit einer Pipe versieht. Das Gefäß muß stets zumindest doppelt so groß sein wie die hergestellte Menge Chromextrakt, damit die sich an den Wänden kondensierenden Zersetzungsprodukte nicht verloren gehen und die Flüssigkeit nicht übersteigt.

Dieser Bichromatlösung setzt man 5 kg Schwefelsäure von 66^0 Bé langsam zu, wodurch die Wärme bis zum Sieden erhöht wird. Dann rührt man gut durch und setzt 7 kg Stärkesirup in 7 l Wasser nach und nach zu. Man kann statt des Stärkesirups auch festen Stärkezucker, die sog. Glykose, verwenden, wovon 4 kg genügen; diesen löst man zuerst in 10 l Wasser auf. Die Zuckerlösung muß man allmählich zusetzen, weil sonst die Reaktion viel zu stürmisch verläuft, und zwar solange, bis die gelbe Lösung des Bichromats in eine grüne umschlägt. Aber es kommen im Handel auch solche Sorten von Stärkezucker vor, die Unreinigkeiten enthalten, so daß statt der grünen eine violette Chrombrühe entsteht, welche nicht genügend ausgerbt. Doch wird häufig behauptet, daß auch mit den violetten Lösungen ganz gute Gerbungen ausgeführt werden können.

Bei dem Prozesse bilden sich organische Säuren und der Formaldehyd, welche ganz bestimmt sehr günstig beim Gerben mitwirken. Um die Reaktion zu Ende zu führen, setzt man den Stärkezucker etwa sechs Stunden lang zu und läßt dann die Brühe weitere sechs Stunden ruhig stehen. Dann erwärmt man sie nochmals auf 90^0 C und hält sie auf dieser Temperatur etwa eine Stunde lang. Man erhält so etwa 25 l Chromextrakt mit ungefähr $16{,}3^0/_0$ Chromoxyd, was für etwa 100 kg der für Semichrom verarbeiteten Häute ausreicht. Dieser Chromextrakt wirkt fast zu schnell; es werden damit bei der Faßgerbung Schaffelle in vier, Ziegen- und Kalbfelle in sechs, Kipse in acht Stunden ausgegerbt. Man kann aber diese schnelle Wirkung verlangsamen, wenn man zu dem Chromextrakt eine Lösung Chromalaun in nicht zu großen Mengen zusetzt.

Anstatt der Schwefelsäure kann auch Salzsäure, anstatt des Stärkezuckers auch Glyzerin verwendet werden. Stets erhält man einen gut gerbenden Chromextrakt, den man vor der Verwendung so verdünnt, daß man zunächst eine Gerbbrühe mit einem Gehalte von $2^0/_0$ Chromoxyd, Cr_2O_3, erhält, die man dann nach und nach auf 6 bis $8^0/_0$ je nach der Gerbdauer verstärkt. Die verwendeten 6 kg Kaliumbichromat enthalten 4,08 kg Chromoxyd; wenn man also den fertigen Chromextrakt abmißt, so weiß man genau auch seinen Gehalt an Chromoxyd. Selbstverständlich braucht man nicht gerade nur 6 kg Bichromat aufzulösen, sondern man kann auch das Mehrfache dieser Zahl, also 12, 18, 24 etc. kg Bichromat, auf einmal verarbeiten.

Bei der Ausgerbung berechnet man zunächst, wieviel Chromextrakt für je 100 kg Häute verwendet werden sollen und mißt diese Menge ab. Man gibt die Häute in ein

Gerbfaß oder ein Haspelgeschirr, worin sich eine angemessene Wassermenge befindet, damit sich die Häute darin bequem bewegen können, und walkt sie einige Minuten bei etwa 30⁰ C. Inzwischen verdünnt man den Chromextrakt mit der gleichen Menge Wasser und setzt, während das Faß läuft, zunächst 1 bis 2 kg Kochsalz und ein Viertel des verdünnten Chromextraktes in zwei Portionen zu. Dann läßt man solange laufen, bis der Extrakt ausgezehrt ist, und wiederholt den Zusatz (nämlich von 1 bis 2 kg Kochsalz und ein Viertel Chromextrakt), nur wird bei der letzten Gabe kein Kochsalz zugesetzt. Sobald die Häute chromgar sind, was in 4 bis 8 Stunden der Fall ist, nimmt man sie heraus und läßt sie, Narben auf Narben über Böcke geschlagen, zumindest 24 Stunden liegen, damit sich die Chromsalze besser mit dem Hautgewebe verbinden können und sie mehr weich und voll machen.

Nach dem Ablagern werden die Felle neutralisiert, die in ihnen vorhandene freie Säure würde nämlich beim Einfetten und Ausfärben hinderlich sein. Die im Fettlicker enthaltenen Seifen würden durch die Säure gespalten sein, was das sog. „Ausschlagen" derselben zur Folge hätte; beim Ausfärben mit basischen Farbstoffen würden sich diese niederschlagen und fleckige Leder verursachen. Deshalb muß man die überschüssige Säure neutralisieren. Dies geschieht durch Behandlung der Leder mit alkalischen Stoffen, zumeist mit B o r a x , weil die billigere und mehr ausgiebige S o d a leicht nachteilig werden könnte. Am besten wird die Neutralisation nach S t i a s n y s Angabe mit Soda unter Zusatz von Ammoniumsulfat ausgeführt, wo dann eine schädliche Wirkung der Soda ausgeschlossen ist. Man walkt die Häute zunächst mit einer Lösung von 2⁰/₀ Kristallsoda, auf das Hautgewicht gerechnet, eine Stunde lang und prüft mit blauem Lackmuspapier, wie weit die Neutralisation vorgeschritten ist. Wird das Lackmuspapier zwiebelrot gefärbt, so ist noch zu viel Säure im Leder enthalten, und man setzt noch eine Lösung von je 1% Soda und Ammoniumsulfat, ebenfalls auf das Hautgewicht gerechnet, zu und walkt noch ungefähr ¹/₂ Stunde weiter. Man kommt mit diesem Zusatz in der Regel aus;

sollte er aber nicht genügen, so wird er noch einmal wiederholt.

Durch die Gegenwart von Ammoniumsulfat wird die alkalische Wirkung der Soda verlangsamt und auch unschädlich gemacht, so daß man ähnlich wie bei Borax keine schädlichen Folgen zu befürchten braucht. Dabei kommt das Gemisch billiger zu stehen: 100 kg Borax, wovon man 3 bis 4 % verwenden muß, kosten etwa 40 Mk., 100 kg des Gemisches von gleichen Teilen Soda und Ammoniumsulfat dagegen bloß ungefähr 20 Mk., so daß man bei dem anempfohlenen Neutralisationsverfahren fast die halben Kosten erspart.

Sobald die Neutralisation beendet ist, läßt man die Brühe fortlaufen und wäscht die Leder tüchtig mit lauwarmem, zu- und abfließendem Wasser aus. Hiermit sind die Leder zum Färben vorbereitet, man färbt sie entweder schwarz zu Boximitation oder in braunen Tönen als Willow-Calf.

Bei schwarzem Box wird die Fleischseite in der Regel blau bis dunkelviolett oder grau bis schwarz gefärbt; man kann überhaupt in allen gewünschten Farbentönen, bei sattem Schwarz am Narben ausfärben. Am besten bereitet man sich eine Blauholzabkochung, der man verschiedene basische Anilinfarbstoffe zusetzen kann, mit welcher man das Leder durchfärbt und dann erst den Narben schwärzt. Man löst einen guten Blauholzextrakt, gleich ob fest oder dicke Paste, in angemessener Wassermenge auf, wozu man zwecks Durchfärbens 100 g Ammoniak für je 100 kg Falzgewicht zusetzt.

Die neutralisierten und ausgewaschenen Häute werden nämlich aus dem Neutralisationsbade herausgenommen, abtropfen gelassen und ausgereckt, dann leicht gefalzt, abgespült und abgewogen. Das Falzen kann unterstützt werden, wenn man dem Neutralisationsbade etwas Porzellanerde (China-Clay) zusetzt, die sich an das Leder anlegt und das Angreifen des Falzmessers unterstützt. Man spült dann die gefalzten Leder ab, womit man sowohl die Falzspäne als auch die Porzellanerde beseitigt, und gibt sie nach Abtrocknen in das Färbefaß herein. Man walkt sie darin mit der

Blauholzbrühe bei 60° C ungefähr ½ Stunde lang, indem man die Farbflotte durch die hohle Welle zufließen läßt.

Von den basischen Anilinfarbstoffen sind unter anderen Methylviolett, Baumwollblau BB (Badische), Schnellblau, Methylenblau BB konz. (Höchst), Alkaliblau 6 B (Bayer) für blau und violett,

Methylengrau BF Pulver (Höchst), Anilingrau, Coriolschwarz T extra (Bayer), Nigrosin 13087 (Bayer), Chromlederschwarz E extra (Badische), Lederschwarz AR (Cassella) für grau oder schwarz, gut geeignet.

Wenn mit Eisensalzen geschwärzt werden soll, so müssen die Häute vorher eine schwache Nachgerbung mit vegetabilischen Gerbstoffen erhalten, damit genügend Gerbstoff zum Binden der Eisensalze vorhanden ist. Die Eisensalze, von welchen man Eisensulfat mit Kupfersulfat zusammen, oder Eisennitrat oder Eisenazetat verwendet, geben klare graue oder graublaue Nuancen in hellen bis tiefen Tönen, je nachdem man mit mehr oder weniger Eisensalzen das Schwärzen ausführt.

Man kommt aber auch ohne Blauholz und Eisensalze beim Ausfärben der Fleischseite aus. Man kann z. B. mit Nigrosin KSB (Griesheim), Chromlederschwarz 2 GB (Uerdingen), Chromlederschwarz J. E. extra konz. (Cassella), Chromlederschwarz E. A. extra und Chromledertiefschwarz 97 547 (Berlin) u. dgl. sowohl die Fleisch- als auch die Narbenseite ausfärben.

Von den vielen Vorschriften sei die nachfolgende angeführt: Man gibt das entsäuerte Leder in das Farbfaß, indem man für je 100 kg Falzgewicht 120 l Wasser und 1 bis 1½ kg Brillant - Chromlederschwarz extra und Lederschwarz C (Höchst) rechnet, und läßt eine halbe Stunde laufen. Dann setzt man dem Bade 2 kg Sumach- oder Palmetto-Extrakt zu, den man in ca. 20 l Wasser auflöst. Zur vollständigen Fixierung des Farbstoffes und Auszehrung des Bades setzt man dem Farbbade zum Schlusse noch 100 ccm Essigsäure zu.

Dann wird die Farbflotte fortgelassen und das Leder mit lauwarmem Wasser ausgewaschen. Sobald reines Wasser wegfließt, stellt man den Abfluß ab und gibt den Fettlicker ein. Diesen bereitet man aus guter Olivenölseife oder Kaliseife und Knochenöl her. Man schneidet $2^1/_2$ kg fester Olivenölseife für je 100 kg Falzgewicht zu dünnen Blättern und löst in 15 l weichem, kochendem Wasser auf; oder man verrührt 3 kg Schmierseife (einer guten Kaliseife) mit ebensoviel Wasser. Dann setzt man $2^1/_2$ kg Knochenöl unter stetem Umrühren der Seifenlösung zu, läßt abkühlen und emulgiert. Die Emulsion kann durch einen Zusatz von schleimhaltigen oder gelatinösen Stoffen (Karagheen-, Algin- oder schwache Gelatinelösung) unterstützt werden. Für glanzlose oder matte Zurichtung nimmt man ungefähr 8 kg Fettlicker für 100 kg Falzgewicht. Man läßt die Leder etwa $^3/_4$ Stunden bei 50° C laufen, worauf die sämtlichen Fettstoffe aufgenommen sein dürften. Dann läßt man die Fettbrühe fort und wäscht nochmals mit reinem Wasser ab; man nimmt die Leder heraus, läßt sie über Böcke geschlagen mindestens einen Tag liegen, dann reckt man sie aus, trocknet und richtet zu.

Aber man kann nach dem Verfahren der Fa. Meister, Lucius u. Brüning in Höchst a. M. das Fetten und Schwärzen auch in einem Bade, und zwar in folgender Weise ausführen: Das neutralisierte Leder wird $^1/_2$ Stunde im Walkfasse bei 50 bis 60° C mit der nachfolgenden Fettbrühe behandelt. Für je 100 kg Falzgewicht werden

> 2 kg guter Olivenölseife mit
> 1,5 kg Weißgerberdégras,
> 1,5 kg Klauenöl und
> 100 g kalzinierter Soda oder 250 g Borax

emulsiert und in das Walkfaß durch die hohle Welle eingelassen. Dann setzt man dem Bade 1 kg Blauholzextrakt in Wasser gelöst zu, läßt 20 bis 30 Minuten weiter laufen und fügt dann 500 g Karbonschwarz B und 100 ccm Essigsäure zu. Man läßt wieder 20 Minuten laufen und gibt noch die Lösung von 750 g Brillantchromlederschwarz extra zu. Nach einer weiteren $^1/_2$ Stunde wird gespült und die Leder weiter behandelt, wie vorher angegeben.

Die braunen Töne auf Semichromleder färbt man nur mit Anilinfarbstoffen aus, wozu sämtliche Farbenfabriken eine Anzahl von gut geeigneten Farbstoffen liefern. In der Regel werden die Leder entweder mit vegetabilischen Gerbstoffen, namentlich Sumach- oder Palmettoextrakt nachgegerbt oder mit verschiedenen Metallsalzen behandelt, um entweder bestimmte Nuancen oder sattere Töne mit geringeren Farbstoffmengen zu erhalten. Für helle braune Töne verwendet man außer dem bereits angeführten Sumach- und Palmettoextrakt auch das Gelbholz, für mittlere und dunkle braune Töne auch Blauholz, Rotholz, Kupfervitriol, Kaliumbichromat und besonders Titansalze, von denen das Titankaliumoxalat am meisten benutzt wird. Namentlich das letztere leistet bei diesen Ausfärbungen ganz gute Dienste, indem man dadurch bis 30 % an Anilinfarbstoffen spart. Aber man erzielt diese Ersparnis auch durch einen geeigneten Zusatz von blauen Anilinfarbstoffen; so genügt schon eine geringe Menge Anilinblau, bei der Grundierung angewendet, um tiefbraune Töne zu erhalten.

Von den Anilinfarbstoffen verwendet man die saueren zumeist für helle, klare und feine Farbentöne, die basischen und direkten Farbstoffe für mittlere und dunkle Nuancen, besonders wenn man tiefe Töne erzielen will, und dann zum Übersetzen des mit saueren Farbstoffen ausgefärbten Leders. Leider werden die im Handel vorkommenden Brauntöne nur selten mit einem einzigen Farbstoffe erzielt und man muß mehrere Farbstoffe verwenden. Aber damit sind verschiedene Schwierigkeiten verbunden; es fallen nämlich die verschiedenen Farbstoffe das Leder ungleich stark an und werden auch ungleichmäßig ausgezehrt, so daß das Ausfärben in einem bestimmten Tone nicht so leicht ist, wie man glauben möchte.

Das Buntfärben wird entweder in einem heizbaren Farbfaß oder mit einer guten Farbmaschine ausgeführt; man färbt gewöhnlich bei 55 bis 60° C aus, wobei die Farbflotten in 20 bis 30 Minuten ausgezehrt werden.

Von den Anilinfarbstoffen der Farbenfabriken vorm.

Friedr. Bayer & Co. in Leverkusen bei Cöln a. Rh. werden z. B. für braune Töne nachfolgende Farbstoffe anempfohlen:

Für Braungelb:
1 kg Chromgelb R extra,
3 „ Gelbholzextrakt und
500 g Neucoriphosphin G
    extra.

Für Orangebraun:
1 kg Chromgelb R extra,
3 „ Gelbholzextrakt und
500 g Coriphosphin OX.

Für Hellbraun:
{ 970 g Chromgelb R extra,
{ 30 „ Indulin B,

3 kg Gelbholzextrakt und
500 g Coriphosphin OX.

Für dunkleres Braun:
{ 850 g Säureanthracen-
{   braun RH extra,
{ 150 g Indulin,

3 kg Gelbholzextrakt und
500 g Coriphosphin OX.

Für Schwarzbraun:
1 kg Säureanthracenbraun R,
3 „ Gelbholzextrakt und
1 „ Lederbraun F.

Sämtliche Gewichte sind für je 100 kg Falzgewicht angegeben. Wie man sieht, ist zu den verschiedenen Brauntönungen und überhaupt zu allen gangbaren Farbentönen nur eine geringe Anzahl von Farbstoffen nötig. Man kann durch geeignete Kombination von

    Neucoriphosphin G extra,
    Coriphosphin OX,
    Lederbraun F,
    Chromgelb extra,
    Säureanthracenbraun RH extra und
    Indulin B

alle gangbaren Farbentöne erreichen. Dies gilt auch von den Farbstoffen der anderen Farbenfabriken, da gebrochene Farbentöne immer durch Vermischen einzelner Farbstoffe hergestellt werden.

Bei der Ausfärbung schreitet man in folgender Weise vor: Man gibt die neutralisierten Felle mit ungefähr 150 l Wasser von 35° C in das Walkfaß und setzt durch die hohle

Welle, während das Faß läuft, den Fettlicker zu. Man walkt darin etwa $^1/_2$ Stunde, wo das sämtliche Fett von den Fellen aufgenommen sein dürfte, nimmt die Felle heraus und schlägt sie über die Böcke, damit sich das Fett einzieht. Den zweiten oder dritten Tag gibt man die Felle in das Walkfaß mit ein wenig lauem Wasser, walkt sie darin einige Minuten, gibt das Grundierbad mit dem saueren Farbstoffe und walkt darin die Felle bei 45 bis 55° C etwa $^1/_2$ Stunde lang, dann setzt man etwa 300 g Ameisensäure hinzu und walkt noch weitere 15 bis 20 Minuten. Nach dem Färben läßt man die Flotte fort, wäscht mit lauwarmem Wasser aus und setzt 1 kg Sumachextrakt, Palmettoextrakt oder Würfelgambier, in 50 l Wasser von etwa 40° C gelöst, zu und walkt darin 15 bis 20 Minuten weiter.

Bei hellen Farbennuancen braucht man keine Säure zu den saueren Farbstoffen zuzusetzen; auch kann man das Leder mit den Gerbextrakten in einer Flotte zugleich mit jenen Farbstoffen behandeln, also zu gleicher Zeit beizen und ausfärben. Überhaupt gibt es hier eine große Menge von verschiedenen Methoden, die sämtlich zu mehr oder weniger guten Resultaten führen.

Dabei soll man das Leder nicht bis zu der verlangten Farbentiefe ausfärben, weil sowohl der gefärbte Lüster als auch das Glanzstoßen den Farbenton vertiefen, so daß man dadurch einen mehr satten und vollen Ton erhält.

Sehr wichtig ist beim farbigen Leder der Fettlicker. Hierzu die Seifen zu verwenden, ist nicht ungefährlich, namentlich wenn das Leder nicht genügend entsäuert wurde; dabei übt die alkalische Beschaffenheit der meisten Seifen einen nachteiligen Einfluß auf die saueren Farbstoffe aus. Beim Falten des Leders, wie es bei dessen Prüfung erfolgt, zeigt sich dann häufig an den Falten ein weißlicher Anflug oder ein viel blässerer Farbenton. Bleibt nach dem Fetten noch freie Säure im Leder zurück, so können sich Fettsäuren aus dem Licker ausscheiden, namentlich wenn dieser nicht genügend emulsiert war, wo dann das Fett ausschlägt. Ist im Leder freie Säure vorhanden, so verbindet sie sich mit dem

7*

Alkali der Seife und drängt dann die freigewordenen Fettsäuren zur Oberfläche heraus, wodurch besonders die braunen Leder mißgefärbt erscheinen.

Man tut daher gut, bei der Fettbrühe nicht zu sparen und geeignete Fette, die leider auch teurer sind, zu verwenden; aber man könnte leicht durch Verwendung von billigeren Fetten einen viel größeren Schaden erleiden. Der beste Fettlicker wird aus sulfurierten Ölen und deren Seifen, dann aus Moëllon und den wasserlöslichen Gerbölen hergestellt. Einen guten Fettlicker erhält man durch Emulgieren von

> 2 kg sulfuriertem Rizinusöl, dem sog. Türkischrotöl, in lauwarmem Wasser, welchem man nach Abkühlen desselben noch
>
> $1/_2$ l Eigelb oder 25 Stück Eidotter zusetzt.

Oder man löst

> 4 kg Lickerseife aus sulfurierter Ölsäure in etwa 20 l lauwarmem Wasser auf und setzt
> 2 kg Moëllon und
> 1 kg sulfuriertes Tranöl zu.

Die gefärbten resp. nach dem Schwärzen gelickerten Felle werden mit der Fettbrühe mindestens einen Tag liegen gelassen, wodurch sich das Fett gleichmäßiger verteilt und die Farbstoffe gut gefestigt werden. Dann stoßt man die Leder aus, damit das überschüssige Wasser und die fremden, nicht festgehaltenen Stoffe beseitigt werden. Das Ausrecken wird auf der Maschine sowohl von der Narben- als auch von der Fleischseite vorgenommen. Dann werden die Leder zum Austrocknen aufgehängt und, wenn sie sich in der richtigen Beschaffenheit befinden, mit der Hand oder mit der Maschine ausgesetzt, wodurch nach dem Austrocknen ein feiner und glatter Narben herauskommt.

Sollte das Leder vom Lickern nicht genügend gefettet sein, so wird es vom Narben mit Klauenöl, eventuell unter Zusatz von leichtem Mineralöl, abgeölt. Durch dieses Abölen wird nicht nur die Schönheit des Narbens gehoben, sondern auch dessen Abblättern vermindert, das sonst nur zu häufig nach dem Glanzstoßen erfolgt. Die Brüchigkeit und Sprödigkeit des Narbens ist nämlich ein bei diesem Gerbverfahren eigentümlicher Fehler, den man aus allen Kräften zu vermeiden trachtet, weil der Käufer ein ebenso gutes und tadelloses Leder in Semichrom verlangt, wie er es beim reinen Chromleder gewöhnt ist, welches eben durch das erstere imitiert werden soll. Die Zurichtung wird ähnlich wie bei Chromleder ausgeführt.

12. Kipse zu schwarzem und farbigem Semichrom.

Eine der neuesten Ledersorten ist das Semichrom aus Kipsen, die sich in kurzer Zeit eine große Beliebtheit erworben hat, indem sich dieses Leder neben seiner Milde und schönem Aussehen namentlich durch seine hohe Festigkeit auszeichnet. Man verarbeitet hierzu am besten kräftigere Marken, wie z. B. chinesische Kipse, die noch einen Spalt abgeben, indem das Semichromleder nicht zu stark sein darf.

Die Blöße wird wie üblich hergestellt. Zum Weichen wird die angeschärfte Weiche verwendet, wobei man 1 kg Ätznatron auf 10 hl (gleich 1 cbm) Wasser zusetzt. Die Häute werden in die Weiche eingegeben, den zweiten Tag aufgeschlagen und sind nach zwei- bis dreitägigem Weichen gut aufgegangen. Sie kommen dann auf einen bis zwei Tage in frisches Wasser, das man häufiger wechselt, um das Ätznatron zu entfernen. Hierauf werden die Häute in einem Walkfaß 15 Minuten bei zu- und abfließendem Wasser ausgewaschen, auf den Bock geschlagen und abrinnen gelassen. Die Häute sollen ganz weich herauskommen; gelingt dies durch das angeführte Wässern nicht, so beläßt man sie entweder länger in der angeschärften Weiche oder bearbeitet sie auf der Streckmaschine, nur muß man darauf achten, daß der Narben nicht beschädigt wird. Die angeschärfte Weiche kann man auch für die nachfolgende Partie Häute verwenden, indem man sie mit der halben Menge Ätznatron (also $1/_2$ kg auf 10 hl Wasser) versetzt.

Das Äschern, Enthaaren, Entfleischen und Spalten geschieht in üblicher Weise. Stark narbenbeschädigte Häute werden noch vor dem Spalten aussortiert und zu minderer Ware verarbeitet. Das Entkälken soll möglichst gut ausgeführt werden, sonst dunkeln die bunt gefärbten Häute infolge des zurückgebliebenen Kalkes nach. Die reingemachten Blößen werden abtropfen gelassen und abgewogen, um das Blößengewicht festzustellen.

Man färbt die Häute zunächst in schwachen Fichtenbrühen an, um den Narben zu festigen, und gerbt sie dann in Fässern mit den Halbgerbstoffen (s. S. 24) in ansteigend kräftigeren Brühen in einigen Tagen mäßig aus.

Man kann sie auch aus der Farbe abpressen und im Faß mit reinem Kastanienextrakt, etwa 25° Bark. (gleich 3,5° Bé.) starker Brühe ausgerben, wobei man darauf achten muß, daß sich die Leder nicht zu stark verwickeln.

Nachdem die Häute mit vegetabilischem Gerbstoff vorgegerbt sind, bekommen sie eine Nachgerbung mit Chrom. Diese wird nach dem Einbadverfahren ausgeführt und kann man dazu sämtliche Chrombrühen benutzen, die man bei der gewöhnlichen Chromgerbung verwendet. Am besten benutzt man eine basische Chromalaunlösung, indem man für 100 kg Rohhäute (also Trockengewicht, wie die Häute angekommen sind) 12 kg Alaun in ungefähr 30 l warmem Wasser auflöst und mit einer Lösung von etwa 800 g kalzinierter Soda in 5 l Wasser versetzt, und zwar so lange, bis sich ein ständiger Niederschlag zu bilden beginnt. Man füllt dann mit kaltem Wasser auf etwa 75 l auf und setzt $\frac{1}{2}$ l Formalin (mit 40 % Formaldehyd) zu. Die Ausgerbung mit dieser Chrombrühe geschieht am besten in einem Haspelgeschirr oder Walkfaß in üblicher Weise.

M. C. Lamb empfiehlt[1] diese Nachgerbung im Walkfaß auf folgende Art auszuführen: Man gibt in das Faß etwas Wasser und die Häute, läßt laufen und setzt ein Drittel der Chrombrühe langsam zu. Man walkt die Häute ungefähr eine Viertelstunde lang, gibt das zweite Drittel der Chrombrühe in das Faß und läßt dieses eine halbe Stunde laufen.

---

[1] In seiner „Lederfärberei" (Berlin, Springer, 1912), S. 319.

Dann setzt man das letzte Drittel der Chrombrühe in das Faß zu und rotiert ungefähr drei Viertelstunden. Im ganzen werden also die Häute anderthalb Stunden in der Chrombrühe gewalkt. Das Chromsalz dringt durch den Zusatz des Formaldehyd leichter in das Hautgewebe ein, was noch mehr durch Anwärmen der Gerbbrühe auf 35 bis 45° gefördert werden kann. Das Chrom muß die ganzen Häute durchdringen, nicht bloß die Außenschichten, und sobald dies geschehen, ist auch die Chromgerbung zu Ende.

Um zu prüfen, wieweit die Nachgerbung mit Chrom vorgeschritten oder ob sie zu Ende ist, schneidet man ein kleines Stück Leder ab, trocknet es und gibt in kochendes Wasser ein. Hält dies das Lederstück aus, ohne irgend einen Schaden zu nehmen, so ist die Nachgerbung ausreichend, wird es aber dabei merklich angegriffen, so muß man das Leder weiter in der Chrombrühe laufen lassen und diese nötigenfalls noch zusetzen, wenn man an der Farbe der Brühe erkennt, daß das Chrom bereits erschöpft ist.

Das so hergestellte Leder wird dadurch mehr zähe und mild, gegen warmes Wasser widerstandfsähig und dem Chromleder desto ähnlicher, je geringer die Vorgerbung mit vegetabilischem Gerbstoff war und je kräftiger man die Chrombrühe (selbstverständlich nur bis zu einem gewissen Grade) einwirken läßt.

Man kann zugleich bei der Nachgerbung mit Chrom auch die Häute ausfärben. Am bequemsten geschieht dies mit den Chromochrom-Gerbbrühen der Fa. Lepetit, Dollfuß & Gansser in Mailand. Diese enthalten neben den gerbenden Chromverbindungen auch Farbstoffe.

Das Chromochrom-Schwarz z. B. enthält neben ungefähr 8% Chromoxyd noch einen schwarzblauen Farbstoff. Nimmt man auf je 100 kg Blößen 22 l Extrakt und 120 l Wasser, so kommt nach dem Walken ein schwarzblau gefärbtes Chromleder heraus, das nach der üblichen Zurichtung vollkommen schwarz erscheint. Aber das Chromochrom allein zu verwenden, wäre ziemlich kostspielig, da 100 kg Chromochrom-Schwarz von 35° Bé. ungefähr 60 Fr. kosten. Man kann aber auch mit einer gewöhnlichen Chrombrühe vorgerben und dann erst Chromochrom zusetzen, oder gleich die Chrombrühe mit Chromochrom zubessern.

Die angeführte Firma führt auch ein Chromochrom-Gelb G und ein Chromochrom-Braun R, die ein gelb bzw. braungefärbtes Leder liefern [1]). Der Eingangszoll nach Deutschland beträgt 4 Mk. für 100. kg. Das Chromochrom-Gelb enthält nach einer Analyse des deutschen Zollamtes

Wasser 62,46%
Organische Substanz (hierin der gelbe Farbstoff)   23,27 „
Chromoxyd . . . .   5,63 „
Schwefelsäure (als Anhydrid berechnet). . . . .   7,12 „
woraus sich der Gehalt an Chromalaun mit. . .   12,69 „
berechnet.

Aber man kann, statt mit Chromochrom zu arbeiten, der Chrombrühe einfach geeignete Anilinfarbstoffe oder Beizen zusetzen. So verwendet man zu Schwarz Nigrosin oder Naphthylaminschwarz, auch Chromlederschwarz (Badische, Berlin), Lederschwarz V (Bayer) oder Naphtholschwarz B (Casella). Zu Braun benutzt man eines von den verschiedenen Azoflavinen (Badische, Berlin, Cassella, Höchst, Uerdingen u. a.) oder Azogelb, Cubagelb, Indischgelb, Säuregelb, Orange oder Säurephosphin, womit man die Häute grundiert.

Auch das Beizen mit Titankaliumoxalat ist hier völlig am Platze, wodurch sehr echte Färbungen erzielt werden. Durch diesen Zusatz wird auch der Farbenton vertieft und an Farbstoffen gespart. Man gibt ungefähr 1 kg Titansalz auf je 100 kg Brühe, doch hängt die Menge auch von der zu erzielenden Farbennuance ab.

Nachdem die Häute durchgegerbt sind, nimmt man sie aus dem Fasse heraus, schlägt sie über den Bock und beläßt sie so einen oder zwei Tage gut zugedeckt liegen; dadurch wird die Gerbung besser fixiert und die Häute werden voller. Hierauf gibt man sie in ein Walkfaß, das vorher mit der ange-

---

[1]) Mehr hierüber im „Handbuch der Chromgerbung", S. 377 u. ff.

messenen Menge etwa 50° warmem Wasser angefüllt wurde, und läßt sie darin laufen. Man wechselt das Wasser und sobald es rein abläuft, sperrt man den Ablaßhahn zu und gibt Borax (etwa 1°/₀ vom Blößengewichte) in Wasser gelöst ein, womit die Neutralisation bewerkstelligt wird.

Anstatt Borax kann die Neutralisation nach Stiasnys Vorschlag auch mit Soda und Ammoniaksulfat ausgeführt werden. Man läßt darin die Häute ungefähr eine halbe Stunde laufen und prüft sie mit Lackmuspapier an einem frischen Schnitt in dicker Stelle der Haut, ob sie genügend entsäuert sind. Die verbleibende Brühe soll noch alkalisch reagieren. Die Neutralisation soll wie bekannt ausreichend, aber nicht übermäßig ausgeführt werden, sonst könnte das Leder den Fettausschlag zeigen oder sich fleckig färben. Ist die Neutralisation nicht genügend, so läßt man die Häute länger laufen, und sollte die Brühe sauer reagieren, so setzt man noch das Neutralisationsmittel zu.

Die neutralisierten Häute werden herausgenommen, über Böcken abtropfen gelassen und dann mit der Maschine gestreckt und gefalzt. Sind die Häute nicht bereits in der Chrombrühe blaugefärbt, so geschieht dies jetzt. Man färbt in einem Walkfasse durch, um die Lohgerbung zu verdecken und verwendet dazu saure Farbstoffe, die hierzu besonders gut geeignet sind. Bei diesem Durchfärben muß man möglichst wenig Flüssigkeit verwenden, damit die Häute darin nicht frei herumlaufen, sondern sich möglichst aneinanderwalken, wodurch die Durchfärbung unterstützt wird. Man hält die Temperatur bei etwa 55° und setzt der Flotte entweder Kaliumbichromat (ungefähr 200 g pro 100 kg gefalzter Häute) oder Ammoniak (ein halbes Liter für die gleiche Menge) zu, um zu verhindern, daß sich der Farbstoff nur in den Außenschichten ablagert. Bei Zusatz von Ammoniak wird ein Teil der etwa in den Häuten zurückgehaltenen Säure neutralisiert.

Schwarzen Ledern gibt man die Blau- oder Violettfärbung der Fleischseite mittels eines sauren Echtblau oder Säureviolett, Methylviolett, Methylenviolett u. dgl. unter Zusatz von Ammoniak; die sämtlichen genannten Farbstoffe dringen sehr leicht in das Hautgewebe ein. Aber man kann diese Farbstoffe auch gleich bei der Neutralisierung dem Alkalibade zusetzen. Man gibt den betreffenden Farbstoff gegen Ende der Neutralisation in das Walkfaß zu; die Säure, welche aus dem Chromleder selber gebildet wird, genügt zur Entwicklung der Farbe.

Manchmal werden in diesem Stadium die Häute geschwärzt und dann mit dem Fettlicker gefettet, aber es ist besser, sie vor dem Schwärzen einzufetten, was auch bei den bunt zu färbenden Häuten regelmäßig geschieht, indem sie vorher gelickert und dann erst gefärbt werden, obwohl man bei einigen Farbstoffen in umgekehrter Reihe vorgehen muß.

Werden die Häute zunächst geschwärzt und erst dann gefettet, so läßt man, sobald die Farbflotte ziemlich erschöpft ist, den größeren Teil davon weg, setzt die Fettbrühe zu und läßt darin die Häute zwei bis drei Viertelstunden laufen. Sonst wird zuerst der Fettlicker gegeben.

Der Fettlicker soll für gefärbtes Chromleder nicht alkalisch sein, da er sonst die Farbe des Leders angreift und so eine gleichmäßige Ausfärbung unmöglich macht. Aus diesem Grunde darf man hier für den Fettlicker auch keine alkalische Seife verwenden, um so weniger freies Alkali. Ein Chromleder, dem im Fettlicker zuviel Seife zugesetzt wurde, wird nicht nur in seiner Farbe beeinträchtigt, sondern schlägt auch sehr leicht aus, wenn es einige Zeit gelagert hat. Es kann der Seifenzusatz auch Anlaß zur Bildung einer Chromseife geben, die unlöslich ist und sich daher durch die üblichen Fettlösungsmittel nicht entfernen läßt. Sind dagegen die Chromleder mit einer Fettbrühe gefettet, die keine Seife enthält, so kann man das etwaigenfalls überschüssige Fett ganz gut mit Benzin oder einem anderen Fettlösungsmittel entfernen.

Der beste Fettlicker wird aus Olivenöl oder Klauenöl hergestellt, dem man Eigelb zusetzt. Für 100 kg Falzgewicht genügen hier 2,5 kg Öl und $1^1/_4$ l Eigelb. Dieser Fettlicker liefert ein weiches und mild gefettetes Leder, das überhaupt nicht ausschlagen kann und auch die Farbe nicht ändert. Aber man muß darauf achten, daß unverfälschte Öle verwendet werden. Wie bekannt wird das amerikanische Knochenöl, das sog. Neats Foot-Oil, häufig mit ausgefrorenem Schweineschmalz verfälscht und dieses enthält Cholesterin, das nach Kohnstein den Fettausschlag in erster Reihe veranlaßt. Das Eigelb wird häufig teilweise durch Türkischrotöl (sulfuriertes Rizinusöl) oder gutes Degras ersetzt. Man bereitet eine Emulsion, indem man die Fette im Wasser gut verrührt und emulgiert, wozu man den in den Apotheken üblichen Emulsionsapparat, aber in größeren Dimensionen, verwendet. Bei größerem Bedarf benutzt man einen mit Riemen angetriebenen Mischapparat.

Das Lickern wird bekanntlich in einem Walkfasse ausgeführt, wozu sich namentlich die heizbaren Walkfässer gut eignen. Es muß aber stets dafür gesorgt sein, daß die Häute angewärmt mit dem warmen Fettlicker zusammentreffen; kommt nämlich ein warmer Fettlicker auf kaltes Leder, so schlägt sich das Fett an der Oberfläche nieder, das Hautgewebe bleibt im Innern ungenügend gefettet und das Leder kommt aus der Zurichtung dünn und blechig heraus. Wird aber warmes Leder mit warmer Fettbrühe gefettet, so nehmen die Häute selbst die doppelte Fettmenge auf, ohne daß das Leder fettig erscheinen würde. Deshalb wärmt man immer zunächst das Faß mit warmer Luft oder mit Dampf an, läßt den Dampf und das Kondenswasser fort, gibt die ausgestreckten oder ausgepreßten Häute herein, läßt sie eine Zeitlang darin laufen, damit sie sich erwärmen, und setzt erst dann den warmen Fettlicker zu. Man verdünnt den Licker schon vorher mit der angemessenen Menge Wasser und erwärmt ihn auf 40 bis 45°; die letztere Temperatur darf bei Verwendung von Eigelb nicht überschritten werden.

Aber man kann auch in der Weise verfahren, daß man in das Faß warmes Wasser zuläßt, die Häute eingibt und sie laufen läßt, damit sie sich anwärmen. Dann läßt man die warme Fettemulsion, während das Faß läuft, unverdünnt zu und walkt darin die Häute weiter. Das Walken hält zwei bis drei Viertelstunden an, in welcher Zeit das Leder das sämtliche Fett gut aufnimmt, so daß im Faß nur eine kleine

Menge mehr oder weniger schmutzigen Wassers zurückbleibt. Wie schon oben beim Blaudurchfärben bemerkt, soll man auch beim Lickern möglichst wenig Wasser verwenden, damit das Fett besser in die Häute hereingewalkt wird; auch kann bei diesem Vorgange beim bereits durchgefärbten Leder der Farbstoff nicht so leicht wieder heraustreten, was unbedingt geschehen würde, wenn die Fettbrühe zu stark mit Wasser verdünnt wäre. Nach dem Fettlickern nimmt man die Häute heraus, schlägt sie über den Bock, läßt sie einige Stunden liegen, damit sich das Fett gut einzieht und verteilt, streckt sie dann aus, worauf sie geschwärzt oder bunt gefärbt werden können.

Die Kipse werden dann, also nachdem sie schon durchgefärbt und gefettet sind, getrocknet, durch Einlegen in feuchte Sägespäne gleichmäßig anziehen gelassen und gestollt. Dann werden die Häute geschwärzt, was in der Regel mit der Bürste auf der Tafel geschieht, aber auch in der Mulde ausgeführt werden kann. Zum Schwärzen verwendet man entweder Eisenschwärzen oder schwarze Anilinfarbstoffe. Wenn mit den Eisenschwärzen gut manipuliert wird, so erhält man unbedingt ein besseres Resultat als mit den Anilinfarbstoffen, die häufig kein so tiefes Schwarz, dagegen manchmal einen unangenehmen grauen Stich ergeben.

Für die Eisenschwärzen werden recht mannigfaltige Vorschriften angegeben. Eine gute und dabei einfache Vorschrift lautet wie folgt: Man löst 185 g Blauholzextrakt, 30 g Gelbholzextrakt und 2 g kalzinierter Soda in 5 l Wasser auf; die Eisenlösung wird durch Auflösen von 240 g schwefelsaurem Eisen (Eisenvitriol) und 30 g schwefelsaurem Kupfer (Kupfervirtiol) in 5 l Wasser bereitet. Man trägt mit einer Bürste zunächst die Blauholzbrühe auf, setzt dann mit der Eisenlösung über und bürstet noch mit reinem Wasser ab, um etwaigen Eisenüberschuß zu entfernen. Dann werden die Häute ausgestrichen und abgeölt; zum Abölen mischt man gleiche Teile Klauenöl und Vaselinöl oder Leinöl und wärmt die Mischung an.

Zum Schwärzen mit Anilinfarbstoffen bereitet man sich eine Farbflotte, z. B. durch Auflösen von 10 g Lederschwarz für je 1 l Wasser, trägt sie mit der Bürste auf und spült sie mit Wasser ab. Aber man kann bei Verwendung dieser Farbstoffe gleichzeitig das Leder durchfärben, den Narben schwarz und die Fleischseite in verschiedenen Farbentönen von Grau bis Blau färben. Dazu sind verschiedene Farbverfahren ausgearbeitet und wir wollen davon einige beispielsweise anführen.

Sollen die Leder besonders gut durchgefärbt sein, so verwendet man zum Schwärzen saure Farbstoffe. Man löst zum vollen tiefen Schwarz 1,5 bis 2% des Falzgewichtes von „Neutralschwarz B" oder „BN für Leder", „Säureschwarz NBZ für Leder", „Nerazin G" und „BR", „Nigrosin KMH", „Naphthylaminschwarz X 2 B" oder „Naphthylaminblauschwarz 5 B" der Farbenfabrik Leopold Cassella & Co., oder selbstverständlich auch ähnliche Farbstoffe der anderen Farbenfabriken, die man in der 15 bis 20 fachen Menge Wasser auflöst. Wie dies geschieht, setzen wir als bekannt voraus.

Man gibt in das Walkfaß ungefähr das gleiche Gewicht, wie dasjenige der zu färbenden Häute, an 55 bis 60° warmem Wasser, dann die Häute selbst und läßt laufen. Hierauf läßt man die Farbflotte, während das Faß läuft, durch die hohle Welle langsam zu. Nach 20 bis 30 Minuten gibt man zur Fixierung des Farbstoffes 0,8 bis 1% Ameisensäure (technisch rein, 90% ig) vom Falzgewicht des Leders gerechnet und läßt noch ein paar Minuten laufen, wonach die Flotte erschöpft sein dürfte. Dieses Färbeverfahren ist besonders dann am Platze, wenn nicht genügend entsäuert wurde. Das Fetten geschieht hier immer v o r d e m F ä r b e n, weil diese Farbstoffe bei Anwendung von alkalischen Fettlickern zum Ausbluten sehr geneigt sind. Man kann diese Farbstoffe mit den übrigen Säurefarbstoffen versetzen, aber dann müssen die Häute gut neutralisiert sein. Auch kann man den Farbstoffen 0,4 bis 0,5% vom Falzgewicht an Blauholz zusetzen, wodurch an beiden Seiten des Leders ein bläulicher Stich erzielt wird.

Will man die Fleischseite in helleren Farben herausbekommen, so bleibt nicht anderes übrig, als das Leder zunächst durchzufärben und dann erst die Narbenseite schwarz zu färben. Dies geschieht in der Weise, daß man die Leder zunächst in einer Farbflotte von den soeben angegebenen sauren

Anilinfarbstoffen in der beschriebenen Weise durchfärbt, nur wendet man bloß 0,2 bis 0,75% vom Falzgewicht an den besagten Farbstoffen und walkt in der Farbflotte so lange, bis die gewünschte Farbennuance erreicht wird. Man setzt dabei zweckmäßig pro 100 kg Falzgewicht noch 200 bis 400 g Ammoniak zu, wodurch die Leder schneller durchgefärbt werden. Zum Nuancieren jener Farbstoffe kann man andere saure Farbstoffe zusetzen, so z. B. Echtblau, Chromlederblau R, Formylviolett u. a., wovon 50 bis 200 g für je 100 kg Falzgewicht genügen; auch ein Zusatz von 400 bis 500 g Blauholzextrakt ist hier gut angebracht.

Sobald die Häute durchgefärbt sind, nimmt man sie heraus, läßt sie abtropfen, streckt sie aus und gibt sie auf die Tafel zum Übersetzen. Dazu eignen sich insbesondere „Velvetschwarz BO" und die verschiedenen „Lederschwarz" wie „TBO, TBBO, TGO" und „PMO". Man löst von diesen Farbstoffen ungefähr 6 bis 10 g in einem Liter Wasser, säuert mit 2 g Essigsäure an, trägt die auf 60 bis 70° angewärmte Farbbrühe mit einer reinen Bürste auf und spült mit Wasser ab. Man könnte zwar dieses Übersetzen auch in einem Walkfaß ausführen, aber dann würde selbstverständlich auch die Fleischseite dunkler gefärbt sein, wodurch der eigentliche Zweck dieses Färbeverfahrens, nämlich eine heller gefärbte Rückseite zu erzielen, nicht erreicht werden könnte.

Nach dem Übersetzen und Ausspülen setzt man die Leder aus und gibt sie in die Trockenstube, wo man sie nicht völlig austrocknen läßt. Dann wird die Narbenseite mit einer Leinsamenabkochung leicht angeglänzt und am besten mit der Hand glanzgestoßen. Wird aber diese Arbeit mit einer Maschine verrichtet, so geschieht dies am besten erst nach dem Krispeln und stets unter ganz leichtem Druck. Dabei ist sehr darauf zu achten, daß nicht durch einen ungleichmäßigen Druck Streifen entstehen; Maschinen mit Holzfederung und mit Kork- oder Gummiunterlage unter dem Riemen der Arbeitsbahn sind besonders gut geeignet. Wenn gewünscht, kann das Leder mit der Maschine auch mit dem bekannten Boxnarben versehen werden, oder es wird einfach unter sich gezogen und in vier Quartiere pantoffelt. Manchmal wird auch die Fleischseite abgeschliffen, was aber nur bei gut durchgefärbten Ledern geschehen kann, wenn nicht fleckige Stellen herauskommen sollen.

Beim Buntfärben der Semichromleder verwendet man zumeist Säurefarbstoffe, die man mit basischen Farbstoffen übersetzen kann. Das Färben selbst wird in einem Drehfaß, das Übersetzen auf einer Tafel mit der Bürste oder auch in der Mulde ausgeführt. Das anzuwendende Quantum des Farbstoffes wird nach dem Falzgewicht, der Stärke der Leder und der gewünschten Tiefe des Farbentones berechnet; man gibt an Farbstoffen bis 5% vom Falzgewichte. Für je 100 kg Falzgewicht rechnet man 125 l Wasser von etwa 25° C und $^1/_2$ l Ammoniak, zwecks Durchfärbung der Häute. Man läßt die Häute im Faß laufen und setzt den in etwa 25 l heißem Wasser gelösten Farbstoff durch die hohle Welle zu. Wenn man sieht, daß die Durchfärbung nicht weiter vorschreitet, so kann man noch $^1/_2$ l Ammoniak zusetzen. Man läßt je nach der Lederstärke ungefähr eine halbe bis eine ganze Stunde laufen, wonach man die zur Fixierung nötige Menge Säure (etwa 380 g Ameisensäure, 90%ig, auf 1 kg Farbstoff) in starker Verdünnung durch die hohle Welle zusetzt und weitere 10 Minuten walkt. Dann läßt man die Brühe fort, spült mit reinem Wasser nach und läßt die Fettbrühe ein.

Die buntgefärbten Leder werden in der Regel erst n a c h d e m F ä r b e n gefettet, obwohl dies in manchen Fabriken auch vor dem Färben geschieht, nachdem manche Farbstoffe, wie bereits erwähnt, leicht ausbluten.

Häufig wird noch mit geringen Mengen eines geeigneten basischen Farbstoffes übersetzt, was besonders für narbenwundes Leder vorteilhaft ist, da sich die wunden Stellen durch den sich bildenden Farblack mit dem gesunden Teile des Narbens ausgleichen. Besonders sind dazu die verschiedenen Marken Phosphin und Manchesterbraun geeignet, dagegen ist bei narbenwunden Ledern ein Zusatz vom abdunkelnden Blau oder Grün nicht rätlich, man verwendet sie lieber bei der vorangehenden Färbung mit den Säurefarbstoffen.

Zurzeit kommen bloß die braunen Ausfärbungen in Betracht. Von den Säurefarbstoffen wären z. B. Grundierbraun, Renolgelb, Chromlederbraun, Chromlederdirektbraun der Chemischen Fabrik vorm. Weiler ter Meer in Uerdingen am Niederrhein anzuführen.

Auch die „Chromlederechtfarbstoffe" von Leopold Cassella & Co. liefern schöne Modetöne, die sich namentlich durch ihre große Unempfindlichkeit gegen Alkali auszeichnen, so daß man zu dem Fettlicker auch eine neutrale Seife verwenden könnte. Dabei sind Chromlederechtgelb TF, -Orange ER, -Braun 3 G, RN und B für die Einbad- oder Zweibadgerbung gleich gut geeignet, wogegen für Einbadleder noch Chromlederechtgelb G und R, Chromlederechtbraun GB, M, R und D anempfohlen werden.

Zur Ansäuerung haben wir hier bloß die Ameisensäure angegeben; es wird aber noch jetzt dazu ziemlich häufig die Schwefelsäure benutzt, wobei die Hälfte von der bei Ameisensäure angegebenen Menge genügt. Aber aus bekannten Gründen weicht man der Schwefelsäure lieber aus. Das Färben selber wird mit den verschiedenen Farbstoffen, je nach ihrer Natur in entsprechender Weise ausgeführt. Nach dem Färben spült man das Leder immer gut ab, namentlich wenn die Farbflotte mit einer Säure versetzt werden mußte.

Nach dem Übersetzen und Abspülen setzt man die Leder aus und behandelt sie ähnlich wie bei dem Schwarzleder angegeben. Zuletzt trägt man mit einem weichen Schwamm eine Lackappretur auf, die man folgender Weise bereiten kann: 40 g blonden Schellack werden mit 15 g Borax in 1 l kochendem Wasser aufgelöst. Man färbt mit einem entsprechenden Säurefarbstoff ohne Säurezusatz und ganz schwach an, wobei für Braun namentlich Säurephosphine und Havannabraun, für Schwarz Nigrosine und Naphthylaminschwarz in Betracht kommen. Bei Bedarf kann dieser Glanz nach dem Trocknen noch einmal aufgetragen werden.

Die Zurichtung der farbigen Semichromkipse geschieht ähnlich wie bei den schwarzen Ledern. Sollen sie die Boxzurichtung erhalten, so preßt man sie ganz leicht vor dem ersten Glanzstoßen. Dann werden sie von der Hand gekrispelt, aufgetrocknet, mit der oben angegebenen Glänze bestrichen und glanzgestoßen, dann nochmals gekrispelt und mit warmem Spermazet- oder Vaselinöl leicht an der Narbenseite bestrichen, womit sie fertig zugerichtet sind.

13. Verfahren von Ollestadt und Jenson.

Erik Ollestadt und Andrew Jenson in St. Paul, Minn., erhielten ein U.St.-P. Nr. 401 715 vom 16. April 1888 auf eine kombinierte Gerbung mit Chromsalzen und vegetabilischem Gerbstoff.

Die Blößen sollen nach Angabe der Erfinder in einer Gerbflüssigkeit von nachfolgender Zusammensetzung gegerbt werden:

181,5 kg Hemlock-, Eichenholz-, Japonika- oder irgend ein ähnlicher Gerbextrakt,

90,8 „ Kalialaun,

45,5 „ Kupfervitriol,

0,6 „ Kaliumbichromat und

3,5 „ Salz- oder Schwefelsäure werden in

2115 Liter Wasser aufgelöst.

Die Mengen sind für 10 Häute von „normaler“ Größe angegeben. Man soll die Salze und den Extrakt im Wasser auflösen, ein Viertel der gesamten Flüssigkeit in ein Drehfaß eingießen, auf 25.⁰ C anwärmen und die Hautblößen hereingeben. Das Faß soll täglich dreimal je eine Stunde laufen; nach drei Tagen wird das zweite Viertel der Gerbbrühe zugesetzt und die Blößen so wie vorher behandelt. Sobald die Brühe verbraucht ist, fügt man den Rest der Gerbbrühe zu und läßt das Faß mit Unterbrechungen so lange laufen, bis auf diese Weise in ungefähr 14 Tagen die Gerbung vollendet ist. Die gegerbten Häute werden mit reinem Wasser und dann mit einer Pottaschelösung ausgewaschen. Zuletzt schmiert man sie wiederholt ein und richtet sie wie üblich zu.

Aber man sieht leicht ein, daß auf diese Weise überhaupt kein Leder herauskommt. Die Metallsalze geben nämlich mit den vegetabilischen Gerbstoffen einen Niederschlag, der in Wasser unlöslich ist und daher die Haut schwerlich ausgerben kann. Es ist nur zu wundern, wie jeder Unsinn patentiert werden konnte.

14. Kombinationsgerbung von V. Koch.

Ein kombiniertes Gerbverfahren mit Chrom und vegetabilischen Gerbstoffen wurde Viktor Koch in Weil der Stadt (Württemberg) durch das D.R.-P. Nr. 107 959 vom 15. September 1897 geschützt.

Das Verfahren soll zur Erzeugung sowohl von glattem als auch von genarbtem oder gefärbtem Leder verwendet werden. Das Patent macht den Anspruch auf ein Verfahren zur Erzeugung von Wichsleder, von braunen und anderen Ledersorten durch Schnellgerbung der Haut mit kombinierter Chrom- und vegetabilischer Gerbung, darin bestehend, daß die rohe Haut nacheinander mit einer Lösung von basischem Chromalaun, basischem Chromoxychlorid und vegetabilischen Gerbstoffen behandelt wird.

Die Gerbung wird in folgender Weise ausgeführt: Die wie üblich zubereiteten Blößen werden zuerst einer doppelten Chromgerbung unterzogen, indem man sie in einer Brühe behandelt, die aus einer Lösung von 5 kg Chromalaun in 15 l Wasser besteht und mit einer Lösung von etwa 2 kg kalzinierter Soda in 5 l Wasser versetzt ist. Das Haspelgeschirr wird mit der nötigen Menge Wasser angefüllt, etwa 30 reingemachte und entkalkte Felle eingegeben, die Chromlösung nach und nach zugesetzt und die Haspel ungefähr vier Stunden laufen gelassen. Die Blößen bekommen zunächst ein ziemlich schwaches Bad, damit die Chromsalze nicht zu stark anfallen. Nachdem sie in dieser schwachen Brühe etwa 1½ Stunden gehaspelt wurden, bessert man die Chrombrühe etwas zu, läßt darin wieder ungefähr $1\frac{1}{2}$ Stunden laufen und verstärkt die Brühe zum drittenmal.

Hierauf werden die Blößen in einem zweiten Bade in ähnlicher Weise behandelt. Dieses stellt man aus 1 kg Chromhydroxyd her, das in etwa 5 l Salzsäure gelöst und mit Sodalösung bis zur Abscheidung von basischem Chromoxychlorid versetzt wird. Auch die zweite Chromgerbung wird in einem Haspelgeschirr ausgeführt, worin man die Chrombrühe stufenweise verstärkt.

Nun werden die Felle aufgeschlagen, auf der Fleischseite ausgestoßen, eine Stunde im Walkfaß gewalkt und ausgewaschen. Sie kommen sodann zur vegetabilischen Nachgerbung in mehreren Farben, von denen pro Fell

die erste $\frac{1}{2}$ kg Sumach und $\frac{1}{4}$ kg Gambier,

die zweite $\frac{1}{2}$ kg Sumach, $\frac{1}{5}$ kg Gambier und $\frac{1}{2}$ kg Eichenlohe,

die dritte und vierte je 1 kg Eichenlohe und $\frac{1}{2}$ kg Quebrachoholz

enthält. In diesen Farben werden die Häute zunächst mit der Haspel umgetrieben und bleiben dann noch, indem sie wiederholt bewegt werden, in jeder Farbe etwa sechs Tage. Hierauf werden sie ausgestrichen und ähnlich wie loh- oder sumachgare Leder behandelt bzw. zugerichtet.

Nach einer anderen Angabe des Patentinhabers soll die gesamte Gerbezeit mit den vegetabilischen Gerbstoffen bei farbigen Ledern drei Tage, bei satinierten und genarbten Ledern 4 bis 5 Tage, bei Wichs- und braunen Ledern 8 bis 10 Tage, bei Vachetten, gebufften Rindsledern und bei Kipsen 12 bis 14 Tage andauern.

Es ist nicht recht verständlich, warum die Chromgerbungen nach dem Einbadverfahren doppelt ausgeführt werden sollen. Eine Sattgerbung mit denselben gibt keine besonders gute Resultate. Ein solch chromsattes Leder wird durch die nachfolgende Lohgerbung nicht besser, sondern eher schlechter. Die Angaben der vegetabilischen Gerbstoffe sind sehr problematisch, man kommt auch ohne die — anscheinlich ohne

jede weitere Begründung und nur gedankenlos zusammen-
gesetzten — Gerbstoffe mit dem einen oder anderen Gerbstoff
allein ganz gut aus, wenn nur keine zu starken Brühen verwendet werden, da es sich hier nur um eine schwache Nachgerbung mit vegetabilischen Gerbstoffen handeln kann.

15. Verfahren von Leon Rappe.

Auch Leon Rappe in Newark, N. J., wurde für Lizzie
S. Pierson in Vilmington, Del., eine kombinierte Chrom-
und Lohegerbung unter der Nr. 409 336 vom 20. August 1889
in Amerika patentiert.

Nach diesem Verfahren sollen die Poren des bereits lohgaren Leders mit fein verteiltem Chromoxyd ausgefüllt
werden, wodurch die Verwendung der gewöhnlichen Schmier-
mittel, wie Öl und Fett oder Seife, überflüssig gemacht und
dennoch ein dauernd weiches Leder erreicht werden soll.
Das mit Chromsalzen behandelte Leder soll dann noch gebeizt und so für die verschiedenen Farbstoffe aufnahmsfähiger gemacht werden.

Nach der Anweisung des Erfinders kommen die lohgaren
Leder in ein Chromierbad, das in folgender Weise hergestellt
wird: Eine beliebige Chromoxydsalzlösung wird mit Soda ausgefällt, das ausgeschiedene Chromoxydhydrat abfiltriert, ausgewaschen, in Säure aufgelöst, darauf wieder mit Soda ausgefällt, was man so lange wiederholen soll, bis man ein völlig
reines Chromoxydhydrat erhält. (Diese wiederholte Aus-
fällung ist aber ganz überflüssig, weil das gerbende Chromsalz
auch aus unreinen Brühen die Blößen genügend anfällt und
außerdem die Chromverbindungen ziemlich rein im Handel
vorkommen.)

Das reine und neutrale Chromoxydhydrat wird in
Schwefel- oder Salpetersäure aufgelöst und ein Überschuß
von dem Chromoxydhydrat zugesetzt. Nach Absitzenlassen
des Niederschlages hängt man die Leder in die Lösung ein
und beläßt sie darin 12 bis 18 Stunden, bis sie genügend Chrom
aufgenommen haben. Die zurückbleibende Flüssigkeit läßt

sich immer wieder verwenden, indem man das darin enthaltene abgesetzte Chromhydroxyd aufrührt, wodurch die Flüssigkeit von neuem mit Chromhydroxyd gesättigt wird; dies läßt sich so lange wiederholen, als noch ungelöstes Chromhydrat in der Flüssigkeit vorhanden ist. Die herausgenommenen Häute läßt man abtropfen und gibt sie dann in eine wässerige Abkochung von Blauholz, wodurch eine echte Färbung des mit Chrom gebeizten Leders zustande kommt.

Dieses Verfahren ist also nichts anderes, als eine kombinierte vegetabilische Gerbung mit der Chromgerbung, die tatsächlich gute Resultate liefert. Nur darf man nicht erwarten, daß man ohne Fettung auskommt, oder daß die im Leder abgelagerte Chromverbindung als Vorbeize zum Ausfärben dienen könnte. Daß das wiederholte Auflösen des Chromhydrats ganz unnötig ist, wurde schon erwähnt. Es genügt, wenn man das Chromoxydsalz durch Zusatz einer richtigen Menge Soda basisch macht. Selbstverständlich ist zur Ausführung der kombinierten Chrom- und Lohegerbung die Benutzung dieses Patentes nicht nötig.

16. Kombinierte Gerbverfahren für braune und schwarze Sattlerleder.

Zu Geschirr, Riemen u. dgl. muß das Leder zähe, fest und elastisch sein, dabei eine gewisse Widerstandsfähigkeit gegen äußere Einflüsse besitzen; deshalb soll das Hautgewebe weder beim Weichen noch beim Äschern angegriffen werden. Früher suchte man dies, z. B. bei dem sog. ungarischen Alaunleder, dadurch zu erreichen, daß man nur grüne Häute verarbeitete, deren Haare einfach abgeschnitten, gewissermaßen wegrasiert wurden. Diese umständliche Arbeit, welche außerdem ein unansehnliches Leder liefert, kann entweder durch die neueren Schwitzmethoden oder durch Anschwöden mit Schwefelnatrium oder Kalziumsulfhydrat ersetzt werden. Wenn man entweder einen Brei aus Kalkmilch und Schwefelnatrium oder das letztere allein auf das Leder aufträgt, so werden die Häute in einigen Stunden haarlockerig und man kann die Haare sauber herunterbringen, so daß der Narben, ohne angegriffen zu werden, gelockert und für die Reinigung vorbereitet wird.

Die enthaarten Blößen werden dann in einem frischen Äscher geäschert, um anzuschwellen und das Fleisch mürbe zu machen, und entfleischt; das Entkälken geschieht am besten mit einer Säure (Salzsäure oder Milchsäure) in bekannter Weise; in England wird noch eine Tauben- oder Hühnermistbeize gegeben, die auch mit Oropon ausgeführt werden könnte.

Die so vorbereiteten Blößen werden nun in vegetabilischen Brühen abgefärbt bzw. von beiden Außenflächen angegerbt, worauf man sie alaungar macht und mit Fett imprägniert. Nun kann man die Herstellungsweise so führen, daß man die verschiedenen Eigenschaften erzielt, wie sie für die mannigfaltigen Zwecke, denen das Leder dienen soll, erforderlich und erwünscht sind. Insbesondere hinsichtlich der Gerbung kann das Leder schon von Anfang an in verschiedener Weise behandelt werden, indem man die Alaun- oder die Lohegerbung oder die Fettung vorherrschen läßt. Es liegt so in der Hand des Gerbers, ob er ein Leder erzielen will, das sich in seinen Eigenschaften mehr dem alaungaren, dem lohe- oder fettgaren nähert. Auch ist es möglich die Gerbung so zu führen, daß man ein mehr oder weniger festes Leder, eine dunklere oder hellere Färbung, eine größere oder geringere Geschmeidigkeit erzielt, wie es gewünscht wird. Hier gerade kann ein erfahrener und einsichtiger Gerber seine Kunstfertigkeit zeigen.

Die Blößen werden nach dem Entkälken mit Wasser ausgewaschen [1]) und mit vegetabilischen Gerbstoffen abgefärbt. Dieses Abfärben geschah früher recht umständlich in mehreren Farben, die man sich durch Abkochen der Gerbstoffe in verschiedener Stärke herstellte, und die Blößen stufenweise von einer in die andere brachte, bis sie, manchmal erst nach 10 bis 15 Farben und längerer Zeit, die gewünschte Farbe angenommen hatten. Jetzt werden auch solche Extrakte hergestellt, die zwar weniger Gerbstoff, dagegen aber recht viel Farb-

---

[1]) „Ledertechnische Rundschau" 1910, Nr. 31 und „Collegium" Nr. 43 vom 21. I. 1911, S. 31.

stoffe enthalten, wie z. B. aus Fichtenlohe und Hemlock. Man löst die Extrakte auf und gerbt darin die Blößen, am besten in einem Haspelgeschirr, an und es genügt eine kurze Zeit, um ein gründliches Anfärben herbeizuführen.

Die angefärbten Blößen werden nun entweder direkt alaungar gemacht oder noch vorher stärker mit vegetabilischen Gerbstoffen angegerbt. Was das letztere betrifft, so betrachten wir die hierzu üblichen Verfahren als bekannt. Die Alaungerbung wird am besten in basischer Alaunbrühe durch Einhängen der Blößen ausgeführt, obwohl dazu auch ein Haspelgeschirr benutzt werden kann.

Zur Herstellung der basischen Alaunbrühe ·werden, je nach der Stärke der Alaungerbung, die man dem Leder beizubringen trachtet, für je 100 kg Blößen ungefähr 2 bis 4 kg Tonerdesulfat (oder 3 bis 5,5 kg Kalialaun) in 20 l warmem Wasser aufgelöst und mit einer 20%igen Sodalösung (man löst etwa 1 kg kalzinierte Soda in 5 l warmem Wasser auf) unter Umrühren so lange versetzt, bis sich ein ständiger Niederschlag zu bilden beginnt. Sollte sich versehentlich ein größerer Niederschlag gebildet haben, so setzt man einfach etwas Tonerdesulfat zu, worauf sich jener wieder auflöst. Die Bildung des Niederschlages ist ein Zeichen, daß sich bereits eine basische Tonerdeverbindung gebildet hat. Man gibt in die Grube oder das Geschirr so viel Wasser als nötig, setzt die basisch gemachte Alaunlösung und noch je 2 bis 3 kg Kochsalz zu und rührt tüchtig durch. In die so zubereitete Gerbbrühe werden die Blößen eingegeben und je nach Bedarf belassen. In dem Haspelgeschirr läßt man die Blößen immer eine halbe Stunde ruhen und wieder laufen.

Nach einigen Stunden sieht man nach, ob die Blößen genügend alaungar sind, was man an der Färbung des Schnittes erkennt. Je nachdem man die Blößen eine kürzere oder längere Zeit in der Alaunbrühe beläßt, wird auch die Alaungare geringer oder stärker sein; doch müssen die Blößen stets mit Alaun durchgegerbt werden, da sie sonst verdorben wären.

Die so gegerbten Leder werden abgetrocknet, dann anziehen gelassen und gereckt. Das Ausrecken geschieht auf der sog. Reckbank oder bei größerer Erzeugung mit einer Maschine. Um das Leder geschmeidig zu machen, kann es vor dem Schmieren auch gekrispelt werden. Es kommen so ziemlich weichere Leder heraus, die dann auch mit weicheren Fetten eingefettet werden. Die nach dem Recken wieder etwas abgelüfteten Leder werden auf der Narbenseite mit Tran, auf der Fleischseite mit einer warmen Mischung von gleichen Teilen säurefreiem Talg und hellem Tran, wozu ein klein wenig Moëllon zugesetzt werden kann, gefettet, dann in der angewärmten Trockenstube getrocknet und in halbtrockenem Zustande gestoßen oder plattiert.

Man erhält so lohfarbige Leder, die auch geschwärzt werden können. Dies geschieht genau so wie bei rein lohgarem Leder mit einer Abkochung von Blauholz und Eisenschwärze, unter eventuellem Zusatz von schwarzen basischen Anilinfarbstoffen.

Bei braunem Zeugleder werden auch Appreturen aufgetragen, die in folgender Weise hergestellt werden können: Der Narben des Leders wird, solange dieses noch feucht ist, mit einer Appretur aus zwei Teilen gebleichtem Leinöl und einem Teil Karnaubawachs gleichmäßig abgerieben. Das Wachs wird kleingeschnitten und in dem heißen Leinöl aufgelöst. Sobald das Leder trocken ist, wird es vom Narben abgebürstet und mit einem Flanellballen nachgeglänzt. Diese Appretur zeigt einen matten Glanz und macht den Narben teilweise wasserdicht.

Für die Fleischseite bereitet man die folgende Appretur: Man löst in bekannter Weise 100 g Gummitragant in 1 l warmem Wasser in einem größeren Gefäß auf; in einem zweiten werden 60 g Reisstärke in 1 l siedendem Wasser aufgekocht und der ersteren Lösung zugesetzt. Dann löst man in der Mischung noch 100 g Stearin mit 50 g Borax auf und gibt unter Umrühren 100 g Federweiß allmählich ein. Man rührt so lange, bis die Mischung teigartig erstarrt. Man trägt die Appretur mit einem Flanellballen oder einer weichen Bürste nicht zu stark auf.

Will man festeres Leder herausbringen, so werden die Blößen weder geäschert noch gebeizt, sondern kommen nach dem Abhaaren und Entfleischen direkt in die Farben, die man etwas stärker hält, wogegen man die Alaungerbung schwächer gibt. Zuletzt werden auch mehr starre Fette gegeben, z. B. Talg und Stearin, die man von beiden Seiten warm aufträgt. Hierdurch wird zwar der Narben dunkler, was aber bei schwarzem Leder nichts ausmacht.

Zuletzt sei noch bemerkt, daß jetzt viel Sattlerleder auch mit reiner Chromgerbung (siehe hierüber „Handbuch der Chromgerbung" S. 592) oder mit ihr kombiniert hergestellt wird. Namentlich nach einer reinen Alaungerbung dürfte die Chromnachgerbung gute Resultate ergeben, indem dadurch ein bedeutend festeres und auch mit warmem Wasser abwaschbares Leder hergestellt werden könnte.

17. Kombinationsgerbverfahren für Schaffelle.

Mit diesem Gerbverfahren werden zweierlei Ledersorten hergestellt, wobei die ersteren mit der Maschine geglänzt, während die anderen matt zugerichtet werden. Bei der ersten Type herrscht die vegetabilische Gerbung vor, während bei der anderen mehr die Alaungerbung überwiegt, wobei noch eine intensivere Fettung herangezogen wird.

Zur Herstellung des *Glanz-Marokko*, das auch *Glacé-Dongola* genannt wird, also von Ledern der ersten Type, empfiehlt H. R. Procter das nachfolgende Verfahren, welches er in einer der größten amerikanischen Fabriken zu beobachten die Gelegenheit hatte.

Zu dieser Ledersorte werden die sog. Patnas, ostindische getrocknete Ziegenfelle, verarbeitet. Man weicht die Felle zuerst 2 bis 3 Tage tüchtig ein, streckt sie dann auf dem Baum mit einem stumpfen Messer aus und äschert sie im Kalk, dem etwas Schwefelarsen zugesetzt wird, ungefähr 10 Tage, ähnlich wie dies in der Weißgerberei beim Glacéleder geschieht. Man setzt etwa 1 % des Kalkgewichtes an Gift zu, das man wie üblich mit dem Kalk zugleich ablöscht. Die Felle kommen zuerst in einen bereits gebrauchten Äscher, der nach Herausnahme der Partie zugebessert wird.

Aus dem Äscher werden die Felle enthaart, was zumeist mit der Vaughnschen Enthaarmaschine geschieht, bei der die aufsteigende Tafel mit einer Gummiplatte bedeckt ist. Die enthaarten Felle werden in einem Walkfaß bei zu- und abfließendem Wasser ausgewaschen und dann noch gewöhnlich, die ganze Partie auf einmal, vermittelst einer durchlöcherten Stampfe, die mit Füßen betrieben wird, gestampft.

Die gestampften Felle werden in einem Haspelgeschirr mit Hundekotbeize gebeizt, wobei sie nur zeitweise laufen, in den Intervallen werden die Felle umgelegt. Die Beize wird wie gewöhnlich lau angewandt. Nach 16 Stunden in einer alten Kotbeize ist das Fleisch genügend gelockert und wird auf einer Jonesschen Entfleischmaschine abgezogen. Diese Maschine ist derjenigen von Whitney ähnlich; auch sie ist mit einer Walze mit spiralförmig gekrümmten Messern versehen, unter welche die Felle auf einer endlosen Gummiplatte, durch zwei Walzen angespannt, gebracht werden. Nach dem Entfleischen kommen die Felle auf 16 Stunden in die frische Kotbeize und werden dann in derselben Maschine geglättet, nachdem die Entfleischwalze durch die Glättwalze ersetzt wurde. Hierauf gibt man die Felle in eine gewöhnliche Kleienbeize, worin sie 2 bis 3 Stunden bis zum Aufsteigen verbleiben; nachdem sie genügend gebeizt sind, werden sie herausgenommen und auf dem Baum reingestrichen.

Die reinen Blößen werden mit Tran bespritzt und kommen zum Gerben in ein Haspelgeschirr, von der in Amerika üblichen Form. Für jede Partie Felle wird eine frische Gambierbrühe bereitet, der gleich zu Anfang Kochsalz zugefügt wird; den Alaun setzt man dagegen erst gegen Ende der Gerbung zu. Für ein Dutzend Felle werden etwa 2 kg Blockgambier, 250 g Kalialaun und 125 g Kochsalz verwendet. Man läßt darin die Felle etwa 24 Stunden laufen.

Nach vollendeter Gerbung werden die Felle in einem Walkfaß tüchtig ausgewaschen, damit der nicht gebundene Gerbstoff und Alaun weggehen, darauf durch Abpressen,

Zentrifugieren oder Ablüften teilweise getrocknet und in demselben Faß gefettet. Zum Fetten wird eine Fettbrühe verwendet, die aus einer Emulsion von Olivenöl oder Weißgerberbrühe und einer schwachen Sodalösung besteht, worin die Felle gut gewalkt werden. Für 100 kg Trockengewicht werden ungefähr 12 l Weißgerberdégras oder 8 l Olivenöl und 500 g kalzinierter Soda verwendet.

Nach dieser Einfettung werden die Felle zunächst zwei Tage durch ausreichenden Luftwechsel, nicht mit Wärme, getrocknet, worauf erst nötigenfalls auch künstliche Wärme angewandt werden kann. Die getrockneten Felle werden mit Wasser besprengt, um feucht zu werden, darauf mit einer Roodschen Falzmaschine gefalzt und mit irgend einer Maschine gestollt. Zum Stollen wird zumeist die Bowersche Stollmaschine verwendet, weil sie aus Holz hergestellt und so für leichte Felle besonders gut geeignet ist.

Die gestollten Leder werden mit einer Schmirgelwalze abgeschliffen, doliert, und in einem Färbefaß blau gefärbt. Hierzu wurde früher eine Blauholzabkochung angewandt, die zugleich als intensive Grundierung für das nachfolgende Schwärzen mit der Eisenschwärze diente, das mittels der Bürste auf der Tafel ausgeführt wird. Jetzt verwendet man hierzu häufiger eine Lösung von Anilinblau oder Methylviolett, worauf der Narben mit einer Tintenschwärze geschwärzt wird. Durch diese Blaufärbung erzielt man eine gleichmäßige Färbung der Fleischseite und eine Imitation des französischen Kidleders.

Die blaugefärbten Häute werden auf der Tafel geschwärzt, wobei man sie mit einem Schlicker ausstreicht, damit die Fleischseite nicht beschmutzt wird. Auf die Narbenseite werden nacheinander drei Flüssigkeiten aufgetragen, die in drei Farbkästen bereit stehen; zunächst eine schwache Lösung von Kristallsoda mit ein wenig Kaliumbichromat, dann eine starke Blauholzbrühe und zuletzt eine Eisenlösung, und zwar entweder eine verdünnte Lösung von holzessigsaurem Eisen oder einfach eine Lösung von Eisenvitriol. Es ist wichtig, daß die Eisenlösung nicht im Überschuß, sondern in der Menge verwendet wird, wie sie zum Dunkeln des Blauholzes unbedingt nötig ist, weil ein Überschuß davon ein mattes Schwarz hervorbringt und das Leder schädigt[1]). Wird das Schwarz durch eine Operation nicht tief genug, so wird sie wiederholt.

Die geschwärzten Felle werden, wie üblich, auf Latten aufgehängt und womöglich schnell mit Hilfe von künstlicher Hitze getrocknet. Die getrockneten Felle werden mit Wasser besprengt, in Stapel geschichtet und gut zugedeckt ungefähr 12 Stunden liegen gelassen, damit sie gleichmäßig anziehen; durch die rasche Trocknung sind sie häufig zusammengekrümmt und müssen vor der weiteren Zurichtung durch Befeuchten flach gelegt werden. Darauf werden sie mit der Maschine, manchmal auch mit der Hand ausgereckt, auf der Narbenseite mit einer Maschine ausgebürstet und nochmals getrocknet.

Auf die völlig getrockneten Felle wird eine Blutappretur aufgetragen, welche derjenigen für Marokkoleder (S. 82) ähnlich ist. Die Felle werden dann an der Luft getrocknet und mit der Glasrolle auf der Glanzstoßmaschine geglänzt. Von den Glanzstoßmaschinen werden verschiedene Konstruktionen (von Bowers, Vaughn, Weber, Whitney u. a.) benutzt. Die Felle werden wiederholt appretiert und geglänzt, bis der gewünschte Glanz erreicht ist; schwere Leder werden, wenn nötig, ausgereckt und dazwischen glanzgestoßen.

Bei dieser Methode ist das Leder größtenteils katechugar, da der Alaun erst zum Schlusse der Gerbung zugesetzt wird und so auf das bereits mit vegetabilischem Gerbstoff gegerbte Leder nur in geringem Maße gerbend einwirken kann. Der Alaun wirkt hier höchstens ein wenig lockernd auf das Fasergewebe, hauptsächlich aber als Grundiermittel für das leichte Anfallen der Blauholzbrühe, was später das Entstehen eines hohen Glanzes durch die Stoßmaschine recht wirksam unterstützt.

---

[1]) Siehe „Das Färben des lohgaren Leders" (Leipzig, B. F. Voigt, 1900), S. 163 u. ff.

Sehr gute *Imitationen des Glacé - Dongola* kann man durch die kombinierte Gerbung namentlich aus jenen Häuten erhalten, die bereits teilweise — nicht völlig — lohgar gemacht wurden, wie die ostindischen Schaf- und Ziegenfelle, welche gerade infolge ihrer leichten Vorgerbung mit vegetabilischem Gerbstoff besonders für die mineralische Nachgerbung empfänglich sind. Die Zurichtung dieser halblohgaren Felle ist in Amerika (besonders in Peabody, Mass., aber auch in anderen Städten), in England und Deutschland (z. B. in Kirn) ein wichtiger Fabrikationszweig. Bei flottem Absatz werden wöchentlich mehrere Tausend Dutzend dieser Felle verarbeitet.

Das sämtliche Morocco-leather, das in den Vereinigten Staaten aus behaarten Fellen hergestellt wurde, ist chromgar, wodurch es weich, milde und elastisch wird, dabei aber einen künstlichen Narben nicht annimmt. Dazu sind gerade die indischen Ziegenfelle am Platze, die eine zwar schwache, aber ziemlich lange Gerbung durchgemacht haben und so fest und stark zu Narbenleder besonders geeignet sind. Sie werden daher zu billigem Kidleder von schöner und heller Farbe, zu Matt- oder auch Glanz-Dongola für Schuhleder verarbeitet. Einiges Marokkoleder wird in Nordamerika mit Sumach hergestellt.

Die Chromnachgerbung dieser Felle haben wir bereits besprochen; hier führen wir die Kombinationsgerbung mit Alaun an.

Bevor man die ostindischen Felle mit Alaun nachgerbt, so muß man auch hier zunächst jenen Anteil des vegetabilischen Gerbstoffes, der in dem Hautgewebe lose abgelagert ist, möglichst beseitigen, damit er den gerbenden Mineralsalzen Platz macht. Dies geschieht mit lauwarmem Wasser, dem man zur Unterstützung der Wirkung ein schwaches Alkalisalz, z. B. doppeltkohlensaures Natron oder Borax zusetzt; es werden ungefähr $2^0/_0$ dieser Salze verwendet; manchmal benutzt man hierzu auch die kalzinierte Soda, wovon $1^0/_0$ genügen dürfte, aber diese wirkt viel zu schnell (siehe S. 88). In dieser alkalischen Brühe lösen sich nicht nur die Gerbstoffe, sondern auch deren Spaltungsprodukte auf.

Während dieser Behandlung mit alkalischen Salzen müssen die Felle möglichst vor Luft und Licht bewahrt werden, da durch Einwirkung des Luftsauerstoffes aus den vegetabilischen Gerbstoffen dunkel gefärbte, unlösliche Stoffe entstehen, welche die Farbe der Felle stark nachdunkeln; dieser Prozeß wird durch die Einwirkung des Lichtes noch unterstützt. Die Felle können aber bedeutend aufgehellt werden, wenn man die dunklen alkalischen Lösungen so viel wie möglich mit lauwarmem Wasser auswäscht und die Felle dann in eine schwache wässerige Lösung von Oxalsäure oder Salzsäure einlegt, wie dies beim Aufhellen von lohgarem Leder üblich ist. Aber wie wir bereits früher bei dem Semichromleder gesehen haben, stellt man sich mit der Beseitigung des überschüssigen vegetabilischen Gerbstoffes zufrieden, ohne die Felle weiter mit Säuren aufzuhellen, da dies mit der nachfolgenden Alaungerbung ohne weiteres geschieht.

Die Felle werden dann mit einer ziemlich starken Lösung von Kochsalz und Alaun nachgegerbt, indem sie mit 10% vom Gewichte der feuchten Felle an Kalialaun (oder 7% Tonerdesulfat) und 5% Kochsalz in einem Walkfasse in bekannter Weise behandelt werden. Anstatt der normalen Tonerdesalze verwendet man nach H. R. Procter zweckmäßiger basische Tonerdesalze, die man leicht durch Versetzen der Lösung von 3 Teilen Kalialaun oder 2 Teilen Tonerdesulfat mit etwa 1 Teil Kristallsoda herstellt, wo dann kein Kochsalz zuzusetzen nötig ist (s. S. 21).

Die Fettung und Zurichtung dieser Imitation geschieht genau so, wie bei dem echten Glanzdongola. —

Anstatt der Mineralsalze allein können zur Nachgerbung auch Mineralsalze mit den vegetabilischen Gerbstoffen zusammen verwendet werden, wie es bei der zweiten Type der Dongolagerbungen von Kalbfellen (S. 66) beschrieben wurde. Man bedient sich dabei gewöhnlich des Gambiers oder Katechu und Alaun mit Kochsalz oder mit dem basischen Tonerdesalze in einer Gerbbrühe. Will man die Leder milder und voller herausbekommen, so könnte man noch eine Glacé-gare nachfolgen lassen, oder die Felle nach der Ausgerbung wenigstens mit im Wasser verrührtem Weizenmehl behandeln.

Man kann auch aus Schaffellen ein billiges Oberleder nach Dongolaart herstellen, wodurch man ein genügend haltbares Produkt erhält. Die Arbeitsweise ist derjenigen für Ziegenfelle ähnlich, wie wir sie in dem nachfolgenden Absatz angeben, nur muß hier die Äscherung viel milder als bei Ziegenfellen gegeben werden, ja sie wird noch schwächer als sonst bei Schaffellen gehalten. Die Gerbung und Zurichtung ist aber mit derjenigen bei Ziegenfellen völlig gleich.

18. Kombinationsgerbverfahren für Ziegenfelle.

Ziegenfelle werden in Amerika zu Dongolaleder ähnlich wie Kalbfelle zugerichtet, nur werden sie in der schwachen Gerbbrühe statt acht nur etwa sechs Tage gegerbt. Nach der Gerbung werden die Felle abtropfen und leicht abwelken gelassen, hierauf in einem Fettwalkfaß 1 bis $1^1/_2$ Stunden leicht gefettet, wobei für je ein Fell nach seiner Größe 60 bis 80 g einer Mischung von Tran und Knochenöl gerechnet werden.

Nach dem Fetten werden die Felle getrocknet und können entweder noch nachgegerbt oder direkt auf Hochglanz-Chevreaux zugerichtet werden. Für beide Eventualitäten werden die Felle eine Zeitlang abgelagert und dann durch Aufhängen in einer Dunstkammer, durch Einlegen in feuchte Sägespäne oder Durchziehen im Wasser und Aufschichten in Stopeln gleichmäßig feucht gemacht. So vorbereitete Felle werden gefalzt und sortiert.

Die zu Glanzchevreau aussortierten Felle werden in der Blauholz- oder Anilinfarbenflotte durchgefärbt, dann auf der Tafel geschwärzt, ausgereckt und zum Trocknen aufgespannt. Die getrockneten Felle werden nochmals ausgereckt, mit der Glänze bestrichen und mit der Maschine glanzgestoßen.

Die übrigen Felle werden in lauwarmem Wasser aufgeweicht und dann im Faß mit Gerbbrühen nachbehandelt.

Zu diesem Nachgerben dienen Katechu, der Sumach-, Kastanien-, Mangroveextrakt u. a., sowie deren Gemische. Je nach der Stärke der Brühe ist die Nachgerbung in 4 bis 6 Stunden beendet, wobei die Gerbbrühe durch Zusatz von frischem Extrakt zeitweise verstärkt wird. Die nachgegerbten Felle werden dann aufgetrocknet, gleichmäßig anziehen gelassen, auf der Maschine ausgereckt, zum zweiten Male gefettet und fertig zugerichtet. —

W. Eitner empfiehlt das nachfolgende Verfahren:

Die getrockneten Ziegenfelle werden im Wasser völlig erweicht, dann zuerst in einen alten, angeschärften Äscher eingelassen, aus dem man sie in einen frisch angeschärften Äscher überzieht; zum Anschärfen kann Schwefelarsen, Schwefelnatrium oder Kalziumsulfhydrat verwendet werden. In dem alten Äscher verbleiben die Felle 4 bis 6 Tage, in dem frischen 6 bis 8 Tage und werden dann abgehaart. Bei mäßigem Anschärfen werden die Haare, welche wertvoller sind als das Kalbshaar, nicht angegriffen, dagegen wird die Haut gut erweicht und für den Schwelläscher vorbereitet. Die gehaarten Felle kommen nämlich in einen reinen Kalkäscher, der frisch gehalten werden muß, damit die Felle tüchtig anschwellen, wozu 6 bis 8 Tage genügen.

Aus dem Schwelläscher kommen die Felle auf 24 Stunden in die Glättbrühe, dann in ein Läuterfaß, worin sie mit mäßig erwärmten Wasser so lange getrieben werden, bis sie zum größten Teil aus der Äscherschwulst verfallen. Von hier gibt man die Felle in ein Waschfaß und behandelt sie dort bei zu- und abfließendem Wasser eine Stunde lang, wonach sie glatt und ziemlich verfallen sind.

Es erfolgen nun die üblichen Fassonarbeiten auf der Fleisch- und Narbenseite, dann eine Kleienbeize, aus der die Felle abgezogen und zur Gerbung gebracht werden. Die Angerbung wird in Haspelgeschirren, ähnlich wie vorher bei der amerikanischen Methode angegeben wurde, mit sehr schwachen Farbenbrühen aus Alaun, Salz und Katechu ausgeführt.

Beim erstmaligen Gerben solcher Leder wird die Gerbebrühe, wie oben angegeben, angestellt und auch die Gerbung
unter dem vorgeschriebenen Zubessern zu Ende geführt. Die
zweite Partie Felle wird in einem zweiten Haspelgeschirre in
gleicher Weise begonnen, darin jedoch nur bis zum dritten
und vierten Tag geführt, worauf sie in das inzwischen ausge-
leerte erste Haspelgeschirr umgezogen wird, in dem sich eine
stärkere, bereits gebrauchte Brühe befindet, weil sie hier
doppelt so oft als in dem ersteren verstärkt wurde; hier werden
die Felle unter dem vorgeschriebenen regelmäßigen Verstärken
der Brühe weiter behandelt.

Man erhält so zwei Farbengänge, einen schwächeren für
den Beginn und einen stärkeren für die Weitergerbung, wobei man die Brühe nicht wegzugießen und immer neu anzustellen braucht; eine Brühe jedoch, in der die ganze Gerbung
durchgeführt wurde, ist zum Angerben zu stark. Die Ziegenfelle dürfen nämlich in nicht zu starken Gerbebrühen angegerbt
werden, da sie sonst sehr leicht einen falschen Narben ziehen,
der sich dann nicht mehr entfernen läßt.

Anstatt des Katechu kann man hier auch den Sumachextrakt verwenden, nur muß man anstatt 1 kg Katechu etwa
$1^1/_2$ kg Sumachextrakt (oder auch R-Katechu) nehmen. Man
erspart dabei das lästige Auflösen und Klären des Katechu;
dabei ist ein Umstehen der Sumachbrühen nicht zu befürchten,
weil der zugesetzte Alaun und Kochsalz als Konservierungs-
mittel dienen.

Nach dieser Vorgerbung können die Felle zur Herstellung
von echtem Chevreaux oder zu einer Chevreauximita-
tion aussortiert werden.

Für echte Chevreaux werden die Felle in reinem Wasser
tüchtig ausgewaschen, dann ausgeringt oder ausgeschleudert
und mit einer Glacégare aus Alaun, Kochsalz, Eigelb und
Mehl in der üblichen Weise nachgegerbt.

Für das imitierte Chevreaux werden die Felle abtropfen
gelassen, im Faß durch Walken mit Tran (60 bis 80 g pro Fell)
leicht gefettet, getrocknet und wie noch später angegeben
wird, zugerichtet.

Felle, die zu Dongola verarbeitet werden sollen, bringt man, nachdem sie nach der Vorgerbung abgetropft sind, direkt in die Treibfarbe, die in einem Haspelgeschirr oder in einem Drehfaß gegeben wird, worin sie nachgegerbt werden.

Die in Amerika üblichen Zurichtarbeiten hält W. Eitner für überflüssig und empfiehlt das nachfolgende Verfahren. Bei der Farbengerbung werden Brühen verwendet, die mit 15° beginnen und mit 25° Bark. aufhören; bei der Faßgerbung können die Brühenstärken um 5° höher sein. Als Gerbmaterial können Sumach oder Sumachextrakt, sulfitierter Quebrachoextrakt, allein oder mit Eichenholz-, Kastanienholz- oder Fichtenrindenextrakt, auch Knoppern oder Knoppernextrakt verwendet werden. Dagegen sind Myrobalanen, Divi-Divi, Algarobilla nur mit Vorsicht verwendbar, da sie auf derartigem Leder leicht einen brüchigen Narben verursachen. Zur Ausgerbung im Faß genügt ein Tag, in Farben sind 6 bis 8 Tage nötig. Die ausgegerbten Felle werden im Wasser abgespült, dann aufgeschlagen und abrinnen gelassen. Nach etwa 24 Stunden bekommen die Felle, ehe sie austrocknen, im Faß eine leichte Fettung mit Tran (60 bis 70 g auf ein Fell), wobei man das Faß etwa eine Stunde laufen läßt.

Die aufgetrockneten Felle können nun nach irgend einer üblichen Zurichtmethode für diese Ledersorte zu Schwarz oder auch farbig fertig gestellt werden.

Diese Methode der Dongolagerbung ist die einfachste, welche bei Ziegenfellen zu Schuhleder gute Resultate liefert. Beim Leder zu Galanteriewaren ist die bisher benutzte Sumachgerbung völlig ausreichend, da von diesem Leder der Effekt der Dongolagerbung, nämlich die Weichheit bei großer Zähigkeit, nicht verlangt wird.

Procter hat noch ein anderes Verfahren zur Herstellung einer Dongolaimitation anempfohlen, das ein sehr zähes und wasserdichtes Leder liefert [1]).

Die Felle werden danach in einer Seifenlösung bearbeitet, die recht dick hergestellt, aber nur in solcher Menge gegeben wird, daß sie das Leder fast völlig aufnimmt. Man kann

---

[1]) „The Leather Trades Review" 1899, Nr. 686, S. 605.

jede Seife verwenden, aber die besten Resultate werden mit der neutralen Rizinusölseife erhalten. Für Matt kann man der Seife Rizinusöl, Klauenfett und Talg zusetzen, damit eine recht fetthaltige Brühe entsteht; für Glanzleder läßt man die Fettstoffe aus und ersetzt sie durch das Türkischrotöl. Das Gemisch kann entweder in das völlig trockene oder gut abgetropfte Leder eingewalkt werden; am besten knetet man damit das Leder in einem Bottich und walkt es dann eine kurze Zeit im Schmierwalkfaß, damit sich das Fett gleichmäßig in dem Hautgewebe verteilt.

Für **Mattdongola** nimmt man 10% Rizinusölseife und 5 bis 10% Rizinusöl, vom Gewichte des trockenen Leders gerechnet; die Fette werden in soviel warmem Wasser emulgiert, als die Felle leicht aufnehmen können. Die Leder schwellen darin stark auf und werden dann mit einer Lösung von basischem Tonerdesulfat zusammengebracht, was bei geringer Anzahl von Häuten einfach durch Einlegen und Einkneten mit den Händen durch einige Stunden geschehen kann. Für 100 kg trockenes Leder löst man 5 kg Tonerdesulfat in 1 hl heißem Wasser auf und zugleich 1 kg kalzinierter Soda in 10 l Wasser; man setzt unter Umrühren die Sodalösung zu der Alaunlösung zu, bis sich ein ständiger Niederschlag zu bilden beginnt. Wurde zum Fetten Türkischrotöl verwendet, so empfiehlt es sich, zu der Alaunlösung 5 kg Kochsalz zuzusetzen. Diese Lösung festigt die Seife im Leder vollständig, so daß man es tüchtig auswaschen kann, um sämtliche lösliche Stoffe zu beseitigen.

Solange das Leder feucht ist, fühlt es sich unangenehm klebrig an, was aber nach dem Trocknen verschwindet. Es ist recht fest und dabei auch wasserdicht, es läßt sich auch ebensogut wie das Ziegenleder schwärzen oder mit basischen Anilinfarbstoffen buntfärben. Felle, die von Natur aus ziemlich fettfrei sind, können auch geglänzt werden; bei ostindischen Schaffellen würde aber das Fett durchschlagen und den Glanz trüben, ausgenommen, daß die Felle vor der Gerbung entfettet worden sind.

Anstatt mit dem basischen Tonerdesulfat würde man auch hier mit basischen Chromsalzen ebenso gute Resultate erhalten.

9*

III. Kombinierte Mineralgerbungen.

Bei den Mineralgerbungen wird zumeist die Chromgerbung mit der Alaungerbung kombiniert, aber man führt auch mit Chromsalzen allein eine kombinierte Gerbung aus, die als Chromdreibadverfahren bekannt ist, und wir wollen zunächst diese besprechen.

a) Chromdreibad-Gerbverfahren.

Bekanntlich läßt sich das Zweibad-Chromleder von dem Einbadleder unterscheiden, was zunächst darin seinen Grund haben mag, daß bei dem ersteren Verfahren Schwefel auch in dem Hautgewebe selbst ausgeschieden wird, wodurch ein heller gefärbtes und weicheres Leder herauskommt. Dagegen lagert sich bei dem Zweibad viel weniger Chrom als bei dem Einbad im Leder ab, durch welches recht viel Chrom in die Haut eingebracht werden kann; ein solches mit Chrom sattgegerbtes Leder ist jedoch in der Regel kein besonders gutes Produkt. Aber man kann das Leder auch durch die beiden Chromgerbverfahren kombiniert ausgerben.

Dabei kann die Blöße zuerst entweder nach dem Zweibad- oder nach dem Einbadverfahren vorgegerbt werden. Nun wird aber die Chromsäure ganz anders von der Blöße aufgenommen, als von einem bereits chromgaren oder mit Chrom vorgegerbten Leder. Das Chromisalz des Einbadleders geht durch Einwirkung der Chromsäure in Chromichromat über, das eine weitere Aufnahme der Chromverbindung erschwert, wenn nicht völlig verhindert. Hieraus ist ersichtlich, daß eine Vorgerbung nach dem Einbad- und eine Nachgerbung nach dem Zweibadverfahren weniger zweckmäßig ist und nur ausnahmsweise Verwendung finden dürfte. Es kann ja bei der nachfolgenden Reduktion auch nur wenig Schwefel in dem Hautgewebe abgeschieden werden, weil die Zwischenräume schon teilweise durch die abgelagerten Chromverbindungen angefüllt sind.

Nur in einer Hinsicht könnte die Vorgerbung nach dem Einbadverfahren einen Vorteil bieten. Bei der Aufnahme der Chromsäure durch die Blöße wird nämlich ein mehr oder weniger großer Anteil der Hautsubstanz durch jene starke Säure zersetzt, geht dann in die Gerbbrühe über und ist demnach für das Leder verloren. Wird aber die Hautsubstanz in dem Chromeinbade fixiert, so kann sie dann in der ersten Chromsäurebrühe des Zweibadverfahrens nicht mehr angegriffen werden. Wo sich also, wie z. B. bei Riemen und namentlich bei Schlagriemen, darum handelt, die Hautsubstanz völlig zu erhalten, damit eine möglichst große Reißfestigkeit erreicht wird, dort wäre dieses Verfahren, richtig angewendet, völlig am Platze. Jedenfalls müßte dann die Einbadgerbung nur als eine bloße Angerbung gedacht und auch ausgeführt werden, um hierauf das Zweibad zur völligen Ausgerbung zu benutzen. Hieraus folgt, daß man eine schwächere Einbadbrühe verwenden muß und darin die Blößen gerade nur so lange beläßt, bis sie von Chrom durchgebissen sind.

In der Regel wird also eine Einbadgerbung nachfolgen, aber es werden hierzu verschiedene, auch völlig ungeeignete Verfahren anempfohlen, die dem vorgehabten Zwecke nicht entsprechen können. Wie die einzelnen Chromgerbungen auszuführen sind, können wir nicht auseinandersetzen und müssen den Leser wegen Platzmangel auf das „Handbuch der Chromgerbung" verweisen. Wir wollen hier nur ein Dreibadverfahren von W. Eitner erwähnen, das recht einfach und dabei ganz zweckmäßig ist.

Die Blößen erhalten zunächst im Walkfaß einen normalen Pickel, den man für je 100 kg Blößen mit 10 kg Kochsalz und 1 kg englische Schwefelsäure (von 66° Bé.) anstellt. Man gibt am besten zuerst Wasser, dann die Blößen herein, läßt laufen und setzt während des Umdrehens durch die hohle Welle den mit Wasser verdünnten Pickel zu. Man walkt darin die Blößen ein bis zwei Stunden lang, je nach ihrer Dicke, und setzt dann in das Gerbfaß, etwa in zwei Portionen, 3 kg Bichromat in 10 l lauwarmem Wasser gelöst zu. Man läßt weitere zwei Stunden laufen und überzeugt sich, ob die Blößen durch sind. Ist dies nicht der Fall, so läßt man noch einige Zeit laufen und setzt hierauf in das Faß, ohne die Blößen herauszunehmen, eine Lösung von 15 kg Thiosulfat in 100 l lauwarmem Wasser zu und läßt weiter laufen, worauf noch 5 kg Salzsäure (von 21° Bé. eisenfrei) mit etwa 20 l Wasser verdünnt nach und nach durch die hohle Welle eingeführt werden.

Durch das Thiosulfat wird das chromsaure Salz zum gerbenden Chromsalz reduziert, und zwar zuerst dasjenige, welches sich noch im Fasse befindet, dieses fällt die Blößen rasch an und veranlaßt die braune Chromdioxydgerbung. Durch den weiteren Säurezusatz wird das Thiosulfat zersetzt, die schweflige Säure wird frei und die Chromverbindungen in dem Leder selbst zu blaugrüngerbenden Verbindungen reduziert. Dabei ist die Brühe am Ende so ausgezehrt, daß man an ihr kaum eine grünliche Farbe wahrzunehmen vermag. Das Chrombad wird dadurch also fast gänzlich ausgenutzt und es sollen schöne Leder herauskommen.

„Man hat hier in einem Bade eine komplette Dreibadgerbung erhalten, bei möglichster Ökonomie an Materialien, Zeit und Arbeit, sowie bei ganz gleichem Effekt, den man sonst mit geteilten Brühen erreichen kann, wie dies durch vergleichende Versuche wiederholt nachgewiesen wurde."

Will man für gewisse Zwecke ein Chromleder erhalten, das infolge der Schwefeleinlagerung einen sehr hellen Narben besitzen soll, so braucht man nur den Zusatz von Thiosulfat bis auf 20 kg und denjenigen der Salzsäure auf etwa 10 kg zu erhöhen.

Manchmal wird anempfohlen, die Blößen mit saurer Chromlösung anzugerben, z. B. mit einer angesäuerten Chromalaunlösung, aber ein solches Verfahren kann nicht zweckmäßig ausfallen. Die Haut nimmt aus solcher Lösung zumeist Säure und nur wenig Chrom auf; die Lösung wirkt demnach bloß als Pickel, worin der Chromalaun das Kochsalz vertritt. Man erreicht den gleichen Zweck viel besser und billiger mit Kochsalz und Säure, also mit einem richtigen Pickel, wo dann der höhere Preis für den Chromalaun erspart ist. Am besten gerbt man zunächst mit dem Zweibad schwach an und gerbt mit der Einbadbrühe aus, was ohne große Mühe und mit gutem Erfolg geschieht.

b) Kombinierte Chrom- und Aluminiumgerbungen.

Die Kombinationsgerbungen mit Chrom- und Tonerdesalzen haben in letzter Zeit große Verbreitung gefunden. Man will dadurch den Ledern die guten Eigenschaften der beiderlei Gerbungen beibringen. Die Alaungerbung, wie man die Tonerdegerbung gewöhnlich nennt, macht das Leder mild, weich und zügig, wie man es durch die Chromgerbung allein nicht erhält; die chromgaren Leder dagegen sind bedeutend widerstandsfähiger, sowohl gegen Wasser, Säuren und Alkalien, als auch gegen mechanische Einwirkung, und infolgedessen auch besser haltbar.

Bei richtiger Ausführung dieser Kombinationsgerbung erreicht man tatsächlich das gewünschte Resultat, nur ein volles Leder erreicht man nicht, eher umgekehrt. Will man ein solches erzielen, so muß noch Glacégare aus Eigelb, Weizenmehl und Kochsalz dazukommen, wodurch sich aber die Herstellungskosten sehr verteueren. Aus diesem Grunde werden manchmal noch Gerbungen mit vegetabilischen Gerbstoffen beigezogen, die ein mehr volles Leder ergeben. Häufig werden die mit Alaun und Chrom allein gegerbten Leder mit Chlorbarium oder Bariumsulfat beschwert, was nicht nur bei Unterledern, sondern auch bei Oberledern geschieht. Bei den letzteren macht man es nicht wegen einer Gewichtserhöhung, da die Leder ohnedies nur nach dem Flächenmaß verkauft werden, sondern eher um das Leder besser aufzufüllen und heller zu bekommen.

Es wird nämlich von der Kundschaft häufig ein recht helles Chromleder gewünscht, wie man es gerade durch die kombinierte Chrom- und Alaungerbung erhalten kann. Helle Chromleder erhält man auch mit der Schwefelgerbung, wovon noch später gesprochen wird (siehe den VI. Abschnitt), und man wendet diese Gerbung namentlich bei Schlagriemen an; aber der Schwefel gerbt das Chromleder zwar hell, aber nicht weißlich aus, sondern verleiht ihm eher eine gelbliche Farbe. Der Alaun gibt aber tatsächlich weißliche Leder, wobei das Weiß mit dem größeren Ausmaß der Alaungerbung überwiegt. Bringt man außerdem Chlorbarium oder Bariumsulfat in das Leder ein, so erhält man ein schön weißes Leder, wie es in letzter Zeit als Schuhoberleder viel verlangt wird.

Die Ausführung der kombinierten Alaun- und Chromgerbung ist nicht so einfach, wie man meinen könnte; schon das richtige Stadium, wann die beiden Gerbungen auszuführen sind, ist von großer Wichtigkeit. Auch bringt diese Kombinationsgerbung leicht einen rinnenden Narben hervor und es ist ziemlich viel Erfahrung nötig, um diesem Fehler auszuweichen.

Aus diesem Grunde ist es manchmal ratsam, statt der Alaungerbung einen stark sauren Pickel zu geben, wonach dann das Zweibad nachfolgt; das Chromatbad stellt man dann ohne Säure an, indem ein stark saurer Pickel genügt, die Chromsäure aus dem Bichromat frei zu machen.

Häufig wird das Pickeln mit einer Alaunvorgerbung kombiniert. Nach einer amerikanischen Vorschrift für Kalb- und Ziegenfelle werden die reingemachten und gebeizten Blößen mit einer Brühe behandelt, die in folgender Weise angestellt wird: man löst für je 100 kg Blößen

5   kg schwefelsaure Tonerde (konzentrierter Alaun) und

7,5 ,, Kochsalz in 30 l Wasser auf und setzt

5   ,, englische Schwefelsäure von 66° Bé. zu.

In dieser Brühe werden die Blößen so lange gewalkt, bis sie ganz durchdrungen sind. Aber die erfolgte Alaungerbung ist gar nicht satt, weil hier ziemlich viel Schwefelsäure zugegen ist, die eine größere Aufnahme von Tonerdesulfat nicht gestattet. Man wäscht die gepickelten Blößen in einer Kochsalzbrühe aus, die für je 100 kg Blößen mit 5 kg Kochsalz in 25 l Wasser angestellt wird. Man kann reines Wasser aus dem Grunde nicht verwenden, weil darin die Blößen zu stark anschwellen und das Tonerdesulfat zum größten Teil wieder verlieren würden. Aber auch bei der Kochsalzwäsche wird ein Anteil des ungebundenen Tonerdesalzes entfernt. Es ist überhaupt nicht gut einzusehen, warum dieses Auswaschen in der Kochsalzlösung geschieht und es könnte völlig weggelassen werden.

Die Blößen kommen dann in das Chromatbad, das nur aus Kaliumbichromat ohne Säurezusatz gegeben wird. Man löst 6 kg Kaliumbichromat für je 100 kg Blößen in 400 l Wasser auf und läßt darin die Blößen etwa zwei Stunden laufen; dann läßt man sie in der Chrombrühe über Nacht ruhen und morgens den zweiten Tag wieder ungefähr eine halbe Stunde laufen, und zwar so lange, bis sie völlig gelb durchgefärbt sind. Dann werden die Felle herausgenommen, auf den Bock geschlagen und gut zugedeckt einen ganzen Tag liegen gelassen.

Hierauf kommen die Felle in das Reduktionsbad. Dieses stellt man für je 100 kg Blößen mit 15 kg Thiosulfat und $4^1/_2$ kg Salzsäure (von 21° Bé. eisenfrei) in 400 l Wasser an. Die Reduktion geht ziemlich rasch vor sich, weil sie teilweise bereits bei dem 24stündigen Liegen in den Fellen selbst begonnen hat.

So weit die amerikanische Vorschrift, aber sie ist nicht richtig. Wird das Tonerdesulfat in einem stark sauren Bade angewandt, so greift es verhältnismäßig schwach an und wird außerdem noch in dem ganz überflüssig nachfolgenden Salzbade und in dem Chromatbade teilweise ausgewaschen, so daß nur eine recht schwache Alaungerbung erfolgt und das Leder nur geringe Mengen Tonerde enthalten kann. Es ist ja bekannt, daß alaungares Leder überhaupt nicht und noch weniger gleich nach der Gerbung mit Wasser ausgewaschen werden darf, wenn die Tonerdeverbindungen nicht zum größten Teile fortgehen sollen; um so weniger darf dieses Leder mit solch starken Säuren, wie es die Salz- und Chromsäure sind, in Berührung kommen. Aus diesem Grunde schützt die Vorgerbung nur wenig das Hautgewebe vor dem Angriff der Chromsäure, ja es scheint sogar, daß diese Kombination — die Alaunvorgerbung mit dem nachfolgenden Chromzweibadverfahren — ein noch mehr flaches Leder hervorbringt, als die Chromgerbung allein, obwohl auch dies in Ausnahmsfällen geradezu erwünscht sein kann.

Auch umgekehrt die Alaungerbung dem Chromzweibad nachfolgen zu lassen, hätte keinen Sinn, weil ein chromgegerbtes Leder nur wenig Tonerde aufnimmt. Desto ungeachtet halten z. B. die französischen, nach dem Zweibadverfahren gegerbten Chromleder nicht gerade selten die Tonerde, obwohl sie in ganz geringen Mengen vorhanden, keine besondere Wirkung auszuüben vermag.

Ebenso verkehrt ist es, Alaun oder Tonerdesulfat in geringen Mengen der Chrombrühe zuzusetzen, gleich ob es sich um das Chromatbad des Zweibadverfahrens oder um die basische Einbad-Chrombrühe handelt. Es nimmt nämlich die Haut das Chromsalz so rasch und leicht an, daß für die Tonerde überhaupt nur wenig Platz frei bleibt. Aus dem sauren Chromatbade oder aus einer stark sauren Pickelbrühe wird von den Blößen nur wenig Tonerde aufgenommen, wovon dann in dem Reduktions- und Neutralisationsbade der leichter lösliche Anteil wieder ausgewaschen wird. In der Einbadbrühe fällt auch das Chromsalz rasch an, namentlich wenn es sich um eine stark basische Verbindung handelt, daß die Tonerde nur dann in beträchtlicheren Mengen aufgenommen werden kann, wenn sie in recht großem Überschuß gegen das Chrom vorhanden ist.

Eine gute Kombination der Alaungerbung und des Chromzweibadverfahrens, womit man ein weiches Chromsohlleder erhält, wird in folgender Weise ausgeführt.

Die wie üblich vorbereiteten Blößen erhalten statt des Pickels eine Alaunvorgerbung, indem man sie in einer Lösung von

8 kg Alaun oder 6 kg Tonerdesulfat mit

4 ,, Kochsalz in etwa 200 bis 300 l Wasser

für je 100 kg Blößen behandelt. Man führt die Gerbung

entweder in einem Hängegeschirr aus, wo sie 2 bis 3 Tage verbleiben oder in einem Drehfaß, in welchem die Ausgerbung in 8 bis 10 Stunden erfolgt.

Die alaungaren Häute werden zum Abrinnen über Böcke geschlagen, 24 Stunden liegen gelassen und dann nach dem Zweibadverfahren nachgegerbt. Dabei verwendet man weniger Chrom, weil die Häute schon vorgegerbt sind; dagegen gibt man ein wenig mehr Säure, damit die Chromsäure besser in das alaungare Leder eindringt und sich aus dem Reduktionsbade Schwefel einlagert. Man verwendet sonach in der Chromatbrühe für die erste Partie Leder

3 kg Bichromat und 3,5 kg Salzsäure (21° Bé.),

für die nachfolgenden Partien etwa

2,5 kg Bichromat und 3 kg Salzsäure,

die man in ungefähr 18 l warmem Wasser auflöst. Man läßt zunächst in das Gerbfaß die nötige Menge Wasser (ungefähr 300 l Wasser für je 100 kg Blößen) ein, setzt etwa ein Drittel (also 6 l) der angesäuerten Chromatlösung zu, gibt die Blößen herein und läßt etwa zwei Stunden laufen. Dann setzt man weitere 6 l der Bichromatlösung zu und läßt wieder etwa zwei Stunden laufen, worauf man das letzte Drittel der Chromlösung zusetzt und so lange laufen läßt, bis die Blößen am Schnitte gleichmäßig hellgelb durchgefärbt sind, wodurch das Chromieren beendet ist. Die verwendete Chrombrühe kann auch für die weitere Partie benutzt werden; man gibt die Blößen in das alte Chrombad und walkt sie darin ungefähr zwei Stunden lang, dann läßt man die Brühe fort, setzt die frische Bichromatlösung, aber bloß mit zwei Dritteln des Bichromats zu und rotiert weiter. Nach zweistündigem Laufen setzt man den Rest der Bichromatlösung zu und behandelt die Häute, wie oben angegeben.

Die chromierten Blößen werden aus dem Faß herausgenommen, über den Bock geschlagen, mit Juteleinwand oder Lederspalten gut zugedeckt und so etwa acht Stunden liegen gelassen. Hierauf gibt man sie in das Reduktionsbad, welches am besten wieder in einem Drehfaß gegeben wird, da sonst der sich entwickelnde Schwefelwasserstoff beschwerlich fallen dürfte. Man rechnet für 100 kg Blößen ungefähr 300 l Wasser, welches man auf etwa 45° anwärmt und mit 12 kg festem Thiosulfat versetzt. Man wärmt das Wasser höher aus dem Grunde an, weil es sich beim Auflösen von Thiosulfat stark abkühlt. Man läßt so lange laufen, bis sich das Salz aufgelöst hat, gibt die chromierten Blößen ein, läßt das Faß weiter laufen und setzt verdünnte Salzsäure in halbstündigen Zwischenräumen zu. Von Salzsäure (21° Bé., eisenfrei) werden 4 kg abgewogen und mit Wasser auf 40 l verdünnt; man setzt immer je 4 l davon in das Faß zu. Nach 5 bis 6 Stunden dürfte die Reduktion beendet sein, worüber man sich an einem Schnitte in der Kopfpartie überzeugt. Ist dies nicht der Fall, so muß man gegebenenfalls noch etwa 3 kg Thiosulfat und 1 kg Salzsäure in ähnlicher Weise wie vorher zusetzen und läßt darin die Häute weiter laufen. Aber manchmal genügt es, die Häute ohne Zusatz von Thiosulfat weiter laufen zu lassen, falls in dem Reduktionsbad noch ausreichend von diesem Salze zugegen ist.

Die genügend reduzierten Blößen werden entweder gleich herausgenommen, über Böcke geschlagen und abtropfen gelassen oder man beläßt sie in dem Faß über Nacht und nimmt sie erst den zweiten Tag morgens aus dem Faß. Die abgetropften Blößen werden mit Borax oder nach Stiasny mit Soda und Ammoniumsulfat neutralisiert und in üblicher Weise weiter zugerichtet.

Das so erzeugte Leder enthält gewöhnlich etwa 2% Schwefel, dagegen bloß ungefähr je 1,5% Tonerde und Chromoxyd; die lockere Struktur der Büffelhaut unterstützt die Einlagerung von Schwefel recht bedeutend. Dieses Leder ist recht weich, dabei aber auch sehr zähe und zeichnet sich besonders durch seine helle Färbung aus. Selbstverständlich kann es noch heller gemacht werden, indem man es mit Chlorbarium, Bleizucker od. dgl. weiter behandelt.

Aber viel besser gedeiht die kombinierte Chrom-Alaungerbung, wenn man statt des Zweibades das Einbadverfahren verwendet, wobei man die Blößen zuerst mit Alaun vorgerbt und mit Chrom nachgerbt. Namentlich bei den im Handel vorkommenden Chromextrakten wird zuerst die Alaungare vorgeschrieben, weil sie häufig stark basisch sind und infolgedessen die Blöße zu rasch anfallen, um gleichmäßig durchgerben zu können, und so auch ein weniger mildes und griffiges Leder ergeben. Wird aber die Blöße zunächst alaungar gemacht, so fällt auch das basische Chromsalz gleichmäßiger und nicht so stark an, und es kommt ein besseres Leder heraus.

Ein so gegerbtes Leder muß namentlich bei der Färbung anders behandelt werden, namentlich verhalten sich die Holzfarben dabei gleich wie bei rein alaungarem und nicht wie bei einem chromgaren Leder, wobei letzteres in der Regel eine schwache Nachgerbung mit Sumach erhält. Die übliche Schwärze, z. B. aus Blauholz und Eisensalz, gibt auf alaungarem Leder ein tiefes Blau aber kein richtiges Schwarz. Mit Anilinfarbstoffen erzielt man dagegen ein recht sattes Schwarz, wie sich diese Farbstoffe überhaupt für alaun-chromgare Kombinationsleder gut eignen.

Es werden aber dennoch die Blößen in einer Einbadbrühe zugleich alaun- und chromgar gemacht. Zu diesem Zwecke löst man den Chrom- und Tonerdealaun in der fünffachen Menge heißen Wassers auf und setzt zum Erreichen einer basischen Brühe die abgewogene Menge Kristallsoda oder Schlemmkreide zu, und zwar soviel davon, bis sich ein geringer, aber ständiger Niederschlag gebildet hat. Dabei richtet sich das Verhältnis der beiden Alaune nach den gewünschten Eigenschaften des zu erzeugenden Leders: man kombiniert sie in allen möglichen Mischungsverhältnissen, doch soll die Summe der beiden Salze für je 100 kg Blößen 15 kg nicht übersteigen. Man löst sie in der fünffachen Menge warmen Wassers auf und setzt etwa den zehnten Teil des Gewichtes an Kristallsoda (von kalzinierter oder Ammoniaksoda genügen $10^0/_0$ des Alaungewichtes) oder Schlemmkreide zu, und zwar in nicht zu großen Gaben und immer erst dann, bis das Schäumen aufgehört hat, sonst läuft die Flüssigkeit über. Wird Kreide zugesetzt, so muß man den sich bildenden

Niederschlag von Gips absetzen lassen und verwendet nur die klare abgezogene Lösung.

Die Ausführungsweise dieses Verfahrens werden wir noch bei dem weißen Leder kennen lernen, jetzt wollen wir einige Patente auf diese Kombinationsgerbungen anführen.

1. Verfahren von Norris und Burk.

Auf ein Verfahren, wobei die Häute nach dem Zweibadverfahren chromgegerbt und dann mit Alaun und Kochsalz nachgegerbt werden sollen, wurde William M. Norris in Princeton, N. J., und Henry Burk in Philadelphia, Pa., ein amerikanisches Patent Nr. 518 467 vom 17. April 1894 erteilt.

Sie beschreiben ihr Verfahren in folgender Weise: Die wie üblich hergestellten Blößen werden zunächst in einer wässerigen Lösung von 5 kg Kaliumbichromat und 2,5 kg Salzsäure (auf je 100 kg Blößen) behandelt. Nachdem sie darin genügend Chromsäure aufgenommen haben, werden sie abgepreßt und bekommen ein Reduktionsbad, das als wirksame Substanz schweflige Säure, Schwefelwasserstoff, Weinsäure, Oxalsäure oder ähnliche Säuren, Eisen- oder Kupferoxydulsalze u. dgl., oder naszierenden Wasserstoff oder irgend ein anderes geeignetes Reduktionsmittel enthält.

Wenn die Reduktion beendet ist, so kommen die Häute ohne ausgewaschen zu werden, in eine Auflösung von Tonerdesulfat und Kochsalz, letzteres kann wegbleiben, wenn es sich in dem Reduktionsbade (z. B. durch die Doppelzersetzung von Natriumthiosulfat und Salzsäure) bereits gebildet hat. Man soll für je 100 kg Blößen 6 kg Tonerdesulfat und ebensoviel Kochsalz verwenden; aber man nimmt gewöhnlich vom letzteren nur ein Drittel der Alaunmenge. In dieser Lösung sollen die Häute etwa zwei Stunden verbleiben, dann werden sie aufgehängt und völlig ausgetrocknet, indem man sie zwei Wochen sich selbst überläßt. Zuletzt werden sie wie üblich zugerichtet.

An diese Beschreibung knüpfen Norris und Burk

einige Betrachtungen, die teilweise begründet, teilweise aber falsch sind.

Zunächst finden sie einen Vorteil darin, daß man die weitere Zurichtung der Häute gleich nach der Ausgerbung unterlassen und erst später ausführen kann; dies ist tatsächlich ein Vorteil, der manchmal wirklich recht gelegen kommt. Aber M. C. Lamb hat uns gezeigt[1]), wie man auch reines Chromleder behandeln soll, daß es unzugerichtet längere Zeit gelagert werden kann.

Ein weiterer Vorteil soll darin bestehen, daß der Vollendung der Gerbprozesses in den Häuten selbst eine ausreichende Zeit gegeben wird. Nun ist aber die Chromgerbung mit vollendeter Reduktion der Chromsäure beendet und braucht daher ein Lagern nicht. Dieses ist zwar beim alaungaren Leder völlig am Platze, bietet aber bei der Chromgerbung gar keinen besonderen Vorteil.

Die Behauptung der Erfinder, daß im Reduktionsbade stets ein Teil der Chromsäure aus den oberen Schichten der Haut herausgewaschen wird, so daß sie ungegerbt bleiben, wenn auf die Reduktion sofort die Zurichtung nachfolgt, ist nicht richtig.

2. Verfahren von Völcker und Bergmann.

Ein umgekehrtes Verfahren, nämlich zuerst eine Alaungerbung und erst nach dieser eine Chromgerbung, haben sich Max J. Völcker und Max W. Bergmann in Eisenberg durch ein A. P. vom 15. Mai 1895 und ein E. P. Nr. 9713 vom 16. Mai 1895 schützen lassen.

Bei ihrem Verfahren führen sie als Neuheit eine Vorbehandlung mit Ammoniak ein, indem sie die Blößen in einem Drehfaß eine halbe bis zwei Stunden mit Ammoniakwasser behandeln. Durch diese Operation soll zunächst der Kalk entfernt, außerdem das Eiweiß und die Gelatine für die darauffolgende Mineralgerbung vorbereitet werden. Leider ge-

---

[1]) Siehe „Handbuch der Chromgerbung" (Leipzig, Schulze & Co., 1913), S. 444.

schieht weder das erste noch das andere. Das freie Ammoniak wirkt auf den Kalk nicht lösend ein und die „Eiweißstoffe" (eigentliche Eiweißstoffe befinden sich in der Haut überhaupt nicht) werden dadurch höchstens aufgelöst und fortgeführt, was auf die Qualität des mineralgaren Leders nur ungünstig einwirken könnte. Aus diesem Grunde soll die ohnehin nicht gerade angenehme Vorbehandlung mit Ammoniak wegfallen.

Die Häute kommen dann in ein Walkfaß, wo sie bei 25 bis 30° C mit einer 10%igen Alaun- und einer 5%igen Kochsalzlösung behandelt werden sollen; hierauf werden sie nach dem Zweibadverfahren chromgegerbt, indem sie zunächst ein Chromatbad aus Bichromat und Salzsäure, sodann ein Reduktionsbad mit Schwefelwasserstoff erhalten. Der letztere hatte nur den Zweck, das Schultzsche patentierte Chromzweibadverfahren, wobei zur Reduktion das Thiosulfat verwendet wird, umzugehen und wird wohl jetzt niemandem einfallen, den giftigen und widerlich riechenden Schwefelwasserstoff zu verwenden.

Die Erfinder fügen noch bei, daß bei gleichzeitiger Verwendung von gewissen Metallsalzlösungen (welcher Metallsalze geben die Erfinder nicht an, Chrom- und Alaunsalze sind es nicht), aus denen durch Schwefelwasserstoff mehr oder weniger dunkelgefärbte Schwefelmetalle niedergeschlagen werden, die Häute zugleich ausgefärbt werden können. Aber eine solche Färbung wäre eine recht heikle Geschichte, weil sich Metallsulfide leicht zu Metallsulfaten oxydieren, die das Leder völlig vernichten würden.

3. Verfahren von El. Gerson.

El. Gerson ließ sich durch das E. P. Nr. 8369 vom 7. Juli 1888 das nachfolgende Verfahren schützen: Für 1000 kg Büffelhäute bereitet man die Gerbbrühe durch Auflösen von 20 kg Kochsalz, 40 kg Kalialaun und 60 kg Bichromat in kochendem Wasser, worauf man 10 kg Essigsäure zusetzt und mit 600 l Wasser verdünnt. Das Bichromat soll zunächst

Farbe und guten Narben erzeugen, außerdem die Gelatine unlöslich und das Leder wasserdicht machen. Wir wissen jetzt ganz gut, daß dies nicht geschieht. Der Zusatz von Essigsäure ist auch sehr rätselhaft und dürfte man besser ohne denselben auskommen.

Nach dieser Mineralgerbung sollen die Häute eine Gare erhalten, die aus 30 kg Kleie, 30 kg Malz und 600 l Wasser besteht, worin sie 1 bis 1½ Tag behandelt werden sollen. Was die Stoffe hier verrichten sollen, ist recht fraglich, denn daß damit eine Nachgerbung erfolgen könnte, ist völlig ausgeschlossen.

4. Gerbverfahren von G. W. Adler.

Georg W. Adler in Philadelphia, Pa., erhielt ein U. St. P. Nr. 638 685 vom 12. Dezember 1899 auf ein recht wunderliches Gerbverfahren. Er meint, daß Chromalaun und Natriumsulfat die Haut auszugerben vermögen, aber das so erzeugte Produkt sei unbeständig, weil sich die Chromsalze selbst in kaltem Wasser auflösen. Wird aber eine leichtlösliche Verbindung mit organischer Säure zugesetzt, am besten Kalium- oder Natriumazetat, oder eine solche der nächst höheren Säuren dieser Reihe (also wohl der Buttersäure), so — meint der Patentinhaber — wird das Chromsalz zersetzt, wahrscheinlich das Chromoxyd ausgeschieden und ein selbst in kochendem Wasser beständiges Leder erzeugt.

Aber man kann sich leicht durch einen Versuch überzeugen, daß durch solche Salze das Bichromat nicht zur gerbenden Chromverbindung reduziert wird; das weiß auch ein jeder, dem die Grundlagen der Chromgerbung nicht unbekannt sind.

Der Erfinder beschreibt die Ausführung seines Verfahrens in folgender Weise: Die wie üblich zubereiteten Blößen werden zunächst mit Tonerdesulfat und Natriumsulfat oder Natriumchlorid behandelt, worauf die Verbindungen mit einer Thiosulfatlösung fixiert werden sollen; zuletzt kommen die Häute noch in eine schwächere Lösung jener Verbindungen — warum, wird nicht gesagt. Dadurch soll ein „vorzügliches", marktfähiges Leder erzeugt werden, das sowohl in kaltem, als auch in warmem Wasser unlöslich sein soll. Doch ist dies leider nicht der Fall.

Ein noch vorzüglicheres Leder will Adler in der Weise herstellen, daß man das nach dem ersten Verfahren angeblich hergestellte Leder noch einer (also dritten) Chromnachgerbung unterwirft, indem es mit einer Lösung von Chromalaun, Natriumsulfat und Kalium- oder Natriumazetat, ohne Zusatz irgend einer Säure, behandelt. Dadurch soll ein völlig kochfestes Leder herauskommen, was leider nicht geschieht.

Für je 100 kg Blößen soll eine Lösung von 3 kg Tonerdesulfat und 6 kg „feines" Kochsalz in 16,7 l Wasser verwendet werden; die Brühe wird mit den Blößen in ein Walkfaß eingegeben, das ungefähr eine halbe Stunde laufen soll. Dann bereitet man die zweite Brühe aus 10 kg Natriumthiosulfat in etwa 25 l warmem Wasser, setzt der noch im Walkfaß befindlichen Brühe zu und läßt die Häute wieder 15 bis 20 Minuten laufen. Darauf bereitet man eine dritte Lösung aus 2 kg Tonerdesulfat und 3 kg Kochsalz und gibt sie wieder in das Faß ein. Man läßt darin die Häute eine halbe Stunde oder noch länger laufen, bis sie „die nötige Dicke" erlangt haben. Dann werden die Häute herausgenommen, „am besten" durch einfaches Eintauchen in reines Wasser abgespült, worauf man sie über den Bock schlägt und abtropfen läßt.

Nachdem die alte Brühe aus dem Faß entfernt wurde, soll man eine Chrombrühe aus 5 bis 6 kg Chromalaun, $2^1/_2$ bis 3 kg Natriumsulfat, $2^1/_2$ bis 3 kg Kochsalz und $^3/_4$ bis 1 kg Kalium- oder Natriumazetat in 40 l Wasser in das Walkfaß eingeben. Man wäscht die Häute, falls sie nicht abgespült wurden, in reinem Wasser ab, gibt sie in das Faß und läßt sie in der Brühe ungefähr eine halbe Stunde laufen, oder so lange, bis sie fast die sämtliche Brühe aufgenommen haben. Sie werden dann herausgenommen, ausgewaschen und wie gewöhnliches Kidleder zugerichtet. Schwere Häute sollen für je 100 Stück 22 bis 25 l Brühe erhalten. Wird das Natriumsulfat um eine dem halben Gewichte des Natriumchlorid in der obigen Vorschrift entsprechende Menge vermehrt, so kann man angeblich das Kochsalz überhaupt weglassen.

Dieses Verfahren zeigt am besten, wie Gerbmethoden „gemacht" werden. Nach dem Adlerschen Verfahren, so wie es beschrieben ist, kann man überhaupt kein richtiges Leder erhalten.

5. Herstellung von Handschuhledern mit kombinierter Alaun- und Chromgerbung.

Durch die kombinierte Alaun- und Chromgerbung kann ein gutes Handschuhleder aus Kalbfellen hergestellt werden; leichte Kalbfelle, wenn sie narbenrein sind und grün eingearbeitet werden, geben ein gutes und kräftiges Leder. Die Herstellung erfolgt in nachfolgender Weise:

Die Felle werden zunächst 12 Stunden geweicht, um Salz, Blut und alle Unreinlichkeiten herauszubringen. Dann kommen sie noch in eine schwache Natronlauge (1 kg Ätznatron auf 1000 l oder 1 cbm Wasser), worin sie völlig erweichen. Dann werden sie tüchtig ausgewaschen, reingemacht, nochmals geläutert und dann geäschert. Man gibt die Felle zunächst in einen gebrauchten Äscher, den man mit Natriumsulfid oder Kalziumsulfhydrat anschärft, und hierauf in einen frischen Kalkäscher, der wieder für die nächste Partie Felle benutzt wird. Das Äschern wird in längstens acht Tagen beendet. Die Felle werden enthaart, mit Milchsäure entkälkt und gespalten.

Der Fleischspalt wird lohgar, der Narbenspalt zu Handschuhleder verarbeitet. Man wiegt den letzteren ab und gerbt ihn zuerst alaungar aus. Zu diesem Zwecke walkt man ihn in einer Salzlösung, in der für je 100 kg Blößen 10 kg Kochsalz in 100 l Wasser gelöst sind, und zwar etwa 20 Minuten lang. Dann setzt man in das Faß eine Lösung von 5 kg Tonerdesulfat in 100 l Wasser zu und setzt das Walken noch eine Stunde fort.

Sobald die Felle das Tonerdesalz aufgenommen haben, gießt man in das Faß literweise eine verdünnte Einbad-Chrombrühe ein, indem man die berechnete Chromextraktmenge mit der dreifachen Menge Wasser verdünnt, und walkt darin so lange, bis die Felle chromgar sind. Gegen das Ende des Gerbprozesses kann man $^1/_2$ kg Weinstein zusetzen und läßt darin die Felle etwa eine halbe Stunde laufen, wodurch das Leder weicher und geschmeidiger, sowie für die Farbstoffe aufnahmefähiger werden soll.

Nach der vollendeten Gerbung werden die Felle herausgenommen, gründlich ausgewaschen, neutralisiert, gelickert und in beliebiger Farbe ausgefärbt. Die weitere Zurichtung erfolgt wie bei anderen Handschuhledern und macht keine weitere Mühe, wenn die Leder gut entkälkt und neutralisiert wurden. Diese Leder sind recht weich und zeichnen sich durch ihre Wasserbeständigkeit aus.

6. Ausgerbung von Haarfellen.

Auch zum Gerben von Haarfellen kann die kombinierte Chrom-Alaungerbung herangezogen werden. Folgendes Verfahren soll recht gute Resultate ergeben:

Die rohen Felle werden von der Fleischseite mit Salzwasser geweicht, gefleischt und dann nochmals mit Salzwasser nachgeweicht. Nun löst man 2 kg Kalialaun oder 1,5 kg Tonerdesulfat in 100 l Wasser auf und tränkt damit die Fleischseite der Felle, legt sie fünf Stunden auf Haufen, Fleisch an Fleisch. Dann spült man sie leicht in Wasser ab, bringt sie in das Walkfaß mit einer verdünnten Chrombrühe und läßt ca. 2 bis 4 Stunden laufen. Während der Zeit muß nach und nach Chromextrakt zugefügt werden, bis die Gerbung durchgedrungen ist, wovon man sich durch Anschneiden überzeugt. Dann läßt man die Felle noch über Nacht in der Brühe liegen, damit sich das Chromsalz mit dem Hautgewebe fest bindet.

Den Chromextrakt kauft man entweder fertig an, oder man bereitet sich einen solchen selbst entweder aus Chromalaun mit Soda oder aus Kaliumbichromat mit Stärkezucker oder Glyzerin. Genaue Anweisungen hierfür sind in dem bereits wiederholt zitierten „Handbuch der Chromgerbung" S. 366 u. ff. genau angegeben.

Dann spült man die Felle in lauem Wasser ab und entsäuert im Walkfaß mit 1% Borax, spült nochmals gut und fleischt aus, um sie von etwa noch anhängendem Unterhaut-Bindegewebe zu befreien, und fettet sie ein. Es genügt, wenn man die Fleischseite mit einer Fettbrühe gut einfettet und die Felle Fleisch an Fleisch liegen läßt. Dann werden die Felle aufgetrocknet, gut gestollt und, wenn nötig, auf Rahmen gespannt und getrocknet. Dann wird nochmals mit scharfer Klinge gestollt und in bekannter Weise fertig gemacht.

7. Das weiße chromgare Leder.

Die Blöße an sich ist völlig weiß, was am besten bei jenen Gerbverfahren ersichtlich ist, wo nur ganz wenig gerbende Stoffe verwendet werden, wie z. B. bei dem sog. Japanleder. Bei der Gerbung mit Alaun und Kochsalz erhält man ebenfalls ein schweeweißes Leder, und davon hat auch dieses Gerbverfahren seinen Namen „Weißgerberei" erhalten. Auch durch Zusatz von Eigelb und Weizenmehl erzeugtes Glacéleder zeigt, namentlich wenn es ganz schwach gebläut wird oder eine Bleiche erhält, ein schönes Weiß. Aber diese alaungaren Leder besitzen den großen Nachteil, daß sie gegen die Feuchtigkeit nicht widerstandsfähig sind und deshalb beim Tragen bei Regenwetter schnell verdorben werden.

Nun sind die weißen Schuhe bei der Damenwelt in letzter Zeit sehr in Mode gekommen und die Gerber bemühen sich, ein Leder herzustellen, das zu Schuhoberleder besser als das weißgare Leder geeignet wäre. Selbstverständlich richtete sich ihr Augenmerk in erster Reihe dem chromgaren Leder zu, das wie bekannt gegen Wasser recht widerstandsfähig ist und sich sogar eine Zeitlang in kochendem Wasser unverändert hält; dabei ist es auch viel fester, indem es eine bedeutend größere Widerstandsfähigkeit aufweist. Aber dem chromgaren Leder ein blendendes Weiß beizubringen, hat viel Kopfzerbrechen gekostet.

Die Chromverbindungen sind nämlich alle schon an sich gefärbt, hiervon auch ihre Benennung (das griechische Chroma bedeutet die Farbe), und können deshalb ni ch t gebleicht werden. Sie erteilen auch beim Gerben der Blöße die bekannte grünliche bis grünlichblaue Färbung, die absolut nicht wegzubringen ist. Desto ungeachtet hat man es zunächst mit dem Bleichen des Chromleders versucht, und es sind tatsächlich zu diesem Zwecke verschiedene Verfahren patentiert, bzw. empfohlen worden. Man hat es mit schwachen Mineralsäuren, mit schwefliger Säure, Chlor (die sonst beim Bleichen von Leinwand, Sämischleder und anderen Stoffen gute Resultate liefern) und mit Alkalien versucht, das Chromleder zu bleichen, aber vergeblich. Es ist ja jedem Fachmanne gut bekannt, wie schwierig aus den chromgaren Falzspänen, wenn sie zu.Leim verkocht werden sollen, die Chromverbindungen herauszubringen sind und daß man hierzu sehr starke Chemikalien bei recht hohen Temperaturen verwenden muß, wenn man den Zweck erreichen will. Werden nun die Chromverbindungen endlich mit großer Mühe aus dem chromgaren Leder herausgebracht, so bleibt selbstverständlich kein Leder, sondern eine notgare und ziemlich stark beschädigte Blöße zurück. Auf diese Weise ist also ein chromgares Leder nicht weiß zu machen; beläßt man die Chromverbindungen im Leder, so wird dieses nie weiß sein, bringt man sie heraus, so bleibt kein Leder zurück.

Es lag nun an der Hand zu versuchen, ob man die Chromgerbung so schwach halten könnte, daß man ein chromgares Leder mit seinen charakteristischen Eigenschaften erhält, wobei aber das Leder nur so geringe Chrommengen aufnehmen würde, daß es bloß einen ganz schwach grünlichen Stich aufweist, der vielleicht eher auf irgend eine Weise verdeckt oder beseitigt werden könnte. Tatsächlich hat auch Alois Chyba in Abertham bei Karlsbad bereits im Jahre 1897 ein englisches Patent Nr. 9820 vom 20. April 1897 [1]) genommen, wonach Glacéleder ganz schwach chromiert wird, um es mit Seife und lauem Wasser waschen zu können. Tatsächlich werden solche chromierte Handschuhleder noch jetzt erzeugt, aber

---

[1]) Siehe „Handbuch der Chromgerbung" (Leipzig, Schulze & Co., 1900), S. 507.

größtenteils gefärbt. Wenn man aber die Chromgerbung so schwach ausführt, daß nur ein schwach grünlicher Stich herauskommt, so zeigt auch das Produkt die Eigenschaften des chromgaren Leders in minimalem Maße und der gewünschte Zweck ist nicht erreicht.

Es ist aber den Amerikanern dennoch gelungen, ein weißes „Chromleder" auf den Markt zu bringen und es dürften davon recht bedeutende Mengen exportiert werden. Wenn man dieses Leder untersucht, so findet man, daß es einen starken weißen Belag aufweist und recht viel Asche besitzt, die bis zu 25% (den äußeren Belag nicht eingerechnet) ansteigt, wogegen ein rein chromgares Leder bloß etwa 6% Asche aufweist, und zuletzt, daß das Leder bedeutend mehr Tonerde als Chrom enthält. Es lagen dem Autor Muster vor, die bis zu 4% Tonerde, aber nur $0,5\%$ Chromoxyd enthielten; der Rest der vorhandenen Asche bestand aus Bariumverbindungen.

Der Belag bestand bei den untersuchten Ledern aus Federweiß (Talkum) und Kaolin (Porzellanerde, China-Clay) mit anderen ähnlichen weißen Pigmenten, ihre Menge betrug bis 5% des gesamten Ledergewichtes. Blei war nicht vorhanden, obwohl es auch angeblich zum Weißtünchen herangezogen werden soll.

Was die Herstellung dieser weißen Ledersorte anbelangt, so kann sie in folgender Weise ausgeführt werden:

Schaf-, Ziegen- und auch dünnere Kalbfelle werden in der Wasserwerkstätte nach ihrer verschiedenen Natur wie üblich behandelt. Man braucht wohl nicht ausdrücklich zu bemerken, daß hierbei die peinlichste Reinlichkeit obwalten muß, damit die Felle nicht verschmiert oder eisenfleckig sind, bevor sie noch zur Ausgerbung kommen. Das Kalken soll in frischen, rein gehaltenen Äschern ausgeführt werden, damit die Hautsubstanz möglichst erhalten bleibt. Die geäscherten Häute werden über Nacht in lauwarmem Wasser von 30^{0} eingegeben und den nächsten Tag, vorkommenden Falles mit der Maschine, enthaart und auf dem Baume mit scharfem Streicheisen vorsichtig bearbeitet, damit der Narben nicht beschädigt wird. Das Entkälken wird am besten mit Salzsäure oder einer organischen Säure[1]) ausgeführt, wonach eventuell eine Beizung mit Oropon oder ein Pickel nachfolgt. Die Oroponbeize führt man in üblicher Weise aus. Wird ein Pickel mit Schwefelsäure (auch Ameisensäure) und Kochsalz gegeben, so setzt man ihm gleich Kalialaun oder besser Tonerdesulfat zu. Was die Mengenverhältnisse des Pickels anbelangt, so kann man sich nach dem folgenden richten: Wird im Faß gepickelt, so verwendet man für je 100 kg Blößen 100 l Wasser, 10 kg Kochsalz und für weichnaturiges Hautmaterial (Schafblößen) 1 kg Schwefelsäure, für hartnaturiges Material (Ziegenblößen) 2 kg Schwefelsäure. Das Pickeln dauert hier je nach der Dicke der Häute 1 bis 2 Stunden. Wird in einem Haspelgeschirr gepickelt, so nimmt man die gleichen Mengen Schwefelsäure und Kochsalz, aber die doppelte Wassermenge, also 200 l Wasser auf 100 kg Blößen.

Wenn man anstatt der Schwefelsäure Ameisensäure verwendet, so genügt die Hälfte des angegebenen Gewichtes, also $\frac{1}{2}$ bis 1 kg für 100 kg Blößen, insbesondere wenn die Blößen schon vorher gut ausgewaschen wurden, was ja in der Regel geschehen soll.

Wird dem Pickel zugleich Tonerde zugesetzt, um eine Vorgerbung mit Alaun zu erreichen, so setzt man für je 100 kg Blößen 4 kg Kalialaun oder lieber 3 kg schwefelsaure Tonerde zu. Nebenbei gesagt, muß das Tonerdesulfat eisenfrei sein; bei Kalialaun ist dies in der Regel der Fall.

Die Ausgerbung wird in verschiedener Weise ausgeführt. Wurde dem Pickel Kalialaun oder Tonerdesulfat zugesetzt, so sind die Blößen alaungar geworden und werden dann bloß mit Chrom nachgegerbt. Wurde aber dem Pickel keine Tonerdeverbindung zugesetzt oder überhaupt nicht gepickelt, so wird die Alaungare erst jetzt gegeben und zwar entweder vor der Chromgerbung oder gleichzeitig mit derselben. Im ersteren Falle bereitet man die Gerbbrühe mit einer genügenden Wassermenge und behandelt darin die Blößen, bis sie genügend durchgegerbt sind, was man an

---

[1]) Siehe Wood-Jettmar, „Das Beizen der Felle"(Braunschweig, Vieweg & Sohn, 1914), S. 11 u. ff.

dem weißen Schnitte erkennt. Die garen Felle werden herausgenommen, auf den Bock geschlagen, abtropfen gelassen und in eine Chromeinbadbrühe gegeben. Diese Ledersorte wird nämlich in der Regel nach dem Einbadverfahren ausgegerbt, was man daran erkennt, daß das Leder keinen freien Schwefel enthält, wie dies bei dem Zweibadleder immer der Fall ist. Aber man könnte die Gerbung auch ganz gut nach dem letzteren Verfahren ausführen, nur ist es bedeutend umständlicher.

Die Chromgerbung wird entweder mit einer gekauften Brühe von bekannter Zusammensetzung oder mit einem selbst hergestellten Chrombade ausgeführt. Für das letztere gibt das „Handbuch der Chromgerbung" eine genügende Auskunft. Man kann es am besten in ungefähr folgender Weise bereiten: Für je 100 kg Blößen löst man 2 kg Chromalaun in 10 l, ungefähr 50^0 warmem Wasser auf und versetzt diese Lösung nach und nach mit einer $10^0/_0$igen Sodalösung (gleich ob Kristall- oder Ammoniaksoda, doch kommt die letztere billiger zu stehen) unter fortwährendem Umrühren so lange zu, bis sich eben ein ständiger, aber nur ganz geringer Niederschlag gebildet hat; es dürften dazu 500 g Kristallsoda oder 200 g Ammoniaksoda genügen. Man bereitet das Bad mit der genügenden Menge, am besten lauwarmen Wassers vor, setzt noch für je 100 kg Blößen 10 kg Kochsalz zu und läßt die Haspel oder das Gerbfaß laufen. Während des Laufens setzt man die vorbereitete Chrombrühe in etwa drei Portionen zu.

Wer sich in der Chromgerbung auskennt, wird wohl gleich bemerken, daß die angegebene Menge Chromalaun bedeutend reduziert ist, indem man in der Regel für je 100 kg Blößen 5 kg und noch mehr Chromalaun verwendet. Aber man darf nicht vergessen, daß es sich hier bloß um eine Nachgerbung mit wenig Chrom handelt.

Manchmal wird das Leder zunächst schwach mit Chrom angegerbt und dann erst mit dem Tonerdesalz ausgegerbt. Man gibt die Blößen zunächst in eine schwache Chrombrühe und behandelt sie darin nur so lange, bis sie schwach durch sind; in diesem Falle muß stets ein Pickel vorangehen, damit der Narben nicht zusammengezogen wird. Aus dem Pickel, den man wie üblich mit 10 kg Kochsalz und 1 bis 2 kg Schwefelsäure (oder $1/_2$ bis 1 kg Ameisensäure) pro 100 kg Blößen anstellt, kommen die Felle direkt in die Chrombrühe. Die Chromgerbung erfolgt dabei etwas langsamer, weil die in den Blößen enthaltene Säure das Eindringen der Chromsalze in das Hautgewebe behindert. Sobald die Felle in der Chrombrühe, die man nach der vorangeführten Vorschrift bereiten kann, völlig durch sind, nimmt man sie heraus und gibt sie sofort in die Alaunbrühe ein, worauf sie neutralisiert werden.

Nach einer französischen Vorschrift gibt man die gebeizten Felle in eine Lösung von 4 kg schwefelsaurem Natron, 3 kg schwefelsaure Tonerde und 4 kg Kochsalz für je 100 kg Blößen. Man löst die Salze in ungefähr 20 l warmem Wasser auf und verdünnt dann mit soviel Wasser, damit die Felle darin bequem behandelt werden können. Man läßt die Felle ungefähr dreiviertel Stunden laufen, wo dann die Tonerde völlig erschöpft sein dürfte. Dann setzt man, während die Haspel oder das Faß weiter läuft, 3 l irgend einer Einbadbrühe zu und prüft nach einer halben Stunde, ob das Leder genügend chromgar ist. Sollte das Leder noch nicht völlig durchgefärbt sein, so setzt man von der Chrombrühe weitere 2 bis 3 l zu, was vorkommendenfalls, wenn eine zu schwache Chrombrühe verwendet wird, noch zum dritten Male geschehen kann. Dann nimmt man die Felle heraus, läßt sie abtropfen und behandelt sie weiter.

In einigen amerikanischen Fabriken wird die Alaun- und Chromgerbung z u g l e i c h i n e i n e r B r ü h e ausgeführt. Diese bereitet man in der Weise, daß man 4 kg Tonerdesulfat mit $1^1/_2$ kg Chromalaun (oder 1 kg normalem Chromisulfat oder Chromichlorid) in 20 l warmem Wasser auflöst und mit Soda neutralisiert. Man kann dazu entweder eine 20 %ige Sodalösung oder auch festes Salz verwenden und setzt davon so lange zu, bis ein geringer, aber beständiger Niederschlag erfolgt. Dadurch wird sowohl das Tonerde- als auch das Chromsalz in basische Verbindungen überführt. Man gibt die Felle in das mit entsprechender Menge Wasser vorher gefüllte Walkfaß oder Haspelgeschirr, setzt dann die trübe Gerbbrühe zur Hälfte zu und läßt darin die Felle ungefähr eine Stunde laufen, dann gibt man die andere Hälfte der Gerbbrühe ein und läßt darin die Felle so lange laufen, bis sie völlig durch sind. Die Gerbbrühe klärt sich beim Gerben langsam auf, indem ein basisches Tonerde-Chromsalz von dem Hautgewebe aufgenommen wird und sich darin ablagert, während Schwefelsäure frei wird.

Sobald die Felle durchgegerbt sind, nimmt man sie heraus, schlägt sie über Böcke und läßt abtropfen. Man läßt sie so am besten über Nacht liegen, damit sich die Alaun-Chromgerbung fester bindet. Die abgetropften Felle werden dann ausgereckt, gefalzt, abgewogen und neutralisiert.

Zur Neutralisation bereitet man eine Lösung Borax, wozu man ungefähr 3 bis 4 kg Borax pro 100 kg Falzgewicht verwendet, oder besser nach Stiasnys Angabe eine Lösung von Ammoniumsulfat und Soda. Man nimmt für 100 kg Falzgewicht je 1 kg von beiden Salzen, löst sie in genügender Wassermenge auf und walkt darin die gefalzten Felle ungefähr eine Viertelstunde lang; dann fügt man nochmals je 1 kg Soda und Ammoniumsulfat hinzu und walkt darin die Felle weitere 15 bis 20 Minuten. Man prüft dann die Felle, ob sie genügend neutralisiert sind, indem man an ihrer dicksten Stelle (am Kopf oder am Schwanz) einen Einschnitt macht und auf die frische Schnittfläche ein Stück blaues Lackmuspapier auflegt. Sollte das Papier zwiebelrot werden, so ist noch zuviel Säure in den Fellen enthalten und man muß noch von beiden Salzen zum drittenmal je 1 kg zusetzen; in der Regel kommt man mit je 2 kg aus. Das Ammoniumsulfat genügt als technisches Salz, wie es auch als Düngemittel verwendet wird, Soda ist als Kristallsoda gedacht; wird statt der letzteren Ammoniak- oder kalzinierte Soda verwendet, so nimmt man nur 400 g davon statt 1 kg Kristallsoda, die viel weniger ausgiebig ist. Die Neutralisation muß immer gründlich und sorgfältig ausgeführt sein, da sonst ein nicht genügend weiches und mildes Produkt herauskommt.

Nach der Neutralisation werden die Felle gefettet, was stets mit einer Fettbrühe, dem sog. Fettlicker, geschieht. Da die Fettung sehr milde und nicht fettig sein soll, so werden dazu sulfurierte Öle verwendet. Am besten ist das sulfurierte Knochenöl, welches zwar recht gut, aber nicht gerade billig ist, man kann aber auch sulfuriertes Rizinusöl, das sog. Rottürkischöl, oder sulfurierten Fischtran verwenden. Man gibt von diesen Ölen ungefähr 3 kg pro 100 kg Falzgewicht. Diesen Ölen wird zugleich Eigelb und Weizenmehl zugesetzt, die zu der Weichheit der Felle und deren Weiße viel beitragen. Man rechnet auf 100 Ziegen- oder Schaffelle 100 Stück Eidotter oder 2 l konserviertes Eigelb und 10 kg Weizenmehl; bei Kalbfellen wird je nach ihrer Größe um 50 bis 100% mehr genommen.

Am zweckmäßigsten nimmt man die Fettung in demselben Fasse, worin die Neutralisation ausgeführt wurde, vor. Man läßt die zur Neutralisation der Felle verwendete Brühe aus dem Walkfaß fort, gibt lauwarmes Wasser ein und walkt darin die neutralisierten Felle unter zweimaligem Wasserwechsel oder ununterbrochener Zu- und Ableitung von Wasser ungefähr 10 Minuten lang. Inzwischen rührt man das Eigelb mit dem Mehl in einer genügenden Menge lauwarmen Wassers an und setzt das sulfurierte Öl, eventuell auch noch 1 kg guter Lickerseife zu. Man gibt die Fettbrühe in das Walkfaß und läßt darin die Felle etwa eine halbe Stunde laufen, während welcher Zeit die Gare völlig aufgenommen sein dürfte, wovon man sich vor der Herausnahme der Felle überzeugt.

Wenn die Fettbrühe samt dem Mehl gut aufgenommen ist, so beläßt man die Felle noch eine Zeit (ungefähr zwei Stunden) darin, oder nimmt sie gleich heraus, schlägt sie über die Böcke und läßt abtropfen. Den nächsten Tag werden sie von der Hand oder mit der Maschine ausgesetzt und mit einer Mischung aus Schlemmkreide, Federweiß, Glyzerin und Wasser gebürstet. Zu diesem Zwecke setzt man zu 10 l Wasser 500 g Glyzerin zu, rührt 1 kg Schlemmkreide und 2 kg Federweiß tüchtig ein und trägt die Aufschwemmung mit einer Bürste auf. Die Felle werden dann aufgetrocknet,

gleichmäßig anziehen gelassen, was durch Einlegen in an-
gefeuchtete Sägespäne oder neuerer Zeit in einer Dunstkammer
geschieht, und gestollt. Nach dem Stollen können die Felle
im trockenen Faß mit einer kleinen Menge Schlemmkreide
und Federweiß gewalkt werden.

Dann werden sie nochmals aufgetrocknet und trocken gestollt. Wenn nötig werden die Felle von der Fleischseite
doliert, was mit der gewöhnlichen Dolierwalze geschieht,
und an der Narbenseite poliert. Oder man kann sie auch wie
alaungare Leder zurichten. Man gibt ihnen zunächst eine
dünne Appretur mit einer Abkochung von Leinsamen, irischem
Moos od. dgl., der man etwas Glyzerin zusetzt, damit der
Griff des Leders weicher wird. Dann werden die Felle gebürstet und gebügelt oder satiniert. Das Bügeln wird in
bekannter Weise mit dem Bügeleisen mit der Hand, das
Satinieren mit einer heizbaren Satiniermaschine ausgeführt.
Nach dem Bügeln gibt man der Narbenseite noch eine leichte
Gabe von Schlemmkreide, China-Clay oder Magnesiumoxyd
und bürstet sie noch gründlich oder poliert sie mit der Plüsch-
walze. Hiermit sind die Leder fertig und kommen so in den
Handel.

Angeblich werden die Felle manchmal auch buffiert,
was mit dem Buffierrade oder mit der Schleifwalze geschieht.
Nach einer Anweisung erhalten die Felle noch eine Weiß-
tünchung mit Bleizucker oder mit Bariumchlorid. Zu diesem
Zwecke bereitet man sich eine wässerige Lösung von Bleizucker, indem man 650 g Bleizucker in 100 l weichem Wasser,
am besten destilliertem oder einem Kondenswasser auflöst,
und außerdem eine verdünnte Schwefelsäurelösung von 800 g
englische Schwefelsäure in 100 l Wasser bereitet. Man zieht
die Felle abwechselnd durch das Blei und das Säurebad rasch
durch und wiederholt dies so lange, bis der gewünschte helle
Ton erreicht wird [1]). Das Bariumchlorid, wovon man 1,5 kg
in 1 hl Wasser auflöst, ist insoweit besser als der Bleizucker,
als er sich mit Schwefelwasserstoff nicht schwärzt, wie dies

---

[1]) Mehr hierüber in den „Modernen Gerbmethoden" (Wien,
Hartleben, 1913), S. 71 u. ff.

beim letzteren in feuchter Luft der Fall ist, aber das gebildete Bariumsulfat deckt minder gut. Jedenfalls kann dieses Weißtünchen gleich nach dem Fetten, also noch bei den nicht bestrichenen Fellen geschehen, sonst hätte es keinen Sinn. Die weißgetünchten Felle werden dann gut abgespült, aufgetrocknet und, wie oben angegeben, weiter behandelt.

Diese Leder zeichnen sich durch ein schönes Weiß, auch am Schnitt, durch ihre feine Milde und zugleich durch eine hohe Festigkeit aus. Sie sind auch gut widerstandsfähig gegen Feuchte, viel besser als bloß alaun- oder glacégares Leder, aber in dieser Hinsicht darf man nicht zu weitgehende Ansprüche machen. Werden sie beim Tragen schmutzig, so kann man sie mit einem weichen, eventuell mit Benzin leicht angefeuchteten Fetzen abreiben, worauf man eine Paste aus im Wasser aufgeschlemmtem China-Clay gleichmäßig aufträgt und nach dem Trocknen mit einem trockenen Ballen aus weichem Tuch abreibt.

c) Kombinierte Alaun- und Eisengerbung.

Es wurden schon vor langer Zeit alle möglichen Versuche gemacht, um die Blößen mit Eisensalzen auszugerben und namentlich hat sich Prof. Dr. Knapp[1]) viel Mühe gegeben, um ein Verfahren auszuarbeiten, wobei die Eisensalze als Gerbmittel dienen würden. Trotzdem seine Versuche kein günstiges Resultat zeitigten und die zur Herstellung von „Eisenleder" errichtete Fabrik nach kurzer Zeit geschlossen werden mußte, weil sich das dortige Erzeugnis nicht bewährt hatte, fehlt es bis in die letzte Zeit nicht an verschiedenen Vorschriften und auch patentierten Verfahren, bei denen Eisenverbindungen zur Gerbung verwendet werden sollen.

Schon im Jahre 1881 ließ sich W. Eitner ein Verfahren zur kombinierten Chrom- und Eisengerbung patentieren (österr. Patent Nr. 6755 vom 1. November 1881) und es wurde auch eine Zeitlang danach bei der Fa. Gebrüder Steiner in

---

[1]) Siehe „Handbuch der Chromgerbung" (Leipzig, Schulze & Co., 1913), S. 141 u. ff.

Graz das sog. „Patentleder Marke Elefant" hergestellt; aber auch dieses Verfahren ist bald eingegangen. In letzter Zeit sind wieder mehrere Patente auf Eisen-Gerbverfahren erteilt worden.

1. Gerbverfahren von P. J. Reinsch.

Paul F. Reinsch in Erlangen (Bayern) wurde ein D. R.-P. Nr. 70 226 vom 29. Juli 1892 auf die Verwendung von Eisenoxychlorid und Kochsalz zum Gerben erteilt; aber dieses Verfahren liefert überhaupt kein Leder. Durch das D. R.-P. Nr. 265 914 vom 17. März 1912 ist ihm ein Gerbverfahren mit Eisenchlorid und Magnesiumkarbonat patentiert worden, wodurch die Sattler- und Tapezier-Oberleder hergestellt werden sollen.

Zur Darstellung der Gerbflüssigkeit wird je 1 kg Eisenchlorid in 4 l Wasser gelöst und mit 1 l Wasser, worin 225 g Magnesiumkarbonat aufgerührt sind, versetzt und umgerührt. Wird dieser Lösung noch eine $8^0/_0$ige Lösung von Aluminiumchlorid zugesetzt, so soll die Gerbwirkung beträchtlich verstärkt werden. Reinsch ersetzt also das basisch schwefelsaure Eisenoxyd von Knapp einfach durch das basisch salzsaure Salz; früher hat er das Eisenchlorid mit Soda (Natriumkarbonat) basisch gemacht, jetzt versucht er es mit Magnesiumkarbonat; er könnte sich auch noch Kreide patentieren lassen, die schon längst zum Basischmachen der Chromverbindungen verwendet wird. Bei Zusatz von Aluminiumchlorid soll eine kombinierte Eisen- und Tonerdegerbung herauskommen. Ob auch ein Leder herauskommt, ist recht fraglich.

2. Eisengerbverfahren von Bystroň und von Vietinghoff.

Knapp hat bei Herstellung seiner basischen Eisenlösung das Eisenvitriol mit salpetriger Säure oxydiert, indem er eine wässerige Lösung von Eisenvitriol mit Salpetersäure, bzw. mit Salpeter und Schwefelsäure behandelte, wobei eine gelbrote Flüssigkeit mit basischem Ferrisulfat $3 Fe_2(SO_4)_3 . 4 H_2O$ gebildet wird und sich mehr oder weniger gelber Ocker ausscheidet. Bei Verwendung von unreinem Eisenvitriol und weniger sorgfältiger Arbeit setzt sich viel Ocker ab, wodurch ziemlich bedeutende Mengen des neutralen, nicht gerbenden Ferrisulfat entstehen.

Am besten löst man 100 Gewichtsteile Eisenvitriol in 120 Teilen Wasser auf, setzt eine Lösung von 61 Teilen Natronsalpeter in 80 Teilen Wasser und eine solche von 35 Teilen starker Schwefelsäure in der gleichen Menge Wasser zu. Das Gemisch wird im Wasserbade erhitzt und mit einer Lösung von 200 Teilen Eisenvitriol in 600 Teilen Wasser versetzt.

Man verdünnt diese Lösung und hängt das bereits chromgegerbte Leder hinein, wodurch dieses schnell eine gelbliche Farbe annimmt; in etwa zwei Tagen sind auch die schwersten Häute ganz durchgefärbt und am Schnitt der Farbe nach von lohgarem Leder nur schwer zu unterscheiden. Diese kombinierte Gerbung wird manchmal bei Riemen- und Schlagriemenledern benutzt.

Dr. Joseph Bystroň in Teschen (öster. Schlesien) und Dr. Karl Baron von Vietinghoff in Berlin erhielten ein D. R.-P. Nr. 255 320 vom 8. Febr. 1911 auf ein Gerbverfahren, bei dem als gerbendes Salz der zu Ferrisulfat oxydierte Eisenvitriol dienen soll; zur Oxydation wird das Stickstoffoxyd benutzt.

Die Erfinder führen in der Patentbeschreibung folgendes an: „Man kann bekanntlich Eisengerblösungen durch Oxydation von Ferrosalzen mittels Chromsäure, Kaliumpermanganats oder Salpetersäure herstellen. Die mit diesen Oxydationsmitteln erhaltenen Gerblösungen haben den Nachteil, daß sich aus ihnen bedeutende Niederschläge ausscheiden und das gebildete Leder brüchig wird. Bei der gleichfalls bekannten Anwendung von Luft zum Oxydieren von Ferrosalzlösungen ist die Abscheidung von störenden Niederschlägen zwar geringer, doch erfolgt die Oxydation so langsam, daß sie praktisch ohne Bedeutung ist.

Es wurde nun gefunden, daß man bei Verwendung von Stickstoffdioxyd an Stelle der Luft die Oxydation beliebig beschleunigen und die Bildung von Niederschlägen vermeiden kann. Das Stickstoffdioxyd gibt bereits in der Kälte Sauerstoff an das Ferrosalz ab, wodurch basisches Ferrisalz entsteht, das im Entstehungszustand von der Blöße gebunden wird. Das durch die Reduktion des Stickstoffdioxyds gebildete Stickoxyd (NO) wird, solange es nicht im Überschuß vorhanden ist und noch genügende Mengen von überschüssigem Ferrosulfat anwesend sind, von dem Sulfat unter Bildung der komplexen, braungefärbten Verbindung gelöst. Der Überschuß an Stickoxyd entweicht und bildet an der Luft wieder Dioxyd.

Man kann nun die Umsetzungen in der Weise vereinigen, daß ein Kreislauf der Stickoxyde entsteht. Beim Einleiten eines Gasgemisches von Dioxyd und Monoxyd (wie man es erhält, wenn man die Stickoxyde aus Nitriten darstellt) in eine Ferrosalzlösung wird das Monoxyd teilweise gelöst, das Dioxyd reduziert, und es entweicht nur Monoxyd, das durch Sauerstoff leicht in Dioxyd zurückverwandelt und neuerdings zur Oxydation verwendet werden kann.

Die Gerbung wird zweckmäßig in geschlossenen Gefäßen ausgeführt, um Verluste an Stickoxyden möglichst auszuschließen und bequemes Zu- und Ableiten der Gase zu ermöglichen. Die Gerbung kann nach der Erfindung so erfolgen, daß man z. B. in eine Ferrosulfatlösung von 5 bis 10° Bé. die zu gerbende Blöße bringt und nun einen langsamen Strom von Stickstoffoxyd oder ein Gemisch von Dioxyd und Monoxyd durch die Lösung leitet, das durch Vergasen von flüssigem Dioxyd oder durch Zersetzen von Nitriten gewonnen wird. Dieses Durchleiten findet so lange statt, bis eine zum vollständigen Durchgerben der Blöße erforderliche Menge des Gerbsalzes sich gebildet hat. Das durchgeleitete Gas kann in einem Behälter durch Luft oder in anderer Weise regeneriert werden.

Man kann die Stickoxyde, anstatt sie in fertigem Zustand in die Ferrosalzlösung einzuleiten, auch in der Lösung selbst entstehen lassen, und zwar durch Umsetzung eines Nitrites mit einer Säure, wobei salpetrige Säure entsteht. Dadurch wird das Verfahren vereinfacht. Zweckmäßiger ist es, zunächst die Oxydation der Ferrosalzlösung vorzunehmen und dann mit der fertigen Lösung zu gerben, weil dadurch die Gerbbrühe besser ausgenutzt wird. Ferner ist es empfehlenswerter, die Regenerierung der Stickoxyde mit Hilfe von Luft in dem Gerb- oder Oxydationsgefäß selbst vorzunehmen. Dadurch vermindert sich gleichzeitig die Menge des notwendigen Stickstoffdioxyds so stark, daß es eigentlich nur mehr als Überträger wirkt, indem es die Übertragung des Sauerstoffes der Luft an die Ferrosalze vermittelt.

Bei der praktischen Ausführung setzt man z. B. zu einer Ferrosulfatlösung von 10 bis 16° Bé. 0,5 bis 1 $^0/_0$ Natriumnitrit und die zur Umsetzung in HNO_2 erforderliche Menge Schwefelsäure zu, worauf man durch das Gemisch in einem Gerbfaß so lange Luft durchleitet, bis das gesamte Ferrosulfat oxydiert ist. Mit der so gewonnenen Gerblösung kann man nun die Gerbung in üblicher Weise vornehmen. Nach erfolgter Durchgerbung werden die Leder von den überschüssigen Eisensalzen befreit. Sie geben gefettet und in der üblichen Weise zugerichtet ein volles, weiches Leder von großer Zähigkeit."

IV. Kombinierte Mineral- und Fettgerbungen.

Sämtliche mineralgare Leder werden auch gefettet, aber mit der Fettbrühe, wie sie z. B. bei dem Chromleder verwendet wird, kommt keine Fettnachgerbung zustande, sondern es wird das Leder einfach mit der Seife aufgefüllt. Es werden aber dennoch einige kombinierte Mineralgerbungen ausgeführt, wo eine Fettgerbung zugleich mit der Mineralgerbung oder erst nach derselben stattfindet. So ist z. B. die sog. Glacégerbung nichts anderes als eine gleichzeitige Mineralgerbung mit Tonerde und Eieröl, wobei das Leder noch durch den im Weizenmehl enthaltenen Kleber und die Stärke aufgefüllt wird. Aber gerade aus dem Grunde, daß beide Gerbungen zugleich erfolgen und schon durch Jahrhunderte üblich sind, wird die Glacégerbung im allgemeinen nicht als eine Kombinationsgerbung angesehen. Sie fällt auch dem Weißgerber, nicht dem Lohgerber zu, wo der erstere damit verschiedene Sorten Handschuhleder erzeugt. Aber es werden mit der Glacégare auch Schuhoberleder hergestellt, die zwar der Weißgerberei zugehören, aber fast in der Regel fabrikmäßig und von der Handschuhlederfabrikation abgeteilt erzeugt werden.

Nicht gerade selten folgt der Glacégerbung noch eine Lohgerbung nach oder es wird die Glacégare mit der Chromgerbung kombiniert, wodurch wieder verschiedene Ledersorten zustande kommen.

Außer der Glacégerbung, die bekanntlich mit Alaun, Kochsalz, Eigelb und Weizenmehl ausgeführt wird, finden auch noch andere kombinierte Mineral- und Fettgerbungen, z. B. zur Herstellung von Riemenleder, statt, das sich durch bedeutende Festigkeit auszeichnet; manchmal fügt man noch eine Gerbung mit vegetabilischen Gerbstoffen hinzu, um eine größere Haltbarkeit und schöneres Aussehen zu erreichen.

1. Rawhide oder Rohleder.

Unter dem Namen Rawhide[1]) hat zu Anfang der neunziger Jahre des vorigen Jahrhundertes die Chicago Rawhide Manufacturing Company verschiedene Treib-, Näh-, Binde- und Schlagriemen in den Handel gebracht, die sich bald eine zahlreiche Kundschaft erworben haben. Dieses Leder sieht dem hellen Kronenleder ähnlich, nur ist es etwas steifer, fühlt sich weniger fett an und sein Narben ist mehr „wild". Der Schnitt ist fast hellweiß wie bei Alaunfettleder, zum Unterschied von dem mehr gelblichen Kronenleder, und fühlt sich rauh und trocken an. Das Rawhide ist ein wenig weicher und fetter als gewöhnliches Treibriemenleder, dabei ist es sehr zähe und wenig dehnsam, so daß ihm vor ähnlichen Sorten der fettgaren Riemensorten der Vorzug gehören dürfte. Es sind zwei Punkte, die bei der Fabrikation dieser Ledersorte berücksichtigt werden müssen, nämlich eine magere Alaungerbung und ein zweckmäßig zusammengesetztes Fettgemisch; selbstverständlich muß auch auf ein richtiges Abwelken vor dem Einfetten und auf die zweckmäßige Walk- und Fettoperation genau achtgegeben werden. W. Eitner hat auf Grund seiner Untersuchungen des echten Rawhideleders einige Versuche mit der Herstellung dieser Ledersorte ausgeführt, bei denen ihm die Erzeugung des Rawhide auch völlig gelang, obwohl damit nicht gesagt werden soll, daß auch in Amerika genau in derselben Weise gearbeitet wird.

Eine Rindshaut, die grün 33 kg gewogen hat, wurde wie üblich geweicht, dann sechs Tage geäschert (wobei ein Zusatz von Schwefelnatrium gute Dienste leisten dürfte), ausgewaschen, gefalzt und mit Salzsäure entkälkt, dann nochmals mit reinem Wasser gewaschen. Die Blöße wurde nicht gebeizt, sondern kam direkt in eine Brühe, die aus 880 g Kalialaun und 220 g Kochsalz in 80 l Wasser, worin sie vier Tage belassen und dreimal täglich aufgeschlagen wurde. Hierauf wurde mit den gleichen Salzmengen (also 880 g Kalialaun und 220 g

---

[1]) Sprich Rah-heid aus, bedeutet „rohe Haut" (auch „Riemenpeitsche").

Kochsalz) zugebessert und die Haut darin noch weitere acht Tage bei täglich zweimaligem Aufschlagen belassen.

Die Rindshaut war zwar egal, aber nur notdürftig durchgegerbt, so daß sich die davon entnommenen Proben kaum stollen ließen und völlig aufgetrocknet, hart und steif blieben. Sie wurde nun abgewelkt, auf der Fleischseite mit der Fettschmiere bestrichen und in einem kleinen Walkfaß vier Stunden laufen gelassen. Die Fettschmiere bestand aus 4 Teilen Wollfett, 4 Teilen Vaselinöl, 1 Teil Paraffin und 1 Teil Eudermin, und besaß die übliche Konsistenz einer Oberlederschmiere. Das Eudermin war ein Teeröl, das von der Fa. Speyer & Grund in Frankfurt a. M. hergestellt wurde; es eignet sich wegen seiner stark antiseptischen Wirkung als Zusatz zu Schmieren für lohgares, besonders aber für fettgares Leder.

Nach dem Schmieren wurde das Leder abgelüftet, über Nacht zusammengeschlagen und mit feuchter Matte zugedeckt abliegen gelassen. Am nächsten Tage wurde es wieder abgelüftet, zum zweiten Male geschmiert, drei Stunden gewalkt, wieder abgelüftet, dann zum dritten Male geschmiert und vier Stunden gewalkt. Nach dieser dritten Walkoperation war die Haut genügend gefettet, sie wurde auf der Tafel ausgesetzt und zum Trocknen aufgehängt. Während des Auftrocknens, das sehr langsam vor sich ging, wurde das Leder mit Pfeifenton abgerieben und unter sich gezogen.

Das fertige Produkt war dem amerikanischen Muster ganz gleich.

2. Das Grünleder (Green-Leather).

In den neunziger Jahren des vorigen Jahrhunderts wurde besonders zu Schlagriemen in England (namentlich in West-Rinding, Yorkshire) und Frankreich viel Green-Leather hergestellt, das eine Zeitlang sehr gesucht war und einen bedeutenden Exportartikel in jenen Ländern ausmachte. Das Grünleder, welches seinen Namen nach der gelbgrünen Farbe seines Schnittes erhalten hat, wurde in der Weise hergestellt, daß die wie üblich zubereiteten Blößen kruponiert und mit Milchsäure entkälkt wurden. Am Baum bearbeitet, werden sie mit leichten Gerbmaterialien, hauptsächlich mit Gambier, unter Zusatz von Lohgerbstoffen angegerbt und dann mit schwacher Lösung irgend eines Eisensalzes durchgefärbt; am besten ist hierzu salpetersaures Eisenoxyd geeignet. Aber die leichte Durchfärbung kann man noch billiger mit schwachen süßen Knoppernbrühen erreichen.

Nun wird es entweder gleich gefettet oder erhält noch früher eine Alaungare, indem man auf einen Krupon etwa 1 kg Kalialaun und $^1/_2$ kg Kochsalz rechnet. Dadurch wird das sonst harte und steife Leder viel weicher. Das Leder wird stark gefettet; man gibt soviel Fett herein, wie nur möglich, und es kommen Grünleder vor, die 50% Fettstoffe und darüber enthalten.

Die Fettung wird ähnlich, wie bei dem alaungaren Schlagriemenleder ausgeführt. Man feuchtet zunächst die Leder an, läßt die Feuchtigkeit gut durchziehen und reckt sie mit der Maschine aus. Dann werden die Leder in einem Walkfaß mit dem angewärmten Fettgemisch, das aus Sodöl und Vaselinöl, auch unter Zusatz von Harzölen hergestellt wird. Die geschmierten Leder werden einige Tage im Fett gelagert, dann ausgetrocknet, nochmals ausgereckt und gestollt, wonach sie ganz weich sind und zerschnitten werden.

Der hohe Fettgehalt dieses Leders, das sonst gerne verwendet wurde, war schuld daran, daß es eine reine Arbeit unmöglich machte und infolgedessen bald außer Gebrauch kam. Die Mitverwendung der Eisensalze dient hier bloß zum Durchfärben der Leder und kann als Gerbung nicht angesehen werden.

3. Alaun- und fettgares Riemenleder.

Dieses Riemenleder wird sachgemäß in folgender Weise hergestellt:

Die wie üblich zubereiteten Blößen werden zuerst in einer bereits gebrauchten, sodann in frischer Alaunbrühe ausgegerbt, wobei man für 100 kg Blößen 10 kg Kalialaun oder 7 kg Tonerdesulfat und 2,5 bis 3 kg Kochsalz rechnet. Am besten walkt man darin die Blößen in einem Drehfaß etwa vier Stunden lang und beläßt sie dann in der Brühe noch einige Stunden, bis sie völlig durch sind, oder hängt sie in die Lösung ein und schlägt sie wiederholt auf.

Dann nimmt man die Häute heraus, trocknet sie und zieht sie durch reines Wasser, damit sie anziehen, und reckt sie aus.. Die ausgereckten Häute weicht man, etwa in einem Walkfasse, gut ein und befreit sie durch Ausringen, Ausstoßen oder Pressen von dem überschüssigen Wasser, bestreicht sie dann mäßig mit Dorsch- oder Lebertran und bringt sie in ein Walkfaß, wo man sie so lange walkt, bis sie fettgar geworden sind. Bei dieser Fettgare kommt man für je 100 kg Blößen mit 6 bis 7 kg Tran reichlich aus. Man läßt die Häute etwa zwei Stunden laufen, wobei sich die Häute von selbst genügend erwärmen, so daß man den Tran nur bei Frostwetter etwas anwärmen muß.

Nach dieser ersten Walke nimmt man die Häute heraus, hängt sie an der Luft zum Abwelken auf, fettet sie ein, bringt sie wieder in das Faß und läßt sie etwas länger, vielleicht drei Stunden laufen. Es wird nochmals abgewelkt und zum dritten Male, etwa vier Stunden, gewalkt. Die Walkzeit wird stufenweise aus dem Grunde verlängert, weil die Häute mit der fortschreitenden Fettgerbung widerstandsfähiger gegen die Wärme werden, die aber bei der Fettgerbung unbedingt nötig ist.

Bei dem Lufttrocknen dürfen die Leder niemals zu völlig austrocknen; zu trockene Hautstellen würden zwar das Fett reichlicher als die feuchteren aufnehmen, aber dieses würde sich im Innern der Hautgewebe nicht so fein verteilen, so daß hierdurch dunkle verschmierte Flecken entstehen würden, die, trotzdem sie viel Fett enthalten, dennoch dünner und steifer bleiben. Nach der letzten Tranwalke werden die Leder völlig ausgetrocknet und ausgereckt.

Hiermit wäre die Zurichtung dieser alaun- und fettgaren Leder beendet, und sie können auch in diesem Zustande für manche Zwecke verwendet werden. Zumeist gerbt man sie aber noch mit vegetabilischen Gerbstoffen nach, wodurch sie ihren fettigen Griff verlieren, weniger platt und mehr mollig werden.

Man könnte glauben, daß fettgares Leder die vegetabilischen Gerbstoffe nicht aufnimmt, aber dies ist nicht der Fall; wir wissen ja, wie leicht und rasch sämischgare Leder die pflanzlichen Gerbstoffe aufnehmen, nur dürfen sie kein überschüssiges Fett enthalten. Aber auch das fetthaltige Kronenleder, das außer dem von den Hautfasern gebundenen Fette noch viel frei eingelagertes Fett enthält, also mit Fett nicht nur gegerbt, sondern auch imprägniert ist, kann nach und nach in starken Brühen mit vegetabilischen Gerbstoffen nachgegerbt werden. Um so leichter geht bei fettgaren Ledern die Nachgerbung mit jenen Gerbstoffen vor sich, wenn die Zwischenzellenräume frei von Fett und namentlich von starrem Fett sind.

Zu dieser Nachgerbung wird das alaun-fettgare Leder wieder aufgeweicht und mit einer Brühe aus irgend einem vegetabilischen Gerbmaterial entweder in Hängegeschirren oder im Walkfaß behandelt. Das Gerbmaterial ist hier so ziemlich gleichgültig, nur wird man die Färbung des Leders berücksichtigen müssen. Eine Mischung von Fichten- und Quebrachogerbstoff liefert den beliebtesten Farbenton, obwohl durch Zusatz von Farbholzabkochungen beliebige Farbentöne erhalten werden können. Auf eine ausgiebigere Nachgerbung wird hier nicht reflektiert, man kann daher ziemlich schwache Gerbebrühen verwenden, die man aber häufig wechselt.

Nach vollendeter Gerbung werden die Leder im reinen Wasser abgespült, aufgetrocknet und zugerichtet. Dabei feuchtet man die Leder an, reckt sie auf der Reckbank oder mit der Reckmaschine aus, putzt sie an der Fleischseite mit dem Blanchiereisen ab und zieht sie eventuell im völlig trockenen Zustande noch unter sich.

Das auf diese Weise hergestellte Riemenleder ist sehr fest. W. Eitner gibt an, daß es eine Zugfestigkeit von 550 bis 850 kg pro 1 qcm aufweist, während das rein lohgare Treibriemenleder eine solche von 100 bis 300, das Chromleder von 300 bis 700 kg besitzt.

Ähnlich läßt sich auch das chromgare Riemenleder zurichten, obwohl dasselbe viel weniger der Fettnachgerbung zugeneigt ist als das alaungare, welches das Fett leichter aufnimmt, indem es selbst im völlig trockenen Zustande gefettet werden kann.

4. Durandsches Gerbverfahren für poröse Häute.

Eine kombinierte Fett- und Alaungerbung stellt das Durandsche Gerbverfahren für poröse Häute und Felle vor. Albert Gabriel Jean Louis Durand in Vendôme (Loir et Chair, Frankreich) erhielt ein D.R.-P. Nr. 106041 vom 26. Juli 1898 auf ein Gerbverfahren für poröse Häute, namentlich Hasenfelle. Um die Porosität solcher Felle aufzuheben und sie zur Verwendung für industrielle Zwecke geeignet zu machen, werden die Felle nach der üblichen Vorbehandlung, um die Blöße herzustellen, einer Angerbung mit Öl unter gleichzeitiger Walkung, aber unter Ausschluß irgend einer Gärung, unterworfen. Die Felle werden also zunächst sämischgar gemacht. Um nun die Poren der Hasenfelle u. dgl. zu verstopfen, wird eine Gare aus Alaun, Kochsalz und Lederleim hergestellt, die in Wasser aufgelöst und dann noch mit Weizenmehl und Eidottern versetzt wird. Leider ist bei dieser Gare der Zusatz von Lederleim nicht zweckmäßig, da er durch Alaun ausgefällt wird, wodurch die beiderlei Stoffe unwirksam werden. Auch ist nicht einzusehen, warum man die Felle zunächst sämisch- und erst dann alaungar machen sollte. — Über das Schicksal dieses Gerbverfahrens konnte nichts in Erfahrung gebracht werden.

5. Herstellung des Klavierleders.

Das Sämischleder wird häufig wegen seiner günstigen Eigenschaften, die ihm eigentümlich sind, zu verschiedenen Ledersorten verarbeitet. So erhält man ein dem „schwedischen" ähnliches Leder, wenn man das fertige Sämischleder zunächst mit Benzin entfettet und nur auf der Oberfläche mit Bürste ausfärbt; diesem Leder wird dann durch Abschleifen ein feiner Plüsch erteilt. Wird das Sämischleder zuerst geschliffen und geglättet, gleich ob es an der Narben- oder Fleischseite geschieht, und dann mit Gerbstoffextrakten ausgefärbt, so erhält man ein dem schwedischen Leder ebenfalls völlig gleich aussehendes Leder.

Das sog. Klavierleder, wie es von den Pianobauern verwendet wird, stellt man in der Weise her, daß man das Sämischleder zuerst abschleift und dann in Tunkfarben ausfärbt. Würde man nämlich das Leder erst nach dem Färben abschleifen, so würde es fleckig herauskommen; aber wenn man das Leder erst nach dem Schleifen ausfärbt, so geht es wieder auf, was bei dem weichen Sämischleder selbstverständlich ist, deshalb wird nach dem Färben das Leder gebügelt, um die frei herausragenden Fasern wieder umzulegen. Tatsächlich wird dadurch das Umlegen der Fasern erreicht, aber bei der nachfolgenden Bearbeitung die Oberfläche wieder aufgerauht. Zum Ausfärben werden stets verdünnte Gerbextrakte oder wässerige Auszüge verschiedener Gerbelohen verwendet, womit man verschiedene Farbentöne erzielt. So mit Kastanienholzextrakt gelbbraun, mit Hemlockextrakt rotbraun, mit Erlenrinde-Abkochung, die man mit Rot- oder Gelbholz nuancieren kann, braungelb, mit Bablah-Abkochung bräunlich.

Man kann dieses Färben mit Gerbstoffen als eine Art schwacher Gerbstoffnachgerbung betrachten und das um so mehr, als dadurch das Sämischleder tatsächlich härter wird, also teilweise lohgar erscheint.

Neuerer Zeit werden Klavierleder, um die angeführten Fehler zu vermeiden, auf folgende Art hergestellt: Das Sämischleder wird zunächst in bekannter Weise entfettet, wozu man die üblichen Entfettungsmittel, so das Benzin mit Methylalkohol, Chlorhydrin u. a. verwendet. Dann werden sie in einem Farbhaspel mit dünner Extraktbrühe durchgefärbt. Als solche können verschiedene Lohgerbstoffe dienen, so erhält man z. B. eine gelbbraune Farbe mit einer Farbflotte aus 30% Hemlock- und 70% Kastanienholzextrakt; nimmt man das umgekehrte Verhältnis, also 70% Hemlock- und 30% Kastanienholzextrakt, so erhält man einen rotbraunen Farbenton, und die Zwischentöne selbstverständlich durch Abstufung der verwendeten Mengen Gerbextrakte.

Man darf nicht zu viel von den Gerbextrakten verwenden, damit das Sämischleder nicht zu stark ausgegerbt wird; um den richtigen Farbenton zu erreichen, werden die Farbextrakte nach und nach zugesetzt. Um den Ton zu verdunkeln, bringt man die Felle in ein dünnes Beizbad, das man sich durch Auflösen von ungefähr 200 bis 300 g Kaliumbichromat in 100 l Wasser bereitet. Je nach der gewünschten Tiefe beläßt man die Felle eine kürzere oder längere Zeit in der Beize. Es sei ausdrücklich bemerkt, daß man nicht mehr als 50 g Bichromat pro 100 l Wasser nehmen darf, wenn das Leder nicht spröde und hartgriffig werden soll. Aus dieser Beize gibt man die Felle noch in eine verdünnte Essigsäurelösung, die man mit 100 g Essigsäure ($90^0/_0$ig) auf 100 l Wasser anstellt. Durch diese zwei Bäder wird der Farbenton vertieft und fixiert[1]).

Dieses Färben dauert längere Zeit, vielleicht mehrere Tage, da man mit stark verdünnten Gerbextrakten arbeitet; aber man kann es, nach erworbener Praxis, auch auf 10 Stunden abkürzen. Man darf jedoch nie stärkere Farbbrühen verwenden, wenn nicht ein steiferes Leder herauskommen soll. Dabei werden die Felle gänzlich durchgefärbt und weisen demnach eine vollkommen gleichmäßige und fleckenfreie Farbe auf, auch wenn sie hiernach geschliffen werden. Durch diese Behandlung behalten die Felle auch einen vollen und weichen Griff, während sie bei Verwendung von stärkeren Gerbbrühen dünn und leer werden und so gerade die wertvollsten Eigenschaften des sämischgaren Leders verlieren.

Nach der Ausfärbung werden die Felle angetrocknet und erhalten dann eine schwache Eiergare, indem man pro Fell ein Stück Eidotter (also pro 50 Stück Felle 1 l konserviertes Eigelb) in 1 l Wasser gut verrührt und darin die Felle in bekannter Weise bearbeitet.

Hierauf werden die Felle völlig getrocknet, was bloß durch Luftwechsel ohne zu heizen ausgeführt wird, und zuletzt nach Bedarf geschliffen. Das Bügeln fällt hier weg, und im ganzen ist dieses Verfahren einfacher und billiger als das allgemein übliche, wobei man ein schöneres und deshalb auch mehr preiswertes Leder erhält.

---

[1]) Siehe „Praktische Herstellung von Pianoleder" in der „Leder-Zeitung", 1913, Nr. 133, S. 1755.

V. Kombinierte Glacégerbungen.

Die Glacégerbung ist eine französische Erfindung, womit
schon zu Mitte des 16. Jahrhundertes feine Handschuhleder
erzeugt wurden, später haben die Franzosen die Glacégare,
„la salade", auch zu Schuhoberleder verwendet. Mit der
Glacégare werden die verschiedensten Felle bearbeitet, insbesondere Schmaschen, Lamm- und Zickelfelle, Schaf- und
Ziegenfelle, aber auch Kalb-, Fohlen- und Hundefelle, die zu
Handschuhleder und auch feinem Schuhleder verarbeitet
werden.

Die Glacégare, auch Nahrung, „la nourriture", genannt,
wird aus Eidottern, Weizenmehl, Alaun und Kochsalz bereitet.
Dabei führen Alaun und Kochsalz die bekannte Alaungerbung
aus, während das Leder durch das Eigelb vermittelst seines
Ölgehaltes gefettet und durch das Mehl aufgefüllt wird.
Aber der Einfluß des Eidotters und des Weizenmehles be-
schränkt sich auf diese obwohl hauptsächlichen Einwirkungen
nicht, was sich durch ihre Bestandteile aufklärt.

Eidotter werden von Hühner- und Enteneiern gewonnen, die alle in größeren Mengen zu beschaffen sind, und
kommen entweder frisch, zum größten Teil aber konserviert
in den Handel. Der Eidotter bildet eine dickflüssige, zähe
und schleimige Masse von gelber bis orangener Färbung, die
im unverdorbenen Zustande fast keinen Geruch zeigt und
milde schmeckt. Die darin enthaltenen Stoffe sind teils
gelöst, teils suspendiert; die ganze Masse reagiert schwach
alkalisch und bildet mit Wasser eine weiße Emulsion.

Nach Villon-Thueau enthält das Hühnerei etwa 60 Teile
Eiweiß und 40 Teile Eigelb. Ein Hühnerei wiegt durchschnittlich mit der Schale ungefähr 62 g, die Eierschale 7 g, so daß

etwa 1820 Eier 60 kg Eiweiß und 40 kg Eigelb liefern. Zu 1 kg trockenem Eiweiß sind etwa 380 Eier nötig[1]).

Nach neueren Untersuchungen des Hühnereigelb von Paeßler und Bartsch wiegt ein Hühnerei durchschnittlich 55 g, davon das Eigelb 18,5 g, was also 33,6% vom Gewicht der Eier ausmacht. Zu den Eidottern wurden 11,1% vom Gewicht Kochsalz zugesetzt; man erhielt so ein konserviertes, dem Faßeigelb ähnliches Eigelb, das bei der Analyse 45,9% Wasser und 29,6% Fett enthielt.

Enteneigelb: ein Ei wog durchschnittlich 75 g, ein Eidotter 29,6 g oder 39,5% vom Eigewicht; der Wassergehalt betrug 46,9%, der Fettgehalt 29,8%.

Das Fett ergab:

	Hühnereigelb	Enteneigelb
Die Jodzahl	45,9%	54,2%
Unverseifbares	3,4 „	6,2 „
Phosphor als Phosphorsäure H_3PO_4 . .	3,7 „	3,1 „

Der Fettgehalt scheint großen Schwankungen unterworfen zu sein. Reiner Eidotter von Hühnereiern enthält

---

[1]) Im „Collegium" Nr. 296 vom 15. II. 1908.

Das Hühnereigelb enthält nach den älteren Untersuchungen

	von Dr. J. König	Ferd. Jean
Wasser	50,80 %	52,6 %
Fett (Eieröl)	31,74 „	28,0 „
stickstoffhaltige Stoffe .	16,24 „	18,0 „
stickstofffreie Stoffe . .	0,13 „	
Salze	1,09 „	1,4 „

Nach Villon-Thueau enthält das Hühnereigelb:

Wasser	51,8 %
Fettstoffe	20,3 „
Vittelin (Gemenge aus Albumin und Kasein)	15,8 „
Lezithin	7,2 „
Nuklein (S- und P-haltiges Proteid) . . .	1,5 „
Salze	1,0 „
Farbstoff (Luteine)	0,5 „
Cholesterin und Zerebrin	0,7 „

ungefähr 30⁰/₀ Öl, von Enteneiern manchmal noch mehr. Dabei ist das sog. Eieröl dem Olivenöl und Klauenöl nahe verwandt.

Da der Eidotter leicht verdirbt, wird er konserviert, indem man ihn mit Kochsalz (etwa 10 bis 20⁰/₀), mit Borsäure oder Borax (etwa 2⁰/₀) und Wasser versetzt und kommt als sog. Faßeigelb zumeist aus China und Kleinasien in den Handel. Im Handel sind nur 10⁰/₀ Kochsalz usancemäßig, aber diese Menge wird selten eingehalten und es wurden schon im Faßeigelb wiederholt 20 bis 25⁰/₀ Kochsalz festgestellt. Das Faßeigelb enthält bloß 20 bis 24⁰/₀ Eieröl und ist nicht selten mit einem unnötig großen Salzzusatz verfälscht; deshalb ist eine Garantie des Eierölgehaltes und dessen Kontrollanalyse geboten. Um den Fettgehalt künstlich zu erhöhen, werden demselben auch fremde Öle und Fette zugesetzt, deren Nachweis recht schwer, wenn nicht gerade unmöglich ist. Ein Liter Faßeigelb wird gewöhnlich 50 Stück Eidotter gleichgestellt; es dürfte aber zuviel sein, H. R. Procter rechnet bloß 35 bis 40 Stück.

Das Eigelb besteht im wesentlichen aus Fett und Eiweiß, ersteres in höchst verteiltem Zustande, einer Emulsion. Bringt man nun eine Fettemulsion in eine Alaun-Kochsalzlösung und bearbeitet damit die Blöße, so wird diese durch den Alaun weißgar und zugleich mit dem Eieröl gefettet. Durch diese Fettung wird die Beweglichkeit und Dehnbarkeit des Hautgewebes bewirkt und besteht darin zwischen dem Eieröl und anderen Fettstoffen, wie sie sonst bei der Gerbung verwendet werden, kein prinzipieller Unterschied. Das Eigelb und das Weizenmehl enthalten Eiweiß; wenn dieses mit dem Alaun zusammentrifft, so wird es niedergeschlagen. Dies erfolgt schon in der Eiergare selber, aber der feine Niederschlag wird samt der Weizenstärke teilweise von dem Hautgewebe aufgenommen, indem schon Knapp gefunden, daß dieses nicht nur gelöste Stoffe, sondern auch fein verteilte, mehr oder weniger gelatinöse, amorphe Niederschläge aufzunehmen vermag, sobald es in Flüssigkeiten, die solche Niederschläge enthalten, bearbeitet wird.

Das Weizenmehl Nr. 0, wie es zu Glacégare verwendet wird, enthält durchschnittlich:

Wasser 12,56%
stickstofffreie Extraktstoffe . . . . . . 76,26 „
stickstoffhaltige Substanz . . . . 10,03 „
Fett. . . . . 0,73 „
Spuren von Rohfasern und Asche . . 0,41 „

Die stickstofffreien Extraktstoffe bestehen fast ausschließlich aus Stärkemehl; neben diesem sind nur geringe Mengen von Zucker, Gummi und Dextrin vorhanden.

Die stickstoffhaltige Substanz besteht hauptsächlich aus dem Kleber, der sich in schwach alkali- oder säurehaltigem Wasser auflöst. Der Klebergehalt des Weizens und infolgedessen auch des Weizenmehles ist sehr verschieden, er schwankt bei dem ost- und norddeutschen Winterweizen zwischen 8 bis 16%; doch gibt es Sorten, die davon noch weniger, ja gar nichts enthalten. Der Weizen südlicher Gegenden pflegt kleberreicher zu sein als derjenige nördlicher Gegenden; am kleberreichsten ist der Sommerweizen aus Südrußland, der durchschnittlich 17,65% Kleber enthält.

Nach Knapp wird von der Hautsubstanz nur der Kleber aufgenommen, die Stärke bleibt in der Brühe zurück und legt sich höchstens an das Fell an, wo sie dann beim Stollen das sog. Stollmehl liefert. Dabei wirkt sie in der Nahrung als ein indifferenter Stoff, indem sie die durch Alaun niedergeschlagenen Eiweißstoffe am Zusammenballen behindert und sie so lange lose erhält, bis sie von der Blöße aufgenommen wurden. Aber es ist recht fraglich, ob diese Anschauung richtig ist; es scheint, daß auch die Stärke vom Leder aufgenommen wird, da man sogar fein pulverige Mineralstoffe in die Haut einzubringen vermag.

Was die Menge der einzelnen Gerbstoffe anbelangt, so gehen die Angaben weit auseinander, nur das Verhältnis zwischen Kochsalz und Kalialaun steht so ziemlich fest, indem es ungefähr 1 zu 3 bis 4 betragen soll; man gibt also auf 100 Teile Alaun oder 70 Teile Tonerdesulfat etwa 25 bis

30 Teile Kochsalz, wobei für 100 Teile Blößengewicht ungefähr 10 Teile Kalialaun oder 7 Teile Tonerdesulfat genügen. Aber die weiteren Mengenangaben schwanken in weiten Grenzen. Es soll die „Normalgare" betragen an

	nach Eitner	Procter	Steyer	Stohmann	Villon	Wiener
Wasser	40	12 bis 15	40	60	15	60 Teile
Alaun	3	2,5	5	10	9	9,5 „
Kochsalz	1	1	1,5	4	2	4 „
Mehl	6	5	6	5	6	5 „
Eigelb	1	0,7	1½	1	0,5	1 „

und Olivenöl 0,3

Man dürfte nicht fehlgehen, wenn man den Ansatz Eitners als das richtige Mittel annehmen würde. Am besten stellt man sich eine Stufenleiter für leichte, mittelschwere und schwere Felle auf und gibt acht, ob in der ausgezehrten Brühe nicht zu viel Garstoffe zurückbleiben; je nachdem verringert oder erhöht man deren Menge. Mit Alaun und Kochsalz geht man wohl nicht zu sparsam um, desto mehr bei Mehl und Eidottern.

Was das Mehlquantum anbelangt, so darf man damit nicht zu sparsam sein, denn davon hängt die kräftige Beschaffenheit des Leders ab. Das Mehl soll die Blößen bedecken, damit die Gare „sitzt", denn nur so kann das Leder die nötige Nahrung erhalten. Nach einer solchen Gare stollt sich das Leder viel besser, bleibt kräftig, gehoben, mild und zügig. Dabei geht auch die größere Mehlgabe nicht völlig verloren, denn ein Teil davon wird von den Blößen aufgenommen und der Rest, der an den Außenseiten zurückbleibt, fällt nahezu im vollen Gewicht als Stollmehl ab, das als kräftiges Viehfutter gut verkäuflich ist und ungefähr den halben Anschaffungspreis des Mehles wieder hereinbringt.

Alaun und Kochsalz können in warmem Wasser aufgelöst werden, aber zum Anrühren des Weizenmehles darf dessen Wärme nicht 25 bis 30° übersteigen, da sich das Mehl in heißem Wasser zu halbgekochten, leimartigen Klumpen zusammenballt, welche in die Blöße nicht einzudringen vermögen; erst nach gleichmäßiger Bearbeitung kann die Wärme auf

35° erhöht werden. Auch die Eidotter sollen in kühlem Wasser verrührt und erst dann der Alaunlösung zugesetzt werden; man seiht die im Wasser verrührten Eidotter durch ein Haarsieb, um das etwa noch anhaftende Eiweiß abzusondern, und gibt sie dann in die Alaunlösung nach und nach unter fortwährendem Rühren zu, worauf die Gare mit warmem Wasser auf ungefähr 40° gebracht wird. Bei kleinen Fellen soll die Nahrung beim Garmachen etwa 30°, bei den stärkeren höchstens 45° C warm sein; bei höherer Wärme würden die Eiweißstoffe ausfallen. Die Gare soll aber immer möglichst warm sein, damit die Garstoffe leicht in das Hautgewebe eindringen und die Fettstoffe in den Blößen nicht erstarren.

Nachdem das Weizenmehl und insbesondere der Eidotter recht teuer sind, wurden sie schon von früher her durch billigere Materialien zu ersetzen getrachtet.

Als Ersatzmittel für Eidotter hat sich im Jahre 1873 W. Eitner das „Eitnerin" patentieren lassen, das nach einem geheim gehaltenen Verfahren hergestellt wurde; aber das Präparat bewährte sich nicht und seine Erzeugung wurde nach kurzer Zeit wieder eingestellt. Im Jahre 1877 empfahl K. Sádloň das Chlorhydrin, aber dies hat seiner ungünstigen Eigenschaften und des hohen Preises wegen keinen Eingang in die Praxis gefunden. Gintl soll mit frischem Käsestoff (auch Topfen oder Quark genannt) und Olivenöl gute Resultate erhalten haben. In Paris wird häufig mit Mehl fein verriebenes Kalbsgehirn verwendet. Nach Knapp liefert rohes, mit Paraffinkristallen untermischtes Paraffinöl ein brauchbares Surrogat. Auch die frische, dickschleimige Abkochung der Eibischwurzel wurde, mit Olivenöl emulsiert, als Ersatz des Eidotters versucht.

Kathreiner will die Hälfte des Eidotters durch eine Emulsion von Öl und Glyzerin ersetzen. Wenn man also bei dem gewöhnlichen Verfahren z. B. 50 Eidotter für 100 Felle verwendet, sollen statt jener nur 25 genommen werden, die aber mit einer Mischung von 125 ccm Olivenöl und 100 ccm Glyzerin unter kräftigem Umrühren zu einer Emulsion verarbeitet werden.

H. R. Procter meint, daß das Eigelb ganz gut durch ein Gemisch von Olivenöl und Palmenöl ersetzt werden könnte, und es soll sich nur darum handeln, auch für den Eiweißstoff des Eigelbs ein geeignetes Surrogat zu finden, das sich mit dem Öl leicht vermischen ließe; vielleicht könnten hierzu das aus der Milch ausgeschiedene Kasein oder die fein vermahlenen Körner einiger ölhaltigen Nüsse verwendet werden.

Nach dem D.R.-P. 35 338 vom 19. Juni 1885 des Armand Müller-Jakobs in New York soll das Eigelb durch sulfurierte Öle, namentlich durch das sulfurierte Rizinusöl (Türkischrotöl) ersetzt werden.

Villon-Thueau führen als Ersatzmittel für die Eiergare folgende zwei Mischungen an:

I. Wasser . . . . 50 Teile	II. Wasser . . 3000 Teile
Eiweiß . . . . 18 ,,	Alaun . . 1800 ,,
Glyzerin . . . 5 ,,	Salz . . . 400 ,,
Knochenöl. . . 20 ,,	Mehl . . . 1200 ,,
Ammoniak . . 5 ,,	
Schweineschmalz 3 ,,	

Auch für das teuere Weizenmehl wurde ein billigeres Ersatzmittel wiederholt gesucht, aber bisher nicht gefunden. Ein weitausgreifendes diesbezügliches Patent wurde Chemin als A.P. vom 9. Januar 1886 erteilt. Danach soll statt der Gare aus Eigelb und Mehl eine Mischung verschiedener Mineralstoffe mit Glyzerin und billigeren Mehlsorten benutzt werden. Als Mineralstoffe werden genannt: Zinkoxyd, Magnesia, Gips, Barium-, Blei- oder Strontiumsulfat, Blei-, Zink- oder Magnesiumkarbonat, Talk, Kaolin, Dolomit oder borsaures Kalzium. Die Mehle, welche mit Glyzerin vermengt, mit oder ohne Zusatz von Öl zur Verwendung gelangen, sind von Mais, Hafer, Buchweizen, Gerste, Roßkastanien, sowie von allen Fettstoff enthaltenden Körnern, die in ein sehr feines Mehl verwandelt werden können. Ist die Theorie von Knapp bezüglich der Wirkungsweise des Weizenmehles richtig, daß nämlich dabei nur der Kleber nicht aber die Stärke wirksam sind (was jedoch gar nicht sichergestellt ist) so könnten die oben von Chemin angeführten Stoffe, die alle damals bekannten weißen Farbstoffe und fast alle weißen Körper, die zu Mehl vermahlen werden können, überhaupt umfassen, das Weizenmehl nicht ersetzen.

Ein richtiger und billiger Ersatz für Eidotter und Weizenmehl ist bisher nicht gefunden worden und so werden große Mengen dieser wichtigen Nährmittel noch jetzt zu industriellen Zwecken verbraucht. Mit der Eiergare wurden zunächst feine Handschuhleder hergestellt, aber mit den steigenden Ansprüchen und der größeren Verweichlichung wurden schon zu Ende des 18. und zu Anfang des 19. Jahrhunderts auch für Schuhe weiche und milde Leder bevorzugt, wie sie die Lohgerberei nur schwerlich bieten kann, und es mußte daher zu weißgaren Ledern gegriffen werden. Zu Beginn des 19. Jahrhunderts wurde in Ungarn und Österreich, namentlich in Stuhlweißenburg und in Wien, ein alaungares Leder erzeugt, das unter dem Namen „Brüsselleder" zu leichter Fußbekleidung verarbeitet wurde. Es fand damals namentlich im Orient einen lohnenden Absatz, wurde aber durch die massenhafte Einfuhr von ostindischen und australischen halbgaren Ziegenfellen verdrängt.

In Mitteleuropa und in England trat bald das Kalbkidleder in den Vordergrund und behauptete lange die leitende Stellung. Neben Kalbkid wurde auch das Schafkid fabriziert. Beiderlei Fellsorten werden mit der Glacégare ausgegerbt; nach dem Gerben wird das Leder auf der Narbenseite schwarz oder bunt gefärbt und weiter zugerichtet. Bei dem Kidleder soll der Narben kurz, geschlossen und dennoch von einer Milde sein, daß sich derselbe unter dem Bügeleisen bequem, fest und glatt anlegt. In Deutschland und England wurde das Kalbkid massenweise in mehreren, großartig angelegten Fabriken hergestellt; ja in Deutschland machte es in den siebziger und achtziger Jahren einen der bedeutendsten, gangbarsten und auch ergiebigsten Faktoren der deutschen Lederindustrie aus. Damals importierte Amerika jährlich um nicht weniger als 5 Millionen Dollars Kalb- und Schafkidfelle und zwar hauptsächlich aus den zwei genannten Ländern.

In Frankreich hat die Kalbkidfabrikation nie eine besondere Bedeutung erreichen können; dagegen entwickelte sich dort die Erzeugung von glacégaren Ziegenfellen, den sog. Chevreaux oder Chevretten, deren Herstellungsmethode lange Zeit mit Erfolg geheim gehalten wurde, bis es endlich doch gelang, zuerst in England und später erst, aber nach zwanzigjähriger Mühe, auch in Deutschland ein Fabrikat herzustellen, das sich dem französischen an die Seite stellen konnte.

Der Verbrauch an Chevretten nahm bald kolossale Dimensionen an, in Paris allein wurden jährlich über 5 Millionen Stück verkauft, die zumeist in der Stadt selbst und in ihrer nächsten Umgebung erzeugt wurden. Diese Produktion wurde damals fast zur Hälfte nach Amerika ausgeführt, wogegen die dortigen Ziegenfelle nach Frankreich exportiert und hier zu Chevreaux verarbeitet wurden; die zweite Hälfte der in Frankreich erzeugten Chevretten wurde fast ganz von dem übrigen Europa aufgenommen. In die Zeit des hohen Aufschwunges dieser Ledersorte fällt selbstverständlich der Niedergang des Kalbkidleders. Beide Ledersorten wurden für feines, namentlich Damenschuhwerk verwendet, aber die geglänzten Chevreaux, die „Glanzchevreaux", erfreuten sich bald der Bevorzugung der herrschenden Mode, sie waren auch billiger als das teuere Kalbkid, das seinem Gegner das Feld räumen mußte. In den achtziger Jahren trat aber in Amerika das Dongola als Konkurrent des französischen Chevreau auf und dieses trug wegen seiner großen Vorzüge bald und leicht den Sieg davon. Aber das Dongola wurde wieder von den schön gefärbten chromgaren Kalb- und Ziegenledern, sowie von dem Chromchevreau aus Schaffellen überflügelt, die jetzt zu Favoritartikeln der Mode geworden sind.

Eine Zeitlang beherrschten die amerikanischen Kombinations-Oberleder den Weltmarkt, aber Deutschland, England, Frankreich und auch die übrigen Länder gaben sich die größte Mühe, der amerikanischen Konkurrenz zu begegnen und erzielten auch tatsächlich gute Resultate. Namentlich die deutsche Lederfabrikation hat die überseeische bezüglich der Qualität der erzeugten Ware bereits überflügelt, wozu namentlich die gediegene Fachbildung der Erzeuger selbst und dann auch die Entwicklung der deutschen Gerbereimaschinen- und Anilinfarbenfabrikation beigetragen haben. Die beiderseitige Konkurrenz hat zur Folge, daß fortwährend neue Kombinations-Ledersorten auftreten und man sehr auf der Hut sein muß, um nicht zurückzubleiben oder überflügelt zu werden.

Anfangs der neunziger Jahre des vorigen Jahrhundertes trat die Chromgerbung in Amerika auf, nachdem in Europa alle Versuche damit fehlgeschlagen haben. Zunächst wurden chromgare Chevreaux aus Schaffellen erzeugt, bald kam man aber dazu, auch Kalbfelle rein chromgar zu dem stark gesuchten Boxcalf zu verarbeiten. Aber schon gegen das Ende dieses Jahrzehntes erzeugten die Kalb- und Kipsledergerber in den westlichen Staaten Nordamerikas ein chromgares Glacéleder, welches das Chromchevreau ersetzen sollte, und haben gute Resultate, sowohl was die Ware selbst als auch die Nachfrage danach anbelangt, erzielt. Das Leder wurde zu Frauen- und Männerschuhen benutzt und ist in verschiedensten Mustern für die Saison 1900 erschienen. Die Chevreauxfabrikation hat infolge der hohen Ziegenfellpreise im Chromcalf und Kips eine bedrohliche Konkurrenz gefunden. Jetzt werden mit Chrom- und den verschiedensten Gerbstoffen auch mit der Eiergare kombiniert die verschiedensten Ledersorten hergestellt, die bezüglich der Färbung und Zurichtung noch vor 30 Jahren als unmöglich angesehen worden wären.

Sonst sind die Kombinationsgerbungen mit der Eiergare schon älteren Datums. Bereits zu Mitte des 18. Jahrhunderts begannen die französischen Gerber ein dem dänischen Leder ähnliches Handschuhleder in der Weise herzustellen, daß sie glacégare Felle mit warmer Lohbrühe walkten, wodurch das Leder eine mehr wollige Fleischseite erhielt; gerade eine solche, die nach außen getragen wird, ist das charakteristische Merkmal des dänischen Leders. Später begnügte man sich, wenn die Felle etwas zu derb ausfielen, der Fleischseite einen Anstrich mit Gerbstofflösung zu geben, der gleichzeitig die nötigen Farbstoffe zugesetzt wurden. So ist das sog. Chair-leder entstanden. Später wurden noch mehrere andere Schuh- und Handschuhledersorten mit der Glacégare kombiniert hergestellt, die wir in nachfolgendem besprechen werden.

1. Das Kronenleder.

Ein deutscher Tischler, namens Klemm, hat im Jahre 1852 ein Gerbverfahren erfunden, das zuerst zur Herstellung von Riemen- und Gürtelleder verwendet wurde. Sein Verfahren hat Klemm später Preller, einem Engländer, verkauft, der sich dasselbe in England patentieren ließ, eine Gerberei in Southwark errichtete und die Krone als Schutzmarke annahm. Hiervon wurde das Leder Kronenleder, englisch „Crown-leather", benannt, obwohl später die Bezeichnung Schweizerleder, „Helvetia-leather", allgemeiner wurde. Das Kronenleder wurde auch in der Fabrik Mößner in München hergestellt.

Nach der ursprünglichen Methode wurden die enthaarten und geschwellten Häute auf der Fleischseite mit einer Mischung von folgenden Stoffen bestrichen:

26	Teile	Gerstenmehl,
23	„	Rindsgehirn,
6,5	„	ungesalzene Butter,
12,5	„	Milch,
28	„	Klauen- oder Pferdefett,
4	„	Kochsalz oder Salpeter,

darauf in große Walktrommeln gebracht, die einen Zufluß von warmer Luft durch ihre hohlen Achsen gestatten. Nach etwa zehnstündiger Drehung der Trommeln werden die Häute herausgenommen, an einem warmen Orte getrocknet, wieder mit dem Fettgemisch bestrichen und abermals in den Trommeln behandelt, bis sie gar werden. Ochsenhäute sollen dazu eine viermalige Behandlung von je 10 Stunden Drehung bedürfen, und ein sehr biegsames, leichtes, dabei festes Leder ergeben [1]).

---

[1]) Nach Kathreiner im „Jahresbericht der chemischen Technologie", 1880, S. 811, hier nach Mußpratts „Chemie", 1891, III. Bd., S. 1327.

Es ist schwer glaublich, daß man in der Praxis wirklich Butter und Milch angewandt hätte; man hat nämlich bald herausgefunden, daß bloß Fette und Mehl unbedingt nötig sind, obwohl das Ochsengehirn, wo man es erlangen kann, ein nützliches Zusatzmittel ist, weil es das Fett emulgiert. Salpeter sollte wohl als Antiseptikum dienen, falls es nicht mit Alaun, vielleicht absichtlich, verwechselt wurde, wie dies nicht gerade selten geschieht.

Nach einem verbesserten Verfahren werden die Häute mit der Schwöde haarlockerig gemacht und enthaart; eine weitere Äscherung findet nicht statt und die Häute werden ausgewaschen und ausgestrichen, dann in einer Kleienbeize geschwellt. Nach dem Beizen werden die Häute in frischem Wasser abgeschwenkt und von der Fleischseite rein ausgestrichen.

Die so fertig hergestellten Blößen werden in einer warmen Lösung von Alaun und Kochsalz in der Walke bearbeitet und darin 24 Stunden lang stehen gelassen. Hierauf wäscht man die Häute in weichem, lauem Wasser so lange, bis der überschüssige Alaun entfernt ist. Dann bereitet man eine Gare aus Glättmehl (Gerstenstaubmehl von der Bereitung der gerollten Gerste) und Hirn; auf eine Haut rechnet man 7 kg Glättmehl und 4 kg Hirn und setzt etwas (ungefähr 250 g) Laceröl oder Kammfett zu. Man mischt tüchtig durch, verdünnt den Brei mit lauem Wasser, so daß man die Haut durchziehen kann, und walkt sie darin so lange, bis sie das Fett und den Kleber aufgenommen hat. Man läßt dann die Häute über Nacht in der Gare liegen, hängt sie am anderen Tag auf und läßt sie abtrocknen, bis sie über halbtrocken sind. Dann rösselt man sie aus, wodurch die Mehlkleie von selbst abfällt. Man läßt hierauf die Leder vollständig austrocknen und rösselt sie noch einmal, worauf sie zur Färbung fertig sind. Die Färbung wird wie bei Glacéleder ausgeführt.

Auf diese Weise erhält man aus starken Häuten ein Leder, das zu Maschinenriemen, schwerem Schuhwerk, Tornistern u. dgl. verwendet werden kann, während Schaf-, Ziegen-, Hirsch-, Reh- und Gemsfelle Handschuhleder liefern. Das

Leder sollte sich nach Fehling u. a. dadurch vor loh-, weiß-
oder sämischgarem Leder auszeichnen, daß es durch anhaltende
Behandlung selbst mit siedendem Wasser kaum verändert
wird, also eine hohe Wasserbeständigkeit aufweist, daß es
große Zähigkeit besitzt und auch billiger als Glacéleder hergestellt werden kann.

Statt des kostspieligen und in größerer Menge schwer zu,
beschaffenden Gehirns verwendet man Gemische von Talg-
Öl, Seifen u. a.; an Stelle des Gerstenmehles soll auch fein-
geschlämmter Ton oder Ocker benutzt werden. Jedenfalls ist das
Mehl bei diesem Verfahren kein wesentlicher Bestandteil,
weil auch ohne dasselbe, nur mit den Fetten allein, ein ebenso
festes, obwohl nicht so volles und dickes Leder erzeugt werden
kann. Procter ist der Ansicht, daß zu diesem Prozeß jedes
Fett verwendet werden kann, das bei der Temperatur des
Einwalkens flüssig oder wenigstens halbflüssig bleibt. Mit
Vorteil werden Seifen zugesetzt, welche die Öle zu emulgieren
vermögen und so zum Eindringen derselben in die Leder
beitragen. Eitner, der mehrere Muster von dieser Ledersorte
untersuchte, hat gefunden, daß eine Art sämisch- oder fettgaren Leders zurückbleibt, wenn die Eiweißstoffe des Mehles
oder Gehirns aus dem Leder durch Auswaschen mit reinem
Wasser oder mit einer schwachen Lauge beseitigt werden. —
Nach einer anderen Vorschrift wird das Kronenleder
in folgender Weise hergestellt: Die Häute werden am besten
durch Anschwöden mit Kalk und Schwefelnatrium enthaart,
dann ausgewaschen und gegerbt. Die Gerbung wird entweder
zuerst mit einem Gemisch von 2 Teilen Alaun und 1 Teil
Kochsalz und dann erst mit einem Fett ausgeführt, oder man
walkt die Blößen in angewärmtem Walkfaß auf einmal mit
einer Mischung von 10 Teilen Weizenmehl, je 3 Teilen Dégras,
Kammfett und Tran, 2 Teilen Vaseline, 4 Teilen Kalialaun
und 2 Teilen Kochsalz.

Man walkt darin die Häute so lange, bis man am
Schnitt die Durchgerbung feststellt. Die Fettgabe schwankt
je nach der gewünschten Standhaftigkeit des Leders; für
festere Leder wird ein Teil der weichen Fette durch Rindstalg

ersetzt. Die Gerbung ist je nach der zu Gebote stehenden maschinellen Einrichtung in einigen Stunden beendet. Das Färben erfolgt entweder durch Einbringen der Leder in eine Extraktbrühe oder durch Auftrag einer Benzinlösung von fettlöslichen Anilinfarbstoffen.

2. Herstellung von echtem Dogskin.

Die Hundefelle geben ein vorzügliches Material ab, weil sie eine kompakte Textur besitzen; sie kommen jedoch nur in geringen Mengen in den Handel. Sie werden, falls sie größer sind, in Lohgerbereien zu Schuhoberleder, sonst aber in Weißgerbereien zu Handschuhleder verarbeitet. Hundefelle, ebenso die Katzenfelle, werden gewöhnlich durch Trocknen oder Salzen konserviert. Manchmal verwendet man dazu auch die Karbolsäure, von der $^1/_2$ bis 1 Teil in 100 Teilen Wasser aufgelöst wird; die Felle werden in diese Lösung eingegeben und darin ungefähr einen Tag belassen, dann herausgenommen, abtropfen gelassen und in einen Bottich eingegeben, wo sie so lange bleiben, bis sie zur Verarbeitung kommen. In dem Bottich breitet man die Felle eins auf das andere flach aus und bedeckt sie, sobald das Geschirr voll ist, mit dem Karbolwasser bis oben hinauf.

Die meisten Hundefelle zeichnen sich durch eine bedeutende Fettmenge aus, die in der ganzen Haut fein und gleichmäßig verteilt ist und so die Fettbrühe völlig ersetzt; dabei geht das Fett weder beim Äschern noch beim Auswaschen fort, so daß es dem fertigen Leder eine besondere Feinheit erteilt; bei der Gerbung und beim Färben ist das Fett nicht hinderlich. Ihr Hautgewebe ist fein und zähe, dabei geöffnet, indem es nur eine geringe Menge der Zwischenzellensubstanz enthält und so den Gerbstoff leicht aufnimmt. Der Narben ist fein und glatt, von freiem Korn, wenn er nicht gebügelt, satiniert oder gewalzt wurde. In Hinsicht auf die geringe Stärke der Felle ist das Leder sehr fest und steht darin selbst dem besten Kalbfell nicht viel nach.

Als Spezialität wird aus Hundefellen das sog. Dogskin hergestellt, was im Englischen das Hundefell bedeutet. Wir wissen nicht, ob das Dogskin in England zu suchen ist, wie sein Name andeuten würde, denn das Prinzip seiner Ausgerbung rührt aus Frankreich her. Die reingemachten Blößen werden nämlich zuerst mit vegetabilischen Gerbstoffen und Farbstoffen durchgefärbt und erhalten erst dann eine Glacégare; die Zurichtung ist nahezu dieselbe wie bei Glacéleder. Umgekehrt wird das englische Hunting-leather[1]) hergestellt, das zu Reit-Handschuhen und -Hosen verarbeitet wird; dieses wird zuerst mit Alaun und Eigelb und dann erst mit vegetabilischen Gerbstoffen (Sumach, Quebracho u. dgl.) in einem Haspelgeschirr ausgegerbt; auch hier werden zu den Gerbstoffen gleich die entsprechenden Farbstoffe zugesetzt.

Dogskin ist ein starkes Handschuhleder, das bei seiner Verarbeitung etwas massig ausschaut, aber dennoch genügend fein und auch etwas zügig ist. Es wird gewöhnlich lohbraun, manchmal auch dunkelbraun gefärbt und zwar gut durchgefärbt. Die Gerbung wird nach Eitner und Procter in folgender Weise ausgeführt[2]):

Die Felle werden wie gewöhnlich geweicht, in Kalk geäschert und mit Kleienbeize gebeizt; die reingemachten Blößen werden abgewogen und im Walkfaß zugleich gegerbt und gefärbt. Die Gerbbrühe wird für je 100 kg Blößen durch Auflösen von 7 kg Japonika in warmem Wasser hergestellt. Man gibt die Japonika in 8 hl Wasser und kocht; sobald sie aufgelöst ist, läßt man die Lösung erkalten und zwei Tage stehen, damit sie sich gut absitzt. Dann wird die klare Brühe von dem Satz, der sich abgeschieden hat und den man wegwirft, vorsichtig abgezogen. Man kann auch einen größeren Vorrat der Japonikalösung aufbewahren und von diesem je nach Bedarf entnehmen, da sie, je länger sie stehen bleibt, um so reiner und so die Gefahr für das Entstehen von Flecken geringer wird. Die Japonikabrühe muß völlig klar sein, da sonst häßliche Flecke entstehen können. Sie wird mit den Farb-

---

[1]) Soviel wie Jagdleder.

[2]) „Der Gerber", 1896, Nr. 519, S. 86 und „The Leather Trades' Review", 1899, Nr. 669, S. 319.

brühen gemischt und zwar setzt man für je 100 kg Blößen,
50 l Japonikabrühe, 30 l Kubagelbholz, 10 l Fisetholz, 7,5 l
Krapp, 2,5 l Pernambukholz und 1,25 l Blauholzbrühe zu;
die Holzbrühen werden durch Auskochen von je 1 Teil Farbholz mit 8 Teilen Wasser hergestellt.

Es ist leicht einzusehen, daß eine solche Mischung nicht
nötig ist und daß man auch mit Extrakten von Blau-, Rot-
und Gelbholz auskommt. Die gemischte Brühe teilt man in
zwölf gleich große Portionen ein, von denen stets je eine nach
einer halben Stunde in das Faß, während dieses läuft, zugesetzt
wird. Man gibt die Felle mit 150 l Brühe für je 100 kg
Blößen in das Faß ein und läßt laufen; nach etwa sechs Stunden ist bei mittelstarken Fellen die Durchgerbung beendet.

Statt der Japonika kann man auch Myrobalanen, Kastanienextrakt oder R-Katechu verwenden, die billiger zu
stehen kommen und ebensogut wirken. Man nimmt statt
1 kg Japonika 1³/₄ kg Myrobalanen oder 2 kg Kastanienextrakt oder R-Katechu.

Die Farbe, welche die gegerbten Leder in diesem Stadium
zeigen, ist noch nicht fertig, und die Felle erscheinen in einem
matten, unbestimmten Ton, der erst bei der eigentlichen Gerbung durch die Einwirkung des Alauns in seiner richtigen
Nuance und Feuer hervorgerufen wird. Wenn sehr feuerige
Farbentöne verlangt werden oder wenn man mit Holzfarb-
stoffen sparen will, so werden die Felle jetzt, noch vor der
Glacégare, mit Anilinfarbstoffen nachgefärbt. Zu diesem
Zwecke werden die Felle aus dem Faß herausgenommen, auf
einen Bock aufgeschlagen und dort abtropfen gelassen. Dann
gibt man die Felle in eine Lattentrommel oder in ein Haspelgeschirr mit durchbrochenen Seitenwänden, in die man
während des Laufens nach und nach die Lösung des betreffenden Farbstoffes zusetzt. Welcher Anilinfarbstoff verwendet werden soll, hängt von der Ausführung der Vorfärbung
mit den Farbhölzern und von dem gewünschten Farbentone ab. Man kann je nach Bedarf Bismarckbraun, Vesuvin,
Lederbraun, Ledergelb und ähnliche Farbstoffe wählen.
Befürchtet man aber, daß die Leder beim Tragen abfärben

könnten, so werden sie nicht im Bade, sondern auf der Tafel mit der Bürste ausgefärbt.

Durch die Gerb- und Farbbrühe haben die Felle neben einer sehr echten Färbung auch eine leichte Angerbung im Kern erfahren, auf welche nun die Nachgerbung mit Glacégare nachfolgt. Für je 100 kg Blöße nimmt man

14 kg Weizenmehl,

2 „ Kochsalz,

5 „ Alaun oder 3,5 kg Tonerdesulfat,

4 l konserviertes Eigelb oder 150 bis 160 Stück Eidotter und soviel Wasser, daß die Gare gemächlich von den Fellen aufgenommen wird. Die Wassermenge hängt auch von der Gründlichkeit ab, mit welcher die Gare in die Felle eingebracht wird. Zunächst wird das Mehl mit 30 bis 35° warmem Wasser zu einem steifen Teige angemacht, das Eigelb mit der gleichen Menge lauwarmem Wasser angerührt, durch ein Haarsieb passiert und mit dem Teig tüchtig durchgerührt; nebstdem werden Alaun und Kochsalz in etwa 50° warmem Wasser aufgelöst und dem Teige zugesetzt.

Für die Nachgerbung werden die Felle auf der Fleischseite ausgestoßen, wobei das Fleisch noch teilweise weggeht und die Felle so weit von der Flüssigkeit befreit werden, daß sie die Gare gut aufnehmen können. Nachdem die Felle etwa eine Stunde mit der Gare behandelt worden, nimmt man sie heraus und richtet sie zu. Die Zurichtung ist fast die gleiche wie bei Glacéleder, nur werden hier die Felle nach dem Stollen in den Schlichtrahmen gegeben und mit dem Mond bearbeitet, wodurch sie eine reine, wollige Fleischseite erhalten.

3. Herstellung von imitiertem Dogskin.

Von Hundefellen ist aber nur eine geringe Anzahl aufzutreiben, wogegen von Dogskin viel verlangt wird, so daß der meiste Teil davon aus anderem Fellmaterial, insbesonders aus Schaffellen schottischer Provenienz erzeugt wird. Um

nun die lockeren Schaffelle dichter zu machen, so kommen
die reingemachten Blößen zunächst in eine Haspelfarbe, die
aus einer viertelprozentigen Lösung von Kaliumbichromat
(also 250 g Bichromat auf 100 l Wasser) besteht, worin sie
ungefähr vier Stunden gehaspelt werden, bis sie von dem
Chromsalz vollkommen durchdrungen sind. Dieses Chrombad, dem manchmal, aber völlig unnötigerweise, etwas Urin
zugesetzt wird, dient teils als Grundierbad für die später zu
verwendenden Farbstoffe, teils auch zur Gerbung, weil mit
der nachfolgenden Gerbbrühe das nicht gebundene Chromsalz
teilweise zu gerbenden Chromverbindungen reduziert wird.
Die Felle werden dann aus dem Chrombade herausgenommen,
über Böcke geschlagen, abtropfen gelassen und wieder in das
Walkfaß eingegeben; man gibt in dasselbe etwa 150 l Wasser
für je 100 kg Blößen ein, läßt laufen und setzt eine Portion
der Gerb- und Farbbrühe zu. Die Gerbung selbst wird ähnlich wie bei dem echten Hundsleder ausgeführt, nur darf man
hier kein Blauholz zusetzen und von dem Rotholz bedeutend
weniger, weil sonst die Farbe durch das Kaliumbichromat
stark nachdunkeln würde.

Aus dem Fasse werden dann die Felle über den Bock
geschlagen, etwa 24 Stunden abtropfen gelassen und dann
mit einer Fettemulsion ungefähr eine Stunde lang gewalkt.
Die echten Hundefelle benötigen diese Operation nicht, weil
sie eine genügende Menge fein verteilten Fettes enthalten,
während in den Schaffellen, obwohl sie manchmal sogar sehr
viel Fett enthalten, dieses härter und nicht so fein verteilt
ist. Das beste Fett zu dem imitierten Dogskin ist das Weißgerberdégras oder, wenn dieses nicht erhältlich ist, das Türkischrotöl. Man nimmt für je 100 kg Blößen etwa 7 bis 8 kg von diesen
Fetten, die mit der zwanzigfachen Menge Wasser emulgiert
werden. Im Notfalle stellt man sich eine Fettbrühe aus
Rizinusöl, Olivenöl oder Tran, mit guter Olivenölseife emulgiert, her. Sonst kann der Fettlicker auch in einer anderen
bekannten Weise zubereitet werden. In letzter Zeit wird
eine große Anzahl von guten Fettpräparaten hergestellt, die
bekanntlich wirkliche Emulsionen im Wasser geben und auch

in feuchte Felle eindringen und diese einfetten, ohne sie fettig erscheinen zu lassen [1]).

Die mit dieser Fettemulsion wie üblich behandelten Felle werden auf der Fleischseite ausgestoßen, damit sie soweit von der Flüssigkeit befreit werden, um die nachfolgende Glacégare gut aufnehmen zu können. Die Nahrung wird genau so wie bei dem echten Dogskin zubereitet und in die Felle eingewalkt; auch die weitere Zurichtung geschieht in gleicher Weise.

4. Herstellung des Nappaleders.

Diese Ledersorte kam bald nach dem Auftreten des Dongolaleders in Amerika in den Handel, welch letzteres einige Eigenschaften besaß, die es auch zur Handschuhfabrikation vorteilhaft verwenden ließen, so daß man bald versuchte, ein dem Dongolaschuhleder ähnliches Handschuhleder zu erzeugen. Dies gelang wirklich und die Fa. Eman. Mayer in Berlin N. hat sich den Namen „Nappa" vor 20 Jahren gesetzlich schützen lassen, der auch tatsächlich dieser Ledersorte noch jetzt beigelegt wird. W. Eitner hat hierfür die Benennung „Glacédongola" vorgeschlagen, aber diese wird für das betreffende Schuhleder benutzt.

Auch bei den Konsumenten erfreut sich diese Ledersorte noch heute einer großen Beliebtheit und es werden große Mengen hieraus erzeugter Handschuhe von Prag und Deutschland nach Amerika und England exportiert.

Das Nappaleder kann als dänisches Leder angesehen werden, das mit der Narbenseite nach außen getragen wird, dabei aber mehr voll im Griff, viel haltbarer, widerstandsfähiger und zäher als dieses und Glacéleder überhaupt ist. Man färbt es zumeist in mittleren und dunklen Tönen aus, obwohl manchmal auch helle Töne vorkommen. Weil das Leder nur für etwas stärkere Handschuhe, namentlich für Herrenhandschuhe verwendet wird, so müssen dickere und gut ge-

---

[1]) Mehr hierüber in den „Modernen Gerbmethoden", S. 48 und in dem „Handbuch der Chromgerbung", S. 401 u. ff.

lederte Felle ausgesucht werden; der Narben soll schön, von Engerlingen und anderen Fehlern frei sein, weil sie bei Nappa eben noch mehr lästig sind, als beim gewöhnlichen Handschuhleder.

Das Nappaleder wird ähnlich wie das Dogskin (S. 186) hergestellt, nur mit dem Unterschiede, daß bei diesem die Blößen zunächst mit vegetabilischem Gerbstoff angegerbt und erst dann mit Alaun nachgegerbt werden, während bei Nappa umgekehrt zuerst mit Alaun satt ausgegerbt und erst dann mit vegetabilischem Gerbstoff nachgegerbt wird. Hieraus ergeben sich auch die verschiedenen Eigenschaften der beiden Ledersorten, so ähnlich sie auch aussehen. Dogskin ist kompakter, weniger zügig und milder als Nappa, weshalb letzteres für feinere Handschuhsorten dienen kann. Dies rührt davon her, daß Nappa zuerst alaungar gemacht wird und so die Zügigkeit und Milde des Alaunleders behält, indem wie S. 19 bemerkt, die Kombinationsleder immer die Eigenschaften der vorwiegenden und vorhergehenden Gerbung aufweisen. Dabei wird bei der nachfolgenden vegetabilischen Gerbung der überschüssige Alaun entfernt und seinen Platz nehmen die vegetabilischen Gerbstoffe ein, die dem Leder die nötige Festigkeit verleihen.

Zu Nappa werden stets nur kräftige, gut gelederte und völlig narbenreine Schaffelle aussortiert; die Verarbeitung wird aber in verschiedener Weise ausgeführt.

In Amerika ist das folgende Verfahren üblich: Die rohen Schaffelle werden wie gewöhnlich enthaart, gebeizt und mit Alaun und Kochsalz ausgegerbt, dann gut ausbroschiert, worauf sie eine leichte Eiergare erhalten (es wird ein Eidotter pro Fell oder 2 l Eigelb pro 100 Felle gerechnet), in der sie 24 Stunden verbleiben. Hierauf kommen sie in ein Gerbfaß zum Grundieren; man nimmt für 100 Felle etwa 120 l Wasser und 50 g gelben Kaliumchromats, das vorher in wenig Wasser aufgelöst wurde. Das Walkfaß wird drei Viertelstunden laufen gelassen, worauf man die Felle herausnimmt und zum Abtropfen über Böcke schlägt; die ausgezehrte Brühe wird fortgelassen.

Hierauf werden die Felle nachgegerbt. Hierzu werden

8 kg Katechu in 100 l Wasser aufgelöst, indem man das Wasser aufkocht, sobald alles aufgelöst ist, erkalten und die Lösung zwei Tage stehen gelassen, damit sie sich gut absteht. Man zieht hierauf das Klare von dem Satz ab, das man wegwirft. Man kann auch einen größeren Vorrat der Katechulösung aufbewahren und von ihr je nach Bedarf entnehmen, weil sie um so reiner wird. Die Brühe muß nämlich völlig klar sein, da sonst häßliche Flecke entstehen können. Statt des Katechu können auch sulfitierter Quebrachoextrakt, das R-Katechu (sulfitierter Mangroveextrakt) und andere Halbgerbstoffe verwendet werden. Zu 60 bis 70 l der Katechulösung, die für etwa 100 mittelgroße Felle genügen, setzt man noch 200 l Farbholzbrühe zu. Diese Brühe wird aus den Absuden der gewöhnlich verwendeten Farbhölzer, wie Blau-, Rot-, Fiset- oder Kubagelbholz, neuerer Zeit auch aus den betreffenden Extrakten hergestellt, je nach dem Farbenton, der erzielt werden soll.

Man gibt die mit Chromkali grundierten Felle in das Walkfaß, setzt 40 l Wasser von 25° C und etwa 50 l obiger Farb- und Gerbbrühe zu und läßt das Faß 20 Minuten laufen. Man wiederholt diese Operation fünfmal, bis die sämtliche Brühe verbraucht ist, was etwa zwei Stunden erfordert. Die Felle werden so durchgegerbt und zugleich durchgefärbt; die ausgezehrte Brühe wird fortgelassen, reines lauwarmes Wasser eingeleitet und die Felle darin etwa 10 Minuten lang laufen gelassen, damit sie ausgewaschen werden. Sobald das Wasser rein abläuft, sperrt man den Abflußhahn, setzt den Fettlicker, den man durch Auflösen von 1 kg guter Oliven- ölseife in 40 l Wasser herstellt, zu und walkt darin die Felle etwa 15 Minuten lang, bis sie den Licker aufgenommen haben. Die Zurichtung wird ähnlich wie bei dem gewöhnlichen Glacé- leder vorgenommen.

W. Eitner hat seinerzeit zwei bessere Methoden ausgearbeitet, die eine für leere, die andere für mehr volle Ware, welche bessere Resultate liefern.

Leere und wenig lederhafte Felle werden wie üblich alaungar gemacht, dann gut ausbroschiert, abrinnen gelassen oder durch Zentrifugieren entwässert. Sie erhalten nun einen Fettlicker, indem man für ein mittelgroßes Fell 10 g Olivenölseife in 100 ccm weichem Wasser (Kondens- oder Regenwasser) auflöst und mit einem ganzen. Ei, das vorher mit 50 ccm kaltem Wasser verdünnt wurde, absprudelt. Mit dieser Fettbrühe werden die Felle eine halbe Stunde im Fasse gewalkt, hierauf zwölf Stunden ruhen gelassen, worauf sie ein Grundierbad von 250 g Kaliumbichromat in 100 l Wasser erhalten.

Die Felle werden aus dieser Beize herausgenommen, abtropfen gelassen und mit dem oben beschriebenen Gerb- und Farbbäde behandelt, wobei man aber 10 kg Katechu in 200 l Wasser auflöst, wovon für jedes Fell 0,8 bis 1 l Brühe (mit etwa 40 bis 50 g Katechu) gerechnet wird; von der Farbflotte gibt man etwa 2 l für jedes Fell. Durch das Katechu und das Farbholz wird das zum Grundieren verwendete Bichromat zu einem gerbenden Chromsalze reduziert, welches das Leder, wenn auch nur in ziemlich geringem Maße, chromgar und so waschfähig macht, da eben die Chromgare, wenn sie auch recht schwach ist, an der Hautfaser haften bleibt.

Die Färbeoperation wird etwas langsamer ausgeführt. Man gibt zu Anfang für 100 Felle etwa 55 l Wasser und nur 25 l Farbbrühe aus 200 l Farbholzsud- oder einer Lösung von Farbholzextrakten und 100 l Katechulösung gemischt. Nach jeder halben Stunde werden 25 l gebrauchter Brühe abgelassen und durch 25 l frischer Brühe ersetzt; so dauert hier die Gerboperation sechs Stunden, wodurch die Felle ganz egal und vollständig durchgefärbt werden, während sich bei der oben beschriebenen Methode die Außenpartien stärker färben und dann den Gerbstoff nicht mehr in das Hautinnere einlassen, so daß die Leder wohl satter gefärbt, aber nicht gleichmäßig durchgegerbt und durchgefärbt herauskommen.

Um den Fellen eine satte Färbung zu geben und sie besser nuancieren zu können, werden sie zunächst zum Abtropfen auf die Böcke geschlagen und dann auf der Tafel mit der Bürste übersetzt. Für braune Töne verwendet man am besten Ledergelb extra (Kalle) oder Philadelphiagelb R (Berlin), wovon man ungefähr je 4 g in 1 l Wasser auflöst; für gedämpfte Töne sind Holzfarbstoffe gut geeignet. Nach dem Farbenauftrag werden die Felle leicht ausgestrichen und mäßig abgeölt, und zwar am besten mit reinem Moëllon, oder in dessen Ermangelung mit gutem Knochenöl oder Ochsenklauenöl, die man mittels eines Lappens auf den Narben aufträgt. Man läßt die Felle einige Stunden, Narben auf Narben liegen, damit sich das Fett einzieht, und hierauf abtrocknen. So behandelte Felle lassen sich auch trocken auf dem Stollpfahl leicht aufziehen, werden noch auf der Bimswalze von der Fleischseite abgeschliffen und an einer Plüschwalze abgeglättet.

Volle und gut gelederte Felle werden wie gewöhnlich in zwei Wässern ausbroschiert, dann mit Kaliumbichromat grundiert, durchgegerbt und nachgefärbt, genau so wie vorher bei den leeren Fellen angegeben wurde. Nach der Faßgerbung werden die Felle mit reinem Wasser abgespült, durch Auswringen oder Zentrifugieren entwässert, worauf sie noch eine Eiergare erhalten. Man rührt für jedes Fell ein Stück Eidotter und 10 g Klauenöl oder gutes Olivenöl miteinander gut ab und verdünnt mit 200 ccm Wasser. In dieser Fettbrühe werden die Felle auf der Tafel übersetzt. Nach dem Färben werden sie gewöhnlich nicht abgeölt, doch hebt ein leichtes Abölen des Narbens den Glanz desselben recht bedeutend. Die Zurichtung wird in üblicher Weise ausgeführt.

Neuerer Zeit wird ein imitiertes Nappaleder einfach aus glacégarem Schafleder hergestellt, ähnlich wie dies auch bei dem schwedischen Leder geschieht. Es werden dazu immer stärkere Felle aussortiert, die zuerst mit Chrom nachgegerbt und dann mit Anilinfarbstoffen durchgefärbt werden. Die Zurichtung der gefärbten Leder ist dieselbe wie früher geblieben. Die Nachgerbung mit Chrom hat zur Folge, daß die Felle nicht so zügig sind wie das Glacéleder und außerdem auch mit den gleichen Anilinfarbstoffen gefärbt werden können wie rein chromgare Leder.

Die glacégaren Felle werden zunächst abgewogen und in einem gewöhnlichen Walkfaß, besser in einem Würfel- oder

Polygonwalkfaß, mit lauwarmem Wasser (von etwa 35 bis 40⁰ C) ausbroschiert, das wenn nötig einmal gewechselt wird. Die broschierten Felle erhalten dann in dem gleichen Walkfasse eine Nachgerbung mit irgend einer Einbadchrombrühe, die man entweder fertig ankauft oder aus Chromalaun selber bereitet.

Man kann z. B. die „Chromlauge basisch" der Anilin- und Sodafabrik in Ludwigshafen a. Rh. verwenden, von der man 6 bis 8⁰/₀ des Ledergewichtes mit der vierfachen Wassermenge verdünnt und sie langsam und in mehreren Portionen durch die hohle Welle des laufenden Fasses zusetzt. Man walkt darin so lange, bis die dicksten Stellen der Felle (also im Kopf oder Schwanz) gleichmäßig durchgegerbt sind, was in zwei längstens drei Stunden der Fall sein dürfte. Sobald dies der Fall, läßt man die Chrombrühe fort, spült kurz mit kaltem Wasser und neutralisiert mit Borax oder mit Soda und Ammoniumsulfat in bekannter Weise.

Oder man wiegt die Felle ab, gibt sie mit der nötigen Wassermenge in ein Haspelgeschirr und läßt laufen; dann setzt man für je 100 kg Fellgewicht 20 kg Chromalaun in 150 bis 200 l Wasser gelöst nach und nach zu und haspelt ungefähr eine Stunde lang. Dann setzt man langsam eine Lösung von 3 kg kalzinierter Soda (oder 7,5 kg Kristallsoda) in 10 l warmem Wasser und 1,2 kg Formaldehyd (40⁰/₀ig) zu und haspelt die Felle je nach ihrer Stärke eine bis anderthalb Stunden. Sobald die Felle mit Chrom durchgegerbt sind, läßt man die Brühe fort (welche man eventuell zum Ansetzen der folgenden Gerbbrühe verwenden kann) und wäscht die Felle mit zu- und abfließendem Wasser von 30⁰ C eine Stunde lang, worauf neutralisiert wird.

Nachdem die Neutralisation genügend ist, wäscht man wieder in fließendem Wasser von ungefähr 45⁰ aus und fettet die Leder mit einem Fettlicker ein. Den Fettlicker bereitet man am besten aus Klauenöl und Eigelb, aber wegen des zu hohen Preises jener Mischung nimmt man 2 kg guter Olivenölseife, 0,2 kg Borax, 1 kg Klauenöl und 3 l Eigelb, die man in bekannter Weise emulgiert. Man erwärmt die

13*

Brühe auf etwa 50° und walkt darin die Felle ungefähr eine halbe Stunde, wo die sämtlichen Fettstoffe aufgenommen sein dürften.

Die mit Chrom nachgegerbten Felle enthalten 2 bis 3% Chromoxyd und sind gegen Wärme sehr unempfindlich, so daß die Ausfärbung sogar bei 80° C ausgeführt werden kann, ohne daß die Leder beschädigt wären. Dadurch werden auch viel echtere Färbungen erreicht, wie dies bisher der Fall war. Man muß die Chromgerbung langsam und nicht zu stark ausführen, da sich sonst der Narben zusammenziehen und das Leder zu steif werden kann. Es sind dem Autor solche verdorbene Leder vorgekommen, die bis 6% Chromoxyd enthielten.

Zum Ausfärben können sämtliche Anilinfarbstoffe verwendet werden, wie sie für das Chromleder geeignet sind. Nachdem man aber bei Nappa die braunen Töne vorzieht, so kommt man mit einigen wenigen Farbstoffen aus. Die Farbenfabrik Leopold Cassella & Co in Frankfurt a. M. empfiehlt z. B. von ihren Erzeugnissen die nachfolgenden Farbstoffe:

> **für gelbe, gelbbraune und orange Töne:**
> Anthrazengelb BN, FN, FG,
> Anthrazenchromatbraun 3 G;
>
> **für mittel- und dunkelbraune Töne:**
> Anthrazenchromatbraun WS, WG;
>
> **für rotbraune Töne:**
> Anthrazenchromatbraun ER, EB, BG;
>
> **für olive Töne:**
> Anthrazenchromatgrün KFF extra.
>
> **Zum Übersetzen beziehungsweise Nuancieren:**
> Anthrazenblauschwarz C,
> Alizarinbrillantgrün G,
> Diaminechtrot F.

Sämtliche diese Farbstoffe können miteinander beliebig gemischt werden.

Das Färben wird entweder in einem heizbaren Walkfaß

oder am besten in einem Hapselgeschirr ausgeführt, welches durch direkten oder besser durch indirekten Dampf geheizt wird, weil man hier das Fortschreiten der Färbung bequem beobachten kann. Man bereitet die Farbflotte durch Auflösen von etwa 1 bis 2% vom Gewicht der trockenen Leder des betreffenden Farbstoffes in heißem Wasser, setzt 1% Ammoniak und gibt die Flotte in das Haspelgeschirr langsam zu, während die Felle laufen. Man haspelt etwa 15 bis 20 Minuten, wobei man die Temperatur bei etwa 50^0 hält, fügt dann eine Lösung von 0,2 bis $0,5\%$ Kaliumbichromat in der zehnfachen Menge Wasser bei, die man vorher mit $0,5\%$ Ameisensäure (85%ig) versetzt hatte. Man erhöht die Temperatur der Farbflotte durch Einleiten von Dampf auf 70 bis 80^0 und haspelt bei dieser Wärme ungefähr 15 Minuten lang. Dann kühlt man die Flotte auf etwa 50^0 ab und setzt nun 5% Gambier zu, den man vorher in der zehnfachen Menge siedendem Wasser aufgelöst und durch längeres Abstehen klar gemacht hatte, und haspelt noch eine halbe Stunde weiter. Nachdem auch der Gambier aufgenommen wurde, läßt man die Brühe fort und wäscht die gefärbten Felle mit zu- und abfließendem lauwarmem Wasser tüchtig aus.

Die gefärbten Felle werden dann herausgenommen, abgetrocknet und wie üblich zugerichtet.

5. Herstellung eines waschechten Plüschleders aus gewöhnlichem Glacéleder.

Frederik Jakob Christian Larson in Kopenhagen erhielt ein D. R.-P. Nr. 251 243, wonach der Narben an glacégaren Ledern mittels des Lichtes und gegebenenfalls anderer athmosphärischer Beeinflussungen zerstört wird, so daß er leicht abgeschliffen werden kann. Doch soll diese Destruktion des Narbens auch auf künstlichem Wege in passenden Räumen unter Anwendung von dazu geeigneten Lampen, Ozongeneratoren, Wärmeöfen u. dgl. vorgenommen werden können, obwohl die natürliche Licht- und Wärmequelle die billigste sein dürfte. Dabei soll noch der Narben der Glacéleder mit Alaun nachgegerbt werden.

Der Patentinhaber beschreibt sein Verfahren wie folgt:

„Narbenbeschädigte, glacégare Felle, die in der Regel ein weniger wertvolles Verkaufsmaterial darstellen, werden in einem Wasserbad gründlich broschiert, wodurch eine teilweise Entgerbung erreicht wird. Hierauf wird das Material in einem neuen Bad dazu gebracht, 2 bis 3% (nach dem ursprünglichen Trockengewicht berechnet) von einem beliebigen geeigneten Fettstoff im suspendierten, emulgierten oder aufgelöstem Zustand, wie z. B. Eigelb, in Albuminstoffen verrührte Fettstoffe, verseifte Fettstoffe u. dgl., aufzunehmen. Alsdann wird es in nassem Zustande in einem dazu geeigneten Treibhaus oder Mistbeet glatt ausgebreitet und, mit der zur Destruktion bestimmten Glacéoberfläche nach oben gerichtet, dem Sonnen- oder Tageslicht, sowie dem durch den Tag- und Nachtwechsel entstehenden wechselnden Erwärmen und Abkühlen, Trocknen und Taubenetzen ausgesetzt. Bei leichterem Material, z. B. bei Ziegen- und Lammfellen, ist die erwünschte Beeinflussung im Laufe von 10 bis 20 Tagen je nach der Beschaffenheit des Materials, der Jahreszeit und der Tageslänge vollendet. Der destruierte Narben oder die hornartige Glacéseite kann darauf vollständig und gleichmäßig durch folgende Behandlung entfernt werden: Nach erneutem Aufweichen im Wasserbade erhalten die Häute eine leichte Alaungerbung mit darauffolgendem Nachbad in einer schwachen Seifenlösung. Hierauf werden sie auf beiden Seiten geschlichtet und an der Luft oder in der Trockenstube in mäßiger Wärme bei guter Lüftung getrocknet, wonach sie so weich geworden sind, daß sie, in angemessener Art angefeuchtet, unmittelbar abgeschliffen und hierbei der Restnarben leicht entfernt werden kann; dabei wird eine gleichmäßige Plüschoberfläche hinterlassen.

Die Haut wird dann, z. B. in einer Chromalaunlösung, waschecht nachgegerbt und einem Farbenbad (Holzextrakt und Anilinfarben) mit einer nach der Farbstoffmenge gewählten Menge Aluminiumazetats als Beize unterworfen. Hierdurch ist das Material waschecht und unlöslich gegerbt. Nach dem Trocknen des Leders wird durch Abputzen auf der Schmirgelscheibe der Oberfläche die letzte plüschartige Beschaffenheit gegeben."

Das ganze ist ein — patentierter Unsinn. Um den Narben abzuschleifen, braucht man ihn gar nicht zu „destruieren", wie ja die Herstellung des schwedischen Handschuhleders zeigt. Daß an der Luft und durch das wiederholte Feuchtwerden und Austrocknen viel mehr das Leder selbst und weniger der härtere Narben zerstört wird, ist doch augenscheinlich. Warum zuerst durch gründliches Broschieren die Fettstoffe samt dem Alaun aus den Fellen entfernt und dann durch eine Fettbrühe und eine Nachgerbung mit Alaun wieder eingebracht werden sollen, ist nicht gut einzusehen. Es ist überhaupt nicht begreiflich, wie solch ein unsinniges und gar nicht ausführbares Verfahren ein Reichspatent erhalten kann.

a) Die Kalbkidfabrikation.

Das Kalbkid gehört zu den besten Ledersorten und obwohl von den verschiedenen chromgaren Oberledern stark verdrängt, nimmt es doch einen wichtigen Platz in der ersten Reihe feiner Oberleder ein. Der Name selbst ist schlecht gewählt. Das englische „Kid" bezeichnet das „Zicklein" und soll mit der Bezeichnung Kalbkid angedeutet werden, daß diese Ledersorte ähnlich wie dasjenige aus Zickelfellen, also das französische Chevreau, hergestellt wird. Tatsächlich sind Kalbkid und Chevreau nahe verwandte Ledersorten, die in Deutschland in sehr ähnlicher Weise hergestellt werden. Dabei sollen die beiderlei Ledersorten einen reinen Narben aufweisen, welcher entweder matt oder glänzend gehalten wird. Matte Sorten dürfen keinen Glanz zeigen, wie man ihn von dem Glanzleder verlangt, sonst wären sie ihrer charakteristischen Eigenschaft entkleidet; den Glanzsorten dagegen soll ein starker Glanz anhaften, der einer lackierten Fläche gleichkommt, obwohl er einfach durch Bügeln des glatt und fest anschließenden Narbens erreicht wird. Dabei sollen die beiderlei Ledergattungen eine andere Eigenschaft

des Glacéhandschuhleders aufweisen, nämlich ebenso geschmeidig sein, ohne daß dabei die Standhaftigkeit zu leiden
hätte; die hieraus hergestellte Fußbekleidung soll wie ein
„Handschuh am Fuße" sitzen. Die Kidlederfabrikation
stammt aus der Hälfte des vorigen Jahrhundert her, wo man
die zu Handschuhen nicht verwendbaren schwarzen Glacéleder
als Schuhoberleder benutzte. Nachdem eine größere Nachfrage
vorhanden war, stellte man aus leichten Kalbfellen das
„Kidleder" her und hat namentlich England eine tadellose
Ware in den Handel gebracht. Aber auch Frankreich,
Belgien und Luxemburg erzeugten ziemlich viel guten Kalbkids, das willige Käufer fand. In Deutschland haben sich
mehrere Firmen auf diese Fabrikation eingerichtet, aber
es dauerte eine Zeitlang, bis das deutsche Kidleder dem aus-
ländischen ebenbürtig wurde. Jetzt wird das Kidleder nur
in geringen Mengen hergestellt, aber wegen seiner weichen
Beschaffenheit, worin es selbst von Chromleder nicht übertroffen
wird, dürfte es auch in der Zukunft nicht völlig verdrängt
werden.

Das französische Kalbkid zeichnet sich namentlich durch
einen höheren Glanz aus, was bei matten Sorten bestimmt
seinen Nachteil bedeutet; dies ist teils in der Fabrikationsmethode, teils auch im Rohmaterial begründet, weil das
französische Kalbfell infolge seiner saftigen Natur mehr An-
lage zum Glanz als das magere deutsche Kalbfell besitzt.

Dabei stellt das Kalbkid als hochelegantes Narbenleder
an die Reinheit und Zähigkeit des Narbens hohe Ansprüche;
er soll rein, lebhaft und ohne speckartigen Glanz sein, ganz
so wie beim Glacéleder, außerdem einen hohen Grad von
Festigkeit und Widerstandsfähigkeit besitzen. Trotz der
größeren Dicke und körnigeren Beschaffenheit des Rohmaterials im Vergleich mit den feineren Ziegen- und Schaffellen
soll das Kalbkid ebenso große Geschmeidigkeit, milden Griff
und zarten, jedoch dauerhaften Narben aufweisen.

Dagegen teilen die Kidleder den allen Glacéledern anhaftenden Nachteil, daß nämlich die hieraus angefertigten Schuhe,
Handschuhe u. dgl. keine Nässe vertragen und so bei Regen-

wetter bald verderben. Das Wasser laugt einen großen Teil der
Garstoffe aus dem Leder heraus, so daß bloß ein notgares,
verdorbenes Leder zurückbleibt. Das ist auch der Hauptgrund, warum diese Ledersorte immer mehr vor den Chromledern zurückweicht, die bis zu einem gewissen Grade sogar
heißes Wasser ohne jeden Schaden vertragen.

Was nun die verschiedenen Fabrikationsmethoden anbelangt, so hängen sie in erster Reihe von der Rohware ab,
die in den verschiedenen Ländern recht abweichende Eigenschaften besitzt. Es werden namentlich die deutsche, französische, englische und amerikanische Fabrikationsmethode
unterschieden. Dabei handelt es sich eher um neue Kombinationen von früher bereits bekannten Verfahren, als um neue
Methoden selbst. Wir wollen daher im nachfolgenden auch
die älteren Verfahren anführen, um ein genaues Bild der
Glacégerbungen zu erhalten, die jedenfalls auch noch in der
Zukunft eine wichtige Rolle bei Erzeugung von feinen
Schuhober- und namentlich Handschuhledern spielen werden.

1. Deutsche Methode der Kalbkidfabrikation.

Selbst Deutschland oder Österreich liefert keine gleich-
artigen Kalbfelle, sondern es gibt hier ganz verschiedene Kalbfellsorten, die auch etwas abweichende Arbeitsmethoden er-
fordern. So liefern z. B. in Deutschland namentlich Bayern
und Sachsen sehr gute, zarte, markige, fettreiche, flach und
gleichmäßig gelederte, sogar in den Seiten kräftige Kalbfelle,
die vorzügliches Kidleder ergeben. Ebenso gute Felle liefern
auch Böhmen und Mähren, woher große Mengen davon exportiert werden, dann auch Ober- und Unterösterreich und
Steiermark. Eine geringere, und zwar rauhere, hartnaturige
und in den verschiedenen Häutepartien ziemlich stark un-
gleichmäßige Ware liefern Westfalen, Harz, Hannover, Holstein,
die bergigen Gegenden von Böhmen und Schlesien u. a. Frankreich und England liefern vorzügliche Kalbfelle, minder-
wertigere Ware dagegen Polen und Rußland. Aber auch
solche mehr abfällige, in den Flanken schwammige Ware kann
bei geeigneter Fabrikationsmethode gutes Leder liefern, was

überhaupt für sämtliches Narbenleder von nicht geringer Bedeutung ist. Wenn bei guter Rohware alle Arbeiten harmonisch ineinander greifen müssen, damit ein schönes Fabrikat herauskommt, muß man bei minderwertiger Ware noch zwei weitere Momente berücksichtigen: zunächst soll der Narben möglichst geschont und gehoben sein, sodann das ziemlich lose Hautgefüge der Flanken, wenn nicht verstärkt, mindestens in seiner natürlichen Festigkeit erhalten bleiben. Zur Erzielung dieser charakteristischen Momente darf man sich aber nie auf eine einzige Operation verlassen, und es wäre geradezu widersinnig, dies z. B. bloß und einzig durch eine geeignete Äscherung erreichen zu wollen.

Die richtige Auswahl der Rohware ist namentlich hier von großer Wichtigkeit und man muß beim Ankaufe sehr vorsichtig vorgehen, um so mehr, als es sich stets um große Posten handelt. Die Fabrikation von Kalbkid ist nämlich bloß für den Großbetrieb geeignet, da man die fertige Ware in 30 und noch mehr Klassen je nach der Größe und Qualität der Felle einteilt, um im Handel konkurrenzfähig kalkulieren zu können.

Bei den Kalbfellen ist besonders eine genaue Kenntnis der Provenienzen von großer Wichtigkeit. So würde der Einkäufer schlecht fahren, wenn er z. B. in einem Posten bayerischer Kalbfelle eine Anzahl westfälischer für bayerische mit übernehmen sollte. Es ist aber lange Übung nötig, um die verschiedenen Provenienzen nach äußeren Merkmalen unterscheiden zu lernen. Zu diesen gehören zunächst:

Die Beschaffenheit des Haarwuchses. Bessere Fellsorten besitzen stets einen glatten, glänzenden und kurzen Haarwuchs, während die geringeren einen rauhen, glanzlosen und langen Haarwuchs aufweisen. Auch die Zeichnung und die Farbe des Haares ist verschieden. Bayerische Kalbfelle z. B. haben durchgängig rotes Haar, westfälische sind an größerer, schwarz und weißer Fleckung kennbar, russische sind vorherrschend schwarz u. dgl.

Der Griff ist bei den besseren Qualitäten milder und fettartiger, bei den geringeren härter und rauher; ist ja gerade in der mehr fettigen Natur die bessere Qualität der Felle in erster Reihe begründet.

Schlachtung und Konservierung. Noch heute wird mancherorts das Abziehen noch recht nachlässig ausgeführt, so wird der Kopf nicht herausgeschnitten, es kommen viele Schnitte vor u. dgl. Den sog. „Wiener Stich" konnte man früher leicht an den abgeschnittenen Köpfen, dem äußerst sorgfältigen, fleischreinen Abziehen, sowie daran erkennen, daß die Felle verhältnismäßig dünn und schlank, dabei völlig griffig und fettig-milde waren. Ähnliche Eigenschaften weisen auch böhmische, bayerische, sächsische und andere gute Kalbfellsorten auf. Bei der Trocknung werden die Felle entweder in kurzer und gedrungener, oder in langer, gestreckter Form gehalten. In der letzten Zeit wirken die verschiedenen Häuteverwertungs - Gesellschaften in dieser Richtung sehr günstig, indem sie ein gut abgezogenes Hautmaterial zu liefern und jeder Beschädigung der Felle vorzubeugen trachten.

Selbstverständlich muß man auch darauf achten, ob das Rohmaterial auch richtig konserviert ist, ob es keine angefaulten oder angestunkenen Stellen, Salzflecke u. dgl. aufweist. Ein erfahrener Gerber läßt sich dabei durch verschiedene Praktiken nicht täuschen und sieht schon dem rohen Felle seine Fehler an.

Die Vorbereitungsarbeiten, wie das Weichen, Äschern, Enthaaren und Beizen wird genau so ausgeführt wie bei dem farbigen Kalbdongola, wie wir es bereits S. 44 u. ff. beschrieben haben. Die Kleienbeize wird bei Kalbkid und Chevreau stets angewendet, manchmal auch die Kotbeize (bei der englischen oder französischen Methode), damit die Felle schlank herauskommen und so die Reinigungsarbeiten erleichtert werden. Beiderlei Beizen muß man aber regelrecht anwenden, dabei besonders auf etwaiges Umschlagen achtgeben, damit die Felle nicht zu Schaden kommen.

Will man die Felle mit der Kleie entschleimen, so setzt man dem Spülwasser den vierten Teil der Kleie zu und bearbeitet darin die Felle etwa 10 Minuten. Hierauf schlägt man sie auf

und läßt abtropfen, dann setzt man die übrige Kleie zu und
gießt soviel warmes Wasser darauf, daß das Faß mit der einzutreibenden Partie Felle nahezu voll wird. Die Gärung
tritt im Sommer bald ein, im Winter kann man einige Kübel
gebrauchter Beizbrühe von der vorhergehenden Partie zusetzen, aber bei schwüler Witterung kann ein solcher Zusatz
leicht gefährlich werden.

Das Beizen wurde früher in Bottichen ausgeführt, die man
mit der Beizbrühe zur Hälfte auffüllte und in welche man die
Felle locker einschüttete. Dann wurden die Felle durch
zwei Mann mit Treibstangen eingetrieben, während sie andere
zwei Mann mit hölzernen Stößern immer wieder niederstießen.
Das Eintreiben wurde mindestens eine halbe Stunde, bei
starken oder nicht sehr matten Fellen noch länger fortgesetzt.
So erhielten die Felle den größten Grad der Schlankheit
und die Kleie bedeckte bald gleichmäßig die ganze Fleischseite. Der Bottich wurde dann mit dem Deckel und Tüchern
gut verdeckt und der Milchsäuregärung überlassen, die nach
15 bis 20 Stunden eintrat; wenn die Gärung vollständig geworden ist, hoben sich die Felle zur Oberfläche empor
und waren genügend geschwellt. Sie wurden untergetrieben
und dieses Untertreiben wurde jede Stunde wiederholt, bis
die Felle zurückfielen und eine milde, schlanke Beschaffenheit angenommen haben. Bei regelmäßigem Verlauf des
Beizens steigen die Felle nämlich in je etwa einer Stunde
immer auf die Oberfläche und nach drei- bis viermaligem
Aufgehen kann das Beizen beendigt werden. Jedenfalls
muß man es unterbrechen, sobald sich auf dem Narben schim-
mernde Luftbläschen zeigen, da sonst das Pickieren auftreten
könnte.

Jetzt wird das Kleienbeizen ebenso wie das Kotbeizen
in Haspelgeschirren ausgeführt. Eine praktische, in England übliche Form ist in Wood-Jettmar „Beizen der Felle",
S. 13 u. ff. beschrieben. In England werden ungefähr 0,5
bis 1 % Kleienbeize (also 5 bis 10 kg Kleie auf 10 hl Wasser)
in dem Beizhaspelgeschirr mit etwa 35° warmem Wasser
zerquetscht, dann die Felle hereingegeben und die Beiz-

brühe tüchtig gehaspelt, bis sie völlig gleichmäßig ist, wobei die Temperatur gewöhnlich auf 30 bis 28° herabsinkt, wo dann die Gärung eintritt. Die zulässige Wärme der Beizbrühe schwankt je nach dem Zustande der Felle und der Außentemperatur; sie kann im Winter höher sein als im Sommer, soll aber 32° C nicht übersteigen. Die Beize vergärt in 18 bis 24 Stunden recht stark, wobei sich Gase in großen Mengen entwickeln und schwache organische Säuren bilden. Man läßt die Felle je nach Bedarf zwei- oder dreimal zur Oberfläche aufsteigen und die Haspel eine Zeitlang laufen.

Die gebeizten Felle nimmt man heraus, streicht sie mit dem Schereisen auf der Fleischseite ab und kann zum Garmachen herantreten. Die vorbereitenden Arbeiten müssen richtig ausgeführt werden, damit die Felle die Eiergare gut aufnehmen und nicht, wie man sagt, „ausspeien". Besonders müssen die Felle gänzlich rein sein, sonst gleitet der Alaun, auch in mäßiger Menge zugesetzt, an den Unreinlichkeiten ab und wird nach der Oberfläche des Narbens gedrängt, wo er dann einen Alaunausschlag hervorbringt, der durch kein Mittel mehr völlig zu entfernen ist. Ein solches Fell bleibt außerdem ungenügend gegerbt, ist hart und ungeschmeidig, besitzt auch keine gesunde Hebung und Milde. Sollte einmal ein solcher Fehler vorkommen, so muß man die fehlerhaften Felle mit möglichst warmem Wasser auswaschen; die Verbindung der Schmutzmasse mit Alaun löst sich nämlich in heißem Wasser auf, aber die Felle vertragen eine so hohe Wärme nicht und man muß sich damit begnügen, den Fehler zu verringern, wie es eben geht.

Bei dem Garmachprozesse müssen hauptsächlich das Mengenverhältnis der einzelnen Garstoffe und die Zubereitungsweise des Gerbebreies, die Menge der Gerbflüssigkeit, die Wärme der Gare, die bewegende Kraft zum Einbringen derselben in die Felle und zuletzt die Zeitdauer der Operation selbst beachtet werden.

Die Menge der Garstoffe richtet sich nach dem Gewichte der Rohware. Manche Gerber wiegen die gebeizten Blößen, andere sortieren die Felle in klein, mittel und groß und verwenden hierfür drei konstante Quantitäten; wieder andere setzen stets die gleiche Menge Gare an und verarbeiten damit eine bestimmte Menge Felle, z. B. 80 Stück große, 100 mittlere oder 120 kleine. Jeder dieser Vorgänge ist richtig, denn 10% Gare mehr oder weniger ist nicht von Belang. Als normale Menge der Garstoffe kann für 100 Stück mittelgroße Kalbfelle betrachtet werden: 20 kg Weizenmehl, 10 kg Kalialaun oder 7 kg Tonerdesulfat, 3,5 kg Kochsalz, 125 Stück Eidotter oder 3 l Eigelb und $^1/_4$ l Olivenöl.

Wird die Gare, wie es früher geschah, durch das Treten eingebracht, so muß sie richtig durchgearbeitet und gut vereinigt sein, bevor man die Felle eingibt. Für die Maschinenarbeit ist dies weniger erforderlich, weil das Walkfaß nach einigen Umdrehungen die Garstoffe viel besser durcharbeitet, als dies durch die Hand möglich ist. Am besten rührt man in einem oben angebrachten kleinen Garfäßchen Mehl, Eier, Öl und die aufgelösten Salze mit der Hand so gut durcheinander, wie es eben geht, und gießt hierauf nach Bedarf warmes Wasser zu. Man gibt die Partie Felle in das Garfaß ein, schließt dessen Türe gut zu, läßt es laufen und zieht den Spund am Garfäßchen heraus, damit die Garbrühe während des Laufens über die Felle fließt. Als Garfaß wird gewöhnliches Walkfaß von etwa 2 m Durchmesser angewandt, das innen mit Holzpflöcken versehen ist.

Die Wassermenge, die man der Gare zusetzt, muß dem Quantum der gerbenden Felle genau angepaßt sein. Ist wenig Wasser vorhanden, so können nicht alle Felle gleichmäßig durchtränkt werden und es kommen an den Fellen trockene Stellen vor, die notgar bleiben; aber auch das Fell wird, wenn die Gare trocken gehalten ist, nicht gehörig schlank in der Gare gelockert und diese geht dann nicht genügend durch den Kern. Eine zu starke Verdünnung der Gare mit Wasser ist aber ein noch weit größerer Fehler; die Gare setzt sich dann nicht gehörig an das Fell an, läuft beim Aufhängen ab und kommt somit dem Fell nicht zugute. Die Ware wird dadurch notgar und geht in der Gare gar nicht auf. Sind die Garstoffe und das Wasser richtig bemessen, so muß nach beendigtem Garmachen der Gerbebrei sämtlich an beiden Seiten der Felle ankleben und es darf beim Aufhängen der Felle keine Gare abtropfen; „die Gare muß sitzen", wie man sagt.

Auf 1 kg Mehl rechnet man durchschnittlich 3 bis 4 l Wasser, je nachdem man mehr oder weniger reichlich Mehl anwendet und je nach der Stärke und dem Gewichtsverhältnisse der Felle. Die angegebene Wassermenge bezieht sich auf sämtliches zur Gare verwendetes Wasser, also zum Auflösen der Salze, zum Anrühren und Anwärmen zusammen. Nach einem Versuche setzt man je nach Bedarf mehr oder weniger Wasser zu und richtet sich auch bei den weiteren Partien darnach.

Wärme der Garbrühe. Bei Kalbfellen darf die Temperatur der Gare 40° nicht übersteigen, weil sonst der Narben, der äußerst geschont werden muß, wenn man ihn nach dem Bügeln glatt und fest anliegend haben will, sehr weich, zart und empfindlich ist, und zwar in höherem Grade als bei den dünneren Lamm- und Zickelfellchen, die in der Gare eine Erhöhung der Wärme auf 40 bis 45° recht wohl vertragen. Bei einer höheren Temperatur könnte das Kalbfell seinen ursprünglich geschmeidigen und zarten Narben einbüßen, indem sich dieser zusammenzieht und das spätere glatte Ausbügeln unmöglich macht. Der Narben wird nämlich leicht hart und spröde, so daß er vor dem Bügeleisen nicht nachgibt und deshalb auch nicht glatt ausgebügelt werden kann.

Die Kidleder werden jetzt nur in Walkfässern gar gemacht. W. Eitner empfiehlt dazu die viereckigen Fässer, weil hier die Felle bei jeder Umdrehung viermal ihre Lage verändern, so daß der Anprall milder und gleichmäßiger wird als in dem runden Fasse, wo die Leder bloß einmal von einer Höhe von 1,5 bis 2 m herabfallen. Es werden jetzt auch polygonale Fässer gebaut, worin die Felle zwar gelinder behandelt werden, aber ihre Lage fast ununterbrochen ändern.

Der Gerbprozeß in der Eiergare ist in einer Stunde vollendet, wobei man die Felle stets 20 Minuten laufen und wieder 10 Minuten ruhen läßt, damit sie sich abkühlen; nach zweimaligem Laufen ist die Gare genügend in die Felle eingedrungen. Hierauf werden die Felle herausgenommen und über einen Bock glatt aufgeschlagen; man darf aber nicht mehr als zwei Dutzend Felle aneinander auflegen, da sonst die Gare aus den unten liegenden Fellen durch das Gewicht der oberen ausgedrückt werden könnte, und man muß daher mehrere Böcke bereit halten. So können die Felle mehrere Stunden ruhen oder auch sogleich zum Trocknen aufgehängt werden. Man legt die Felle der Länge nach, den Narben nach innen, über runde Latten aus Tannenholz zusammen und bringt dann die Stangen an den bestimmten Platz in der Trockenstube oder im Freien.

Die Trocknung soll kräftig und möglichst rasch geschehen, damit sich der Alaun schnell mit dem Hautgewebe verbinden kann und im Innern des Leders keine Zersetzungen eintreten. Im nassen Zustande könnte der Alaun, der hier in ziemlich starker Menge zugesetzt wird, an die Oberfläche austreten und an beiden Seiten oder auch im Innern auskristallisieren; das Leder wird dadurch spröde, zuglos und bei längerem Verweilen in diesem Zustande zerfressen.

Zuerst wird bei einer nur ganz geringen Wärme angetrocknet; sobald die Felle derart angezogen haben, daß man sie anfassen kann, ohne daß die Gare an den Fingern haften bleibt, werden die Felle auf den Latten umgekehrt, damit keine Querstreifen entstehen, und soll das Umkehren in 8 bis 12, längstens in 24 Stunden ausgeführt werden. Hierauf kann man die Temperatur bis auf 45° erhöhen, aber nicht höher, da sonst die Leder leicht anbrennen könnten. Sobald nur noch einzelne Stellen, z. B. die Kopffalten, feucht sind, muß die Wärme wieder auf ungefähr 25° erniedrigt werden, weil das Leder, welches längere Zeit in hoher Wärme gehalten wird, leicht ausdorrt und seine saftige Eigenschaft verliert. Nach vollständiger Trocknung läßt man die Leder einige Tage an einem kühlen Orte lagern, damit sie zu sich kommen und biegsam werden.

Dann werden die Felle in reinem Wasser durchgezogen, abtropfen gelassen und in Kisten eingelegt, wo man sie ohne jede Beschwerung ungefähr 24 Stunden liegen läßt, damit sie gleichmäßig anziehen; dann werden sie herausgenommen und noch einmal oder zweimal eingeschüttet. Hierauf werden sie über einen Stollpfahl, dessen Klinge nur halb so breit aber bedeutend stärker ist als beim Stollpfahl für Handschuhleder, einmal leicht aufgezogen, wobei man das Hin- und Herzerren der Flanken vermeiden muß. Sodann werden die Leder wieder in Kisten, aber glatt zusammengelegt, einige Stunden anziehen gelassen, dann leicht durchgelüftet oder bei mäßiger Temperatur, bei etwa 20°, angetrocknet und nochmals in Kisten anziehen gelassen.

Den nächsten Tag spannt man die Felle in die Rahmen auf und bearbeitet sie mit dem Schlichtmonde, wobei man sie auch möglichst egalisiert. Nach dieser Arbeit werden nur noch die stärkeren Felle gefalzt, wobei sie noch so viel Feuchtigkeit halten müssen, daß sie sich leicht auf den Falzbock anlegen; werden sie also nach dem Schlichten gefalzt, so bedürfen sie keiner besonderen Anfeuchtung, sonst werden sie von der Fleischseite leicht angespritzt, zusammengelegt und über die Nacht durchziehen gelassen. Zuletzt werden sie noch je nach Wunsch beschnitten und gänzlich ausgetrocknet, wozu man sie in der Trockenstube mehrere Tage bei nur ganz niedriger Trockentemperatur aber guter Lüftung beläßt.

Die fertigen Leder läßt man hierauf ablagern, wozu ein Monat völlig genügt, damit sich die Garstoffe mit den Hautfasern verbinden, ohne daß der Narben an seiner festen Lage und das Leder an seinem Stand und Frische einbüßen würde. Der Lagerraum muß trocken, luftig und kühl sein, da sich sonst schädliche Schimmelpilze, wenn auch nur im Lederinnern, entwickeln, was den Fettausschlag am fertigen Leder zur Folge haben könnte. Beim Lagern sollen die Leder zeitweise umgelegt werden, damit sie durchlüften.

Vor dem Färben werden die Kalbkids ähnlich wie die glacégaren Handschuhleder ausbroschiert, aber es soll hier nicht wie bei den letzteren eine besondere Dehnbarkeit erreicht werden, sondern das Leder soll zwar milde und vollgriffig, aber nur wenig dehnbar sein, einen guten Stand behalten und den Narben gründlich erweicht haben. Man vermeidet also tunlichst das Entfernen des überschüssigen Alauns und begnügt sich mit einem einmaligen Auswaschen bei sehr niedriger Temperatur, das im Broschierfasse in 10 bis 20 Minuten ausgeführt ist. Dabei soll der Narben des ausgewaschenen Leders keine weißen Pünktchen von trockenen und nicht durchweichten Stellen aufweisen; hiermit ist auch die Grenze für das Auswaschen erreicht.

Damit der Narben geschmeidig und weich wird, die Unterlage aber recht kräftig und fest bleibt, werden die Leder noch in einer Gare, etwa doppelt so lang wie beim Auswaschen, also 20 bis 40 Minuten laufen gelassen, wobei man aber immer nach 20 Minuten eine Pause eintreten läßt. Für diese Gare rechnet man für ein Fell drei Eidotter und auf 100 Eidotter 1 kg Salz. Alaun und Mehl werden nicht zugesetzt, das Wasser kann etwas wärmer als beim Ausbroschieren genommen werden. Durch Bewegung in dieser Eiergare nehmen die Leder das Eieröl an, wodurch das Leder nicht entkräftigt wird, sondern eher an Kraft gewinnt; das Wasser soll möglichst weich und klar sein.

Die broschierten Felle werden auf ein Brett aufgeschlagen, damit das Wasser abläuft, aber man nimmt nicht mehr heraus, als in einem halben Tage verarbeitet werden kann. Die herausgenommenen Felle werden zweimal, der Länge und Breite nach und den Narben nach innen, zusammengefaltet, dann wieder eins nach dem anderen auf der Tafel ausgebreitet und mit einem Kamm aus Buchsbaum oder Hartgummi ausgestrichen. Hierauf wird die Beize aufgetragen, insbesondere wenn Holzfarbstoffe zum Färben verwendet werden.

Früher, wo man ohne Harn nicht auszukommen meinte, verwandte man hierzu 20 l abgestandenen und mit der doppelten Menge Wasser verdünnten Harn, in dem man 125 g Kaliumbichromat auflöste; später bereitete man die Beize zweckmäßiger durch Auflösen von 250 g Marseiller Seife in kochendem Wasser, verdünnte die Lösung auf 20 l und löste darin 125 g Kaliumbichromat auf. Diese letztere Beizbrühe lockert den Narben ähnlich wie der Harn, dabei wirkt sie förderlich für die Milde des Narbens und dient auch als Füllungsmittel, das sich besonders unter dem Bügeleisen bemerkbar macht. Man trägt die Beize mit zwei und gleich darauf die Farbbrühe mit drei oder vier Aufstrichen auf; da das Fell dadurch mit Wasser vollgesogen ist, so streicht man es aus und trägt die Farbflotte noch zweimal auf.

Beim Schwärzen wird wie üblich zunächst die Blauholzabkochung und dann die Eisenbrühe aufgetragen, wonach man das Fell etwa eine Minute liegen läßt, damit sich das Eisenschwarz richtig bildet. Selbstverständlich kann man auch eine fertige Eisenschwärze verwenden. Früher wurde zur Eisenbrühe einfach 200 g Eisenvitriol in 1 l kaltem Wasser aufgelöst und vor der Verwendung mit Wasser auf 15 l Brühe verdünnt. Diese Stammlösung mußte in gut verschlossenen Glasflaschen aufbewahrt und öfters frisch gestellt werden, da sich durch Oxydation Rost ausscheidet. Jetzt werden hierzu Eisenvitriol mit Kupfervitriol vermischt oder auch holzessigsaures Eisen oder ähnliche Verbindungen benutzt. Vorschriften dazu findet der Leser an anderen Stellen der vorliegenden Schrift.

Nach dem Färben spült man das Fell mehrmals mit reinem Wasser tüchtig ab, wobei man es mit der flachen Hand abwäscht, schlägt es dann um, streicht es auf der Fleischseite mit einem Aussetzer aus Messing oder Kupfer tüchtig aus und bringt es dann in das Trockenzimmer.

Für den Export wurde das Kidleder auch paarweise im Troge ausgefärbt, wobei man am besten mit einer älteren, bereits benutzten Farbflotte grundiert und mit einer frischen ausfärbt. Man kann aber auch auf der Tafel grundieren und den ersten Auftrag geben; der zweite Auftrag oder das Abdunkeln wird in der Mulde vorgenommen.

Die ausgefärbten Kalbkids werden bei 35 bis 40° getrocknet und nach der Trocknung zugerichtet. Die Zurichtung, der sog. „Finish", geht darauf hinaus, den Narben sehr glatt und anliegend herzustellen, die Poren auszufüllen und möglichst unsichtbar zu machen, so daß das Leder ein dem Lackleder ähnliches Aussehen erhält. Der Finish muß also dem Leder seinen Charakter beibringen und ist daher auch der wichtigste Teil dieser Fabrikation.

Die Leder werden zunächst anziehen gelassen, was früher in Sägespänen geschah, wozu aber jetzt neben den Trockenstuben besonders eingerichtete Dunsträume dienen. Bei dem ersteren Verfahren gibt man einige Körbe voll Sägespäne von Tannenholz in einen geräumigen Bretterverschlag, gießt darüber einige Eimer reinen Wassers und mischt gleichmäßig durch, so daß die Sägespäne mäßig angefeuchtet sind. Dann scharrt man die Sägespäne auf eine Seite des Verschlages, um die andere frei zu machen, breitet eine dünne Lage der Späne auf dem Boden aus, legt darauf zwei Felle mit dem Narben aufeinander, gibt darüber eine Lage Späne und setzt so weiter fort, bis man zuletzt eine größere Schicht Sägespäne ausbreitet. Die Felle saugen in einigen Stunden die Feuchtigkeit mäßig und gleichförmig an. Man probiert besonders an den Köpfen, ob der gewünschte Feuchtigkeitsgrad eingetreten ist; nimmt die Leder, wenn sie genügend angezogen haben, heraus, schüttelt die Sägespäne ab, schichtet die Felle in eine andere Kiste in gerader Lage, bedeckt sie mit Packleinwand oder mit Matten und beläßt sie dort über Nacht.

Am anderen Tage werden die Felle auf dem starken Stollpfahle, wie er bereits vorher erwähnt wurde, mäßig aufgezogen und ringsherum debordiert. Die gestollten Felle werden wieder in Kisten eingelegt und mit Packleinwand bedeckt, damit sie nicht austrocknen. In diesem mäßig feuchten Zustande werden etwa 10 Stück zugleich in den Schlichtrahmen eingespannt und ebenso wie vorher mit der Streiche oder mit dem Streckeisen in gleichmäßigen Zügen kräftig bearbeitet. Hierauf werden die Felle ein wenig abgelüftet und wieder in Kisten eingelegt, damit sie sich über die Nacht erholen. Den zweiten Tag werden die Felle wieder in Rahmen gespannt und auf der Fleischseite mit einem scharf geschliffenen Schlichtmonde fleischrein ausgeschlichtet, wobei die Schneide so oft als nötig mit einem guten Stahl nach innen umgelegt wird. Der Schlichtmond greift besser ein, wenn man jede Partie Felle vorher mit einem großen glatten Stück Kreide einreibt.

Die Felle werden hierauf gut ausgetrocknet, so daß sie

auch im Kern trocken sind; denn bleibt noch die geringste Feuchtigkeit im Innern zurück, so bricht der Narben beim Bügeln in aderige Falten, die nicht mehr herauszubringen sind. Um die Leder ganz glatt zu bekommen, daß sie auf ebener Fläche wie aufgegossen anliegen, spannt man sie wiederholt in Rahmen ein und streicht sie mit stumpfem Schlichtmond aus. Darauf werden mit einem scharfen Messer die Brustzipfel, Füße, Schwanz und Kopf rundlich abgeschnitten; auch kann das Leder an den Flanken und von den Vorderfüßen nach dem Kopfe ein klein wenig nachgeholt werden, wenn es die flache Lage erfordert.

Die Felle werden dann mit einem Vorlüster versehen, dieser hat den Zweck, dem Leder einen fein zerteilbaren Stoff zuzuführen, der durch Wärme einen ganz dünnen, aber festen Überzug hervorbringt, sodann die Narbenschicht aufzuweichen und zwecks glatter Fläche aufzufüllen. Bei schwarzen Fellen soll der Vorlüster außerdem den bläulichen Ton der schwarzen Farbe überwinden und das Schwarz vertiefen, weshalb er einen Zusatz von schwarzem Farbstoff und festem Fett erhält; größere Fettgaben verträgt das Leder vor dem Bügeln nicht, namentlich keine flüssigen Öle, die in das Leder eindringen, man setzt am besten eine weiche Seife zu.

Den Vorlüster bereitet man zweckmäßig in folgender Weise: man weicht 500 g hellgelbes arabisches Gummi in 1 l kaltem Wasser so lange, bis es zu einer zähen Breimasse aufgelöst ist, was ungefähr 10 bis 12 Stunden erfordert. Zugleich schneidet man 250 g gelbes Bienenwachs und 375 g gute neutrale Olivenölseife in dünne Scheibchen, läßt in einem Topfe aus Steinzeug 5 l Wasser kochen, setzt die Seife zu und rührt mit einem Holzrührer bis zur völligen Auflösung um. Dann gibt man nacheinander das Wachs, Gummi und 250 g Rindstalg zu, jedesmal nachdem das Vorhergehende gänzlich aufgelöst ist. Für schwarzes Leder setzt man zuletzt 2 l starken Blauholzabsud zu. Man läßt die Masse noch eine Stunde unter beständigem Rühren tüchtig durchkochen, zieht dann den Topf vom Feuer ab, setzt aber das Umrühren bis zum völligen Abkühlen fort, da sich sonst die leicht abscheidbaren Stoffe wieder voneinander trennen würden. Solange die Masse noch warm und dünnflüssig ist, filtriert man durch ein Gasefilter, damit auch die feinsten, festen Partikelchen ausgeschieden bleiben, da sie sonst auf dem Felle Kritzen und Risse verursachen könnten. Nach dem Erkalten hat dieser Lüster eine mäßig dünnflüssige Konsistenz und bei Blauholzzusatz ein schwärzliches Aussehen.

Zum Vorlüstern werden die Felle auf einen mit leichter

Abb. 4. Bügeln der Felle mit elektrisch geheizten Bügeleisen.

Zinkplatte belegten Tisch zur Hälfte nach vorne ausgebreitet und mittels eines leicht eingetauchten und weichen Schwammes mit dem Lüster überstrichen; dann wird auch die zweite Fellhälfte bestrichen und das Fell auf einen längeren Bock der Länge nach ausgebreitet. Die Felle dürfen so nicht länger als 20 Minuten liegen bleiben und kommen dann schnell zum Bügeln, damit sich die Feuchtigkeit nicht in das Lederinnere einziehen kann; aus diesem Grunde soll auch der Vorlüster nur ganz mäßig aufgetragen werden. Durch das Bügeln wird die Narbenglätte und deren Glanz bedeutend gehoben.

Das Bügeln kann mit einem gewöhnlichen Bügeleisen ausgeführt werden, zu deren Erwärmung kleine, sechskantige, eiserne Öfchen nach Art der Kanonenöfen dienen, an deren Flächen die Eisen angelehnt werden. Die Öfchen werden mit Petroleum, Spiritus oder Gas, auch mit elektrischem Strome geheizt. Es sind aber auch Bügeleisen konstruiert, die direkt durch elektrischen Strom angeheizt werden (s. Abb. 4). Selbstredend muß man die Bügeleisen rostfrei und vollkommen glatt erhalten.

Die Bügeleisen müssen ganz angemessen erwärmt werden: sie dürfen nicht zu stark geheizt sein, wie dies beim Wäschebügeln geschieht, da sonst durch zu große Hitze der Narben zusammenschrumpfen würde; es dürfen aber auch die Eisen nicht zu kühl gehalten werden, da sich sonst der Narben nicht glatt niederlegt, indem er vor dem Bügeleisen nicht weicht, so daß sich die kleinen Falten und Poren nicht glatt auspressen. Ist das Bügeleisen nicht elektrisch geheizt, so muß jeder Bügler mit 3 bis 4 Eisen versehen sein, weil die Felle infolge ihrer saftigen Beschaffenheit viel Wärme aufnehmen und so die Eisen schnell abkühlen. Man stellt die nötige Wärme leicht fest, wenn man das Bügeleisen nahe an die Wange hält oder damit ein Stück feuchter Leinwand überfährt.

Der Bügeltisch muß von entsprechender Größe und von handlicher Höhe sein; die Tischplatte wird mit einem mehrfach übereinandergelegten Flanellstück belegt und dieses ringsherum mit Nägeln glatt aufgespannt, damit eine weiche Unterlage geschaffen wird. Über den Flanell legt man ein Stück starken Papiers, damit sich die Fleischfasern des Felles völlig glatt pressen. An den Tischrand gegen die Person ist eine verschiebbare Leiste angebracht, zwischen die eine Fellhälfte eingeklemmt wird, während die andere auf dem Tisch ausgebreitet liegt. Indem sich der Bügler mit dem Körper über die Leiste stemmt, wird das Fell festgehalten; mit der linken Hand hält er das Fell glatt an und führt mit der rechten mit dem Eisen Striche vom Rücken nach auswärts. Um die Ränder des Felles glattliegend auszubügeln, werden die Füße in etwas vertikale Richtung ausgezogen. Ist die eine Längsseite fertig ausgebügelt, so wird das Fell umgespannt und die zweite Längsreihe ebenso bearbeitet. Darauf breitet man die Kopfhälfte auf dem Tisch aus und bügelt diese noch einmal sauber über; zuletzt rückt man die Hinterhälfte nach, bis das ganze Fell glatt auf dem Tisch aufliegt und den Narben völlig geschlossen hat.

Zum Bügeln werden jetzt auch Maschinen verwendet. Es können hierzu entweder Narbenpressen dienen oder besonders konstruierte Bügelmaschinen, die den Glanzstoß-

Abb. 5. Bügelmaschine der Fa. Peter Dinckels & Sohn.

maschinen ähnlich sehen. Die Narbenpressen werden von verschiedenen Maschinenfabriken gebaut; es sei unter anderen auf diejenige der „Turner Company" in Frankfurt a. M. aufmerksam gemacht. Die Bügelmaschinen werden von verschiedenen Spezialfabriken geliefert; diejenige von der Fa. Peter Dinckels & Sohn, G. m. b. H. in Mainz (s. Abb. 5), unterscheidet sich von den anderen dadurch, daß hier das Bügeleisen gleitend über die Bügelbahn geführt und so das Bügeln mit der Hand nachgeahmt wird.

Dem Bügeln soll unmittelbar das Nachlüstern folgen.

Der Nachlüster, auch Fettlüster genannt, hat den Zweck, dem Leder durch Fettstoffe die nötige Geschmeidigkeit zu geben, wobei nicht nur der Narben, sondern auch der Kern gefettet werden soll. Aus diesem Grunde läßt man dem Leder ein wenig Öl zukommen, wozu sich am besten das Knochenöl, weniger gut das Olivenöl eignet. Die weiteren Bestandteile des Lüsters, als Gummi, Bienenwachs und Rindstalg sollen dem Narben einen zarten Überzug auflegen, welcher die schon von dem Vorlüster stattgefundene Auffüllung ergänzt und dem Narben einen vollkommen milden Griff und ein lackähnliches Aussehen erteilt. Damit zuletzt der Narben kräftig genug bleibt, um durch Bewegung und Biegung aus der Glattheit des Ausbügelns nicht leicht wieder herauszutreten, wird auch noch Harz zugesetzt; dagegen setzt man dem Nachlüster weder Wasser noch Farbstoff zu.

Der Fettlüster wird in folgender Weise zubereitet: 8 l Olivenöl und je $^1/_2$ kg weichen Rindstalg, Bienenwachs, arabisches Gummi und Harz werden in einem irdenen Topfe unter beständigem Umrühren zwei Stunden lang bei starker Hitze gekocht, damit sämtliches Wasser beseitigt wird. Das Umrühren wird dann bis zum Erkalten fortgesetzt, damit sich Wachs und Talg nicht ausscheiden. Die noch warme, dünnflüssige Masse wird durch ein Haarsieb filtriert, um etwaige feste Stoffe zurückzuhalten, die auf dem fertigen Leder Ritzen verursachen könnten. Nach dem Erkalten besitzt dieser Lüster eine sirupartige Konsistenz und läßt sich monatelang aufbewahren ohne zu verderben, wenn er genügend ausgekocht wurde. Sonst kann man ihm 200 g Karbolsäure zusetzen, wodurch er gegen Schimmel geschützt wird, nur ist manchmal der Geruch hinderlich.

Diesen Nachlüster trägt man auf der gleichen Zinktafel, aber mittels eines aus einem Stück Flanell fest zusammengefalteten Ballens auf, weil man damit den Lüster fest einreiben kann. Man trägt zunächst den Lüster auf die hintere Hälfte des Felles auf und reibt ihn sogleich fest ein, indem man die Striche stets nach auswärts führt, wobei man sorgfältig jegliches Zusammenfalten vermeiden muß. Dann wird auch die andere Hälfte in ähnlicher Weise bearbeitet. Die Felle überläßt man einige Stunden der Ruhe und reibt sie darauf wieder mit einem neuen, reinen Flanellballen gründlich ab, wodurch der Narben ein reines Aussehen bekommt. Zuletzt werden die Leder ausgemessen und sortiert.

Das Sortieren führt man auf einem langen Tische aus, vor dem drei leere Holzböcke aufgestellt werden. Man sortiert vorerst ohne Rücksicht auf die Größe nur je nach der Güte in drei Sorten und mißt hierauf mit der Meßmaschine aus. Ist eine solche nicht zur Hand, so wird die Länge und Breite des Felles abgemessen und beide Maße zusammenaddiert; die Felle werden dann nach der Größe von je 10 zu 10 cm Differenz als eine zusammengehörige Nummer auf einen besonderen Bock gelegt. Die gewöhnliche Größe, 140 bis 150 cm, wird usancemäßig als Nr. 1 bezeichnet, 130 bis 140 cm mit Nr. 2, 120 bis 130 cm mit Nr. 3; kleinere kommen fast nicht vor. Die größeren Felle von 150 bis 160 cm werden mit Nr. 0, 160 bis 170 cm mit Nr. 00 und so weiter bis zu 5 Nullen. Nach dem Ausmessen werden die Felle in Dutzende abgezählt und zusammengefaltet.

Die Kidfelle müssen stets möglichst trocken gelagert werden, denn bei feuchtem Lagern wird die Appretur verdorben und das Fett schlägt leicht aus. Aber auch im trockenen Lagerraume verlieren die Felle mit der Zeit an Glanz, den man durch Auftragen des Fettlüsters und gründliches Einreiben wieder auffrischt. —

Ein schönes Kalbkid, das zu Anfang der achtziger Jahre des vorigen Jahrhunderts in einer Lederfabrik zu Offenbach a. M. hergestellt, fast den besten französischen Marken an die Seite gleichkam, wurde nach dem „Gerber" (1902, Nr. 665, S. 138 u. ff.) in folgender Weise erzeugt:

Es wurden deutsche, österreichische und russische Kalbfelle in getrocknetem Zustande verarbeitet. Für eine Partie wurden 180 bis 200 Stück schwere Felle ($4\frac{1}{4}$ Pfund und darüber), 250 Stück mittel (3 bis $4\frac{1}{4}$ Pfund) und 300 Stück leichte (unter 3 Pfund) aussortiert.

Die Partie Felle wurde lose in die leere Weichgrube

eingeschüttet und soviel Wasser zulaufen gelassen, bis die
Felle bedeckt sind. Den zweiten Tag werden die Felle aufgeschlagen und bei warmer Witterung das Wasser abgelassen
und durch frisches ersetzt; bei kalter Witterung werden die
Felle in dasselbe Weichwasser eingelassen. Den nächsten
Tag wird wieder aufgeschlagen und Felle von rauherer Provenienz auf dem gesatteltem Baum vorsichtig gestreckt. Der
hierzu benutzte Baum ist nach französischer Manier gesattelt
und steht mit dem unteren Ende auf dem Boden. Nach dem
zweiten Aufschlagen wird immer reines Wasser gegeben
und am vierten Tag sind die Felle genügend geweicht um in
den Äscher zu kommen. Durch diese gesunde Weiche in reinem
Wasser werden die Felle genügend geweicht, aber nicht schlaff
und mattig oder ausgelaugt, wie dies im alten Weichwasser
geschieht.

Der Äscher wurde nur mit reinem Weißkalk, also ohne
irgendwelches Anschärfungsmittel, angestellt. Dabei wurde
die Partie in demselben Äscher völlig ausgeäschert. Nach
der dritten, manchmal schon nach der zweiten Partie Felle
wurde der Äscher entleert. Diejenigen Fellpartien, deren
Reihenfolge auf einen frisch angesetzten Äscher entfiel, wurden
in den für die vorhergehende Fellpartie benutzten Äscher ohne
Kalkzusatz eingegeben; in diesem Äscher, der als eine Nach-
weiche wirkt, sind die Felle ebenso aufgequollen und mild
wie aus einer alten Weichbrühe, aber viel kräftiger und
derber, ohne jede Schädigung der Hautsubstanz. Hieraus
kommen die Felle in einen frischen Äscher, den man mit soviel Kalk anstellt, daß die Felle in 10 bis 12 Tagen haarlässig
sind; während dieser Zeit werden die Felle täglich oder auch
bloß jeden zweiten Tag aufgeschlagen.

Dieses Äscherverfahren war darauf gerichtet, einen feinen
Narben bei ziemlich großer Zähigkeit und Derbheit des Leders
zu erzielen. Nun wurden früher die Kalkäscher wie bekannt
jahrelang geführt und es galt schon als Fortschritt, wenn sie
einmal jährlich ausgeräumt wurden; erst nach längerer Zeit
kam man dazu, die Kalkäscher jede drei Monate auszuräumen,
so daß etwa sechs Hautpartien in dem Äscher gekälkt wurden,

und es dauerte wieder viele Jahre, bis man in Amerika begann, für jede neue Partie Häute einen frischen Äscher anzustellen. Man hat gefunden, daß nur in einem solchen Äscher die Hautsubstanz unangegriffen bleibt, obwohl man auch einen alten Äscher durch frischen Kalkzusatz zu konservieren vermag. Bei solchem Zusatz ist es tatsächlich auch möglich, auch für feine Ledersorten, z. B. für Glacéleder, den Narben vor jeder Beschädigung zu bewahren. In einem älteren Äscher häufen sich aber die Mikroorganismen und deren Produkte in einem solchen Maße auf, daß selbst bei normalen Verhältnissen der Narben in seiner Feinheit und Glänze mehr oder weniger leidet.

Es ist hier noch ein zweiter Faktor, nämlich die Kalkgabe. Man kann, wie gesagt, einen alten Äscher durch Zusatz von frischem Kalk minder schädlich machen, aber dieser Kalkzusatz soll nicht auf einmal und nicht in zu großem Maße geschehen. Will man den Äscher länger halten, so tut man gut, den beabsichtigten Kalkzusatz in mehrere Portionen zu verteilen. Wünscht man einen feinen Narben zu erhalten, so darf man nicht unnötig viel Kalk zusetzen. Trifft frischer Kalk mit einer Blöße zusammen, so wird sie ganz rauh, spröde und der Narben grob. Je weniger Kalk der Äscher enthält, selbstverständlich nur bis zu einem gewissen Grade, desto feiner und glänzender kommt der Narben heraus. Aber auch die Verringerung der Kalkgabe hat seine Grenzen. Wird viel zu wenig Kalk gegeben, so wird die Ascherdauer verlängert und dadurch der Narben wieder angegriffen, indem er stellenweise blind wird, wobei auch das Gewebe in seiner Substanz Schaden leidet.

Dies ist gerade die Kunst, den goldenen Mittelweg zu finden, wie bei der möglich geringsten Kalkgabe in einem frischen Äscher die Häute in kürzester Zeit haarlässig gemacht werden können. Nur bei richtigem Zusammentreffen dieser drei Faktoren kommt ein feiner, glänzender Narben heraus, ohne daß irgend ein merklicher Substanzverlust eintritt.

In dieser Richtung gerade wurde in der besagten Offenbacher Fabrik das zweckmäßigste Verfahren gewählt und so sind auch, wie bereits erwähnt, die besten Resultate nicht ausgeblieben. Es wurde geflissentlich auf einen feinen Narben, auf Dichtheit des Gewebes hingearbeitet, aber man hätte dabei ein ziemlich flaches und minder griffiges Leder mit in den Kauf nehmen müssen, wenn es nicht gelungen wäre, auch hier einen vollen, milden Griff zu erzielen. Dies geschah tatsächlich dadurch, daß neben einer reichlich gemessenen Gare noch eine zweite Gare gegeben wurde. Diese zweite Gare betrug nur die Hälfte von den Materialien der ersten, aber die Kosten stiegen doch recht bedenklich.

Die Felle aus dem Äscher werden mit Wasser von Kalk und Sand abgespült und kommen auf den gut gesattelten Baum, den besonders eingeübte Leute vorbereiten. Es handelt sich dabei einen recht elastischen, glatten und doch festen Polster zu erhalten, auf dem sich die Felle kräftig anhalten und gut ausarbeiten lassen, ohne daß sie beschädigt werden können. Man muß hier nämlich den Gneist mit ziemlicher Gewalt herausdrängen, da derselbe in dem Hauptgewebe infolge des frischen Kalkäschers weit weniger „gelöst" ist. Es leuchtet wohl ein, daß zwischen einem Fell, das auf einem solchen Baum einer gründlichen Bearbeitung unterzogen wurde, und einem solchen, das auf ungesatteltem Baume fast gar keine Bearbeitung erfahren hat, ein gewaltiger Unterschied bestehen muß.

Die Felle werden also auf gesatteltem Baume gehaart und dann aussortiert; die zu Kid nicht geeigneten werden lohgar gemacht. Die zu Kid bestimmten Felle werden, ohne ins Wasser zu kommen, an Kopf und Füßen in die übliche Form beschnitten, wobei gleichzeitig nur die groben Fleischpartien abgezogen werden; andere Arbeiter scheren zu gleicher Zeit die dicken Köpfe aus. Hierauf gibt man die Felle in ein Walkfaß, worin sie mit wenig Wasser 10 Minuten laufen, dann nimmt man sie heraus und glättet sie auf dem Baum mit feinem in Holz gefaßtem Schiefer.

Die geglätteten Felle werden in das Walkfaß zurückgegeben und darin bei zu- und abfließendem Wasser 20 Minuten geläutert, so daß sie fast völlig schmutzrein sind. Um schlank und matt zu werden, kommen sie in frisches Wasser, worin sie über Nacht bleiben, und erhalten den zweiten Tag wieder eine Fleischfasson. Dann werden sie wiederholt geläutert, mit dem Narbeneisen auf dem Baume leicht glattgestrichen und nochmals in lauwarmem Wasser geläutert, was am besten in einem Haspelgeschirr geschieht, damit der recht glatt anliegende Narben in dieser Lage verbleibt.

Man nimmt die Felle heraus, läßt sie abtropfen und das Wasser aus dem Haspelgeschirr fortlaufen und stellt darin die Kleienbeize an. Man schüttelt die Felle ein und läßt sie 20 Minuten laufen, worauf sie ruhig liegen bleiben. Nach etwa 12 Stunden Ruhe dürften sich die Felle zur Oberfläche heben, worauf man sie wieder 20 Minuten laufen und dann ruhen läßt, bis nach 18 bis 24 Stunden und zwei- bis dreimaligem Aufsteigen die Felle genügend gebeizt sein dürften. Man nimmt die Felle heraus, streicht die Kleie auf dem gesattelten Baume mit dem Chaireisen ab, womit die Felle zur Aufnahme der Gare fertig sind.

Die Gare muß hier, wie bei der Fassongerberei überhaupt, nicht zu knapp, sondern reichlich bemessen werden, damit das Leder die nötige Kraft und Fülle erhält. Nachdem nun das Hautgewebe ziemlich zähe und weniger gehoben ist, wird die Gare zwar willig aufgenommen, aber das Leder zeigt den vollen Griff nicht, wie er für ein Prima-Kidleder unbedingt nötig ist. Ähnlich wie bei dem Glacéleder, wenn die gewünschte Milde und Griffigkeit nicht genügend vorhanden sind, gibt man auch hier eine Nachgare aus Eigelb und Mehl, womit jene Eigenschaften bedeutend gehoben werden.

Die Felle werden aus der ersten Gare getrocknet, dann aufgestollt und in noch feuchtem Zustande mit wenig Wasser in einem Drehfasse gewalkt, bis sie überall durchnäßt sind; hiernach bekommen sie die zweite Gare, die aus der Hälfte der zuerst gegebenen Garstoffe besteht.

Bei der jetzt folgenden Zurichtung wird das Fleisch nach der englischen Methode mit scharfem Schlichtmonde ausgeschnitten, was infolge des dichten Leders schön glatt erfolgt, wobei sich auch der Narben glättet und fest anlegt. Die übrigen Arbeiten werden in bekannter Weise ausgeführt.

2. Englische Methode der Kalbkidfabrikation.

Die englischen Kalbfelle zeichnen sich ähnlich wie auch alle übrigen Gattungen der dortigen Rohhäute durch ihr zartes, fettiges und saftiges Hautgewebe aus, worin ihnen nur die sächsischen, bayerischen, Prager und Wiener Kalbfelle gleichkommen. Aus diesem Grunde erfordert schon das Rohmaterial selbst ein von der deutschen Methode abweichendes Verfahren.

Die Felle werden in üblicher Weise geweicht und dann entweder geäschert oder angeschwödet. Beim Äschern gibt man sie zunächst in einen zweitalten Äscher (wo bereits zwei Partien geäschert wurden), von hier kommen sie in den nur einmal benutzten und zuletzt in einen frischen Äscher. Sonst verwendet man einen Schwödebrei, den man mit 10 kg rotem Arsenik und 100 kg Brennkalk anstellt, die man mit Wasser zusammen ablöscht. Die Schwöde wird dickflüssig und lauwarm (nicht über 35°) aufgetragen; nach 5 bis 6 Stunden werden die Felle ausgewaschen und gehaart, wozu man sich häufig einer Enthaarmaschine bedient.

Die enthaarten Felle werden wieder geläutert, dann beschnitten und in Köpfen ausgeschoren; hierauf kommen sie in die Hundekotbeize, die ebenso stark und warm geführt wird wie bei uns für Lammfelle. Die Kalbfelle werden darin hinlänglich matt, so daß die Reinmacharbeiten ziemlich rasch und leicht vor sich gehen; die Fleischseite wird nur einmal abgezogen und der Schmutz von dem Narben zweimal leicht ausgestrichen. Dadurch wird der lose Narben vermieden, dieser bleibt geschlossen und mit der Lederschicht fest verbunden.

Die Gare bereitet man für 100 kg Blößengewicht aus 6 bis 8 kg Kalialaun, 1 bis $1^{1}/_{2}$ kg Kochsalz, 6 kg Weizenmehl und 50 Stück Eidotter oder 1 l Eigelb in bekannter Weise. Das Garmachen und die Zurichtung werden wie üblich ausgeführt [1]. Die gefärbten Felle werden auf dem Stollpfahl gestollt und in Schlichtrahmen aufgehängt, wo das Fleisch

---

[1] Mehr hierüber in „Leather Manufacture" von Alex. Watt (London, Lockwood, 1906), S. 315.

mit einem haarscharfen Schlichtmond in Spänen mit der Hand ausgeschnitten wird. Dadurch gewinnen die stärkeren Fellpartien an Zähigkeit, Dehnbarkeit und auch an gleichmäßiger Stärke.

Die englische Methode kann nur bei der besseren deutschen und österreichischen Rohware benutzt werden; im ganzen eignet sich dazu die deutsche Rohware nicht, weil sie ein mehr mageres und trockenes Hautgewebe besitzt.

3. Französische Methode der Kalbkidfabrikation.

Die französischen Rohhäute, Rindshäute sowie Schaf-, Lamm-, Ziegen- und Zickelfelle, zeichnen sich sämtlich durch eine sehr gewichtige, saftige und fette Natur, sowie durch einen eigentümlichen vollen Griff und Milde aus. Dieser Eigenschaften wegen eignen sie sich eher zu Glanzfellen, und tatsächlich weist auch das französische Kidleder zumeist einen höheren Glanz auf, ein Nachteil, weil die matte Ware vorgezogen wird. Der Grund hiervon liegt also teilweise schon in der Rohware selbst, aber teilweise auch in der dortigen Fabrikationsmethode. Jetzt wurde auch in Frankreich das weißgare Kalbkid durch das chromgare fast völlig verdrängt, aber man kehrt wieder zu dem ersteren zurück, das neuerdings den verlorenen Boden zurückgewinnt.

Man verarbeitet ausschließlich leichte und mittlere Kalbfelle und zieht ausnahmsweise getrocknete Felle den gesalzenen vor. Man gibt die getrockneten Felle zunächst in die alte, bereits gebrauchte Weiche und walkt sie gegen das Ende von 24 Stunden mit der Hand. Um das Weichen zu beschleunigen, setzt man dem Weichwasser etwa 750 g Ätznatron auf 10 hl Wasser zu; die Weiche dauert bei solcher Anschärfung ungefähr 48 Stunden.

Die gewässerten Häute werden herausgenommen, aufeinander gelegt, abtropfen gelassen und in den Äscher eingebracht. Man gibt sie zunächst in einen alten Äscher, den man mit Schwefelarsen (ungefähr 1 kg Gift für 100 Stück Kalbfelle) anschärft, was für die kräftige und saftige Rohware mit dem natürlich weichen und gehobenen Hautgewebe

völlig geeignet ist. Die flachen, mageren deutschen Kalbfelle würden durch den Arsenikäscher noch mehr verflacht
sein. Nach zwei Tagen zieht man die Felle in einen frischen
Kalkäscher über, wo sie 6 bis 8 Tage verbleiben und jeden
Tag aufgeschlagen werden. Den frischen Äscher stellt man mit
etwa 15 kg Kalk für je 100 Stück Felle an. Wenn die Felle
genügend haarlässig sind, so werden sie abgehaart und in üblicher Weise vorbereitet.

Die frischen Kalbfelle werden häufig angeschwödet, wobei man statt der Giftschwöde gewöhnlich die Schwefel-
natriumschwöde anwendet.

Die reingemachten Blößen bekommen manchmal die Kotbeize, wodurch der Gneist leicht entfernt wird und der
Narben an Glanz gewinnt; nach der Reinigung wird dann nur
eine schwache Kleienbeize gegeben. Auch dieses Verfahren
ist der französischen Rohware angepaßt; die deutschen Kalbfelle müssen dagegen mit einer stärkeren Kleienbeize viel
stärker gehoben werden.

Häufig wird die Kotbeize fortgelassen und dann müssen
die Felle eine stärkere Säurebeize erhalten, damit sämtlicher
Kalk entfernt wird; würden nur Spuren davon in den Fellen
verbleiben, so würde er sich mit dem bei der Eiergare zuge-
setzten Alaun verbinden und den Gips bilden, der sich im
Hautgewebe festsetzt und hieraus nicht mehr entfernt werden
kann; dadurch würden aber die Hautfasern ihre Elastizität
verlieren und die Felle hart und brüchig werden. Am besten
ist hier die Milchsäure geeignet und man nimmt auf 100 kg
Blößen höchstens 2 l Milchsäure (50%ig), wobei man sie fort-
schreitend in kleinen Portionen zusetzt. Um der Gefahr
einer Übersäuerung vorzubeugen, neutralisiert man die Hälfte
der Milchsäure mit Soda, wie dies in der Schrift „Das Entkälken und Beizen der Felle", S. 10 u. ff. angegeben ist.

Es wird anempfohlen[1]), die Felle zunächst in der Milchsäurelösung $1^1/_2$ Stunden laufen zu lassen und dann in eine
Beize zu geben, die man mit 2 l Melasse für je 100 kg Blößen

---

[1]) Villon-Thuau „Fabrication des Cuirs" (Paris, Béranger,
1912) S. 556.

anstellt, worin sie bis etwa 15 Stunden bleiben sollen. Der in der Melasse vorhandene Zucker soll den in den Fellen enthaltenen Kalk auflösen; nur ist keiner mehr darin enthalten, wenn die Milchsäurebeize genügend gegeben wurde.

Die entkälkten Felle werden tüchtig ausgewaschen, dann abtropfen gelassen und bekommen hierauf die Gare, die ähnlich wie bei dem Glacéleder gegeben wird. Für 200 Stück kleine Kalbfelle berechnet man 20 kg Kalialaun, 6 kg Kochsalz, 35 kg Weizenmehl, $^3/_4$ l gutes Klauenöl und 6 l Faßeigelb.

Man verdünnt mit so viel Wasser, daß eine dünne Brühe entsteht. Die Gerbung selbst wird in einem Walkfaß ausgeführt und erfordert ungefähr anderthalb Stunden. Man nimmt die Felle heraus, schlägt sie über die Böcke und läßt sie so ungefähr 24 Stunden liegen. Die abgetropften Felle faltet man mit dem Narben nach innen der Länge nach zusammen und hängt sie über runde Latten in der Trockenstube auf.

Das Trocknen soll möglichst schnell, aber bei nicht zu hoher Temperatur und guter Lüftung vor sich gehen, damit sich die Gare, die außen sitzen bleibt, mit dem Hautgewebe verbindet. Die gut getrockneten Felle werden herabgenommen, in Dutzende zusammengelegt und einige Tage gelagert.

Hierauf läßt man die Felle wieder anziehen, indem man sie in ein mit kaltem Wasser gefülltes Geschirr eingibt und darin 4 bis 5 Minuten beläßt, dann nimmt man sie heraus und legt sie in eine leere Kiste ein, wo man sie etwa 24 Stunden liegen läßt. Nachdem die Feuchtigkeit in den Fellen gleichmäßig verteilt ist, werden sie mit der Maschine oder von der Hand gestollt, dann wieder kurz abgetrocknet und gebimst. Das Bimsen muß sorgfältig geschehen und man führt es der Länge und der Breite nach aus. In Frankreich wird das Fleisch statt des englischen scharfen Schlichtens mit der bekannten Bimsschleifmaschine abgeschliffen, wodurch die Flanken nicht so stark angezogen, das Fleisch an denselben nur schwach weggenommen und an der Oberfläche ein wenig geglättet wird, so daß diese schwachen Teile viel kräftiger, voller und standhafter bleiben.

In diesem Zustande werden die Felle einige Wochen gelagert, damit sich die Gare gut mit dem Hautgewebe verbindet. Dabei tritt gewöhnlich der Alaun an die Oberfläche heraus und um den Überschuß davon zu entfernen, wäscht man die Felle etwa 5 Minuten in lauwarmem Wasser aus. Dann bekommen die Felle eine Nachgerbung mit einer Gare aus Eigelb und Kochsalz, indem man für 100 kg der getrockneten Felle 1,5 kg Kochsalz in lauwarmem Wasser auflöst und darin 3 l Faßeigelb oder 150 Stück Eidotter aufrührt. Man walkt darin die Felle etwa 25 Minuten lang, wo die Gare völlig aufgenommen sein dürfte. Man nimmt die Felle heraus, läßt sie abtropfen und färbt sie aus.

Man legt die Felle auf die Tafel, stößt sie mit einem Schlicker aus und trägt eine stark verdünnte Weinsteinlösung (etwa 150 g in 10 l Wasser) mit einer weichen Bürste auf, womit man einen tieferen Farbenton und ein besseres Festhaften des Farbstoffes erzielen will. Zum Schwärzen trägt man zunächst eine Lösung von 500 g Hämatin in 10 l weichem Wasser auf, hierauf eine Eisenlösung, die man sich in verschiedener Weise bereitet. Am besten ist essigsaures Eisen geeignet, auch „holzsaure Eisenbeize" genannt, die man in verschiedenen Dichtegraden erhält; man muß sie recht stark, auf ungefähr 1° Bé verdünnen, aber das Leder bekommt dennoch einen eigentümlichen Geruch nach Holzdestillaten, der von manchen Käufern beanstandet wird. Man kann auch eine Lösung von 150 g Eisenvitriol und 50 g Kupfervitriol in 10 l Wasser verwenden, aber es kommt dann eine gewisse Menge Schwefelsäure in das Leder, deren Gegenwart nicht gerade erwünscht ist. Manchmal setzt man der Eisenlösung auch schwarze Anilinfarbstoffe (z. B. Nigrosin) zu, um den Ton zu vertiefen.

Nach dem Schwärzen werden die Felle mit reinem Wasser ausgewaschen, mit der Maschine oder mit der Hand ausgestrichen, abgeölt und in einem gut ventilierten Trockenraume aufgehängt, wobei man die Wärme auf etwa 45° steigert.

Die getrockneten Felle, die ziemlich hart geworden sind,

läßt man in Sägespänen anziehen und stollt sie entweder, oder man bearbeitet sie zweimal mit dem Schlichtmond. In diesem Zustande dürften die Felle ziemlich weich sein und um ihnen die nötige Weichheit zu erhalten, gibt man ihnen die folgende fette Gare: 6 Teile Wasser, 1 Teil Olivenöl, $1\frac{1}{2}$ Teile gute Olivenölseife und $\frac{1}{2}$ Teil Talkum werden gründlich vermischt und auf die Fleischseite der Felle mit einem Leinwandballen oder Schwamm aufgetragen. Wenn die Gare richtig eingedrungen ist, so schlichtet man sie nochmals ganz leicht mit dem Schlichtmond, bürstet sie gut von beiden Seiten ab und hängt sie auf den Boden zum Trocknen auf. Die getrockneten Felle werden herabgenommen, in Schlichtbäume aufgehängt, worin man sie reinmacht, und dann gelüstert.

Den Vorlüster bereitet man aus 12 Teile Wasser, 1 Teil Hämatin, $\frac{1}{2}$ Teil Marseillerseife und je $\frac{1}{4}$ Teil Tragantgummi und Rindstalg.

Die Bestandteile werden jeder für sich in Wasser aufgelöst, dann in der angegebenen Reihenfolge zugesetzt, gut durchgerührt und eine Zeitlang gekocht. Man filtriert die Brühe noch heiß durch Packleinwand und läßt abkühlen. Man trägt den Lüster mit einem Flanellballen auf den Narben auf, und nach etwa 20 Minuten, wenn der Lüster angetrocknet ist, wird mit der Maschine in den Glanz gestoßen.

Hierauf trägt man den Nachlüster auf, den man aus 5 Teilen Olivenöl, 4 Teilen Vaselinöl, $\frac{1}{2}$ Teil Tragantgummi, je $\frac{1}{4}$ Teil gelbes Bienenwachs und reinem Rindstalg bereitet.

Man trägt den Lüster gleichmäßig auf und reibt ihn mit einem Flanellballen tüchtig ein. Nach 24 Stunden wird nochmals gerieben, damit der Glanz zum Vorschein kommt. Damit sind die Leder fertig, sie werden sortiert und gemessen.

b) Herstellung von Schafkidleder.

Als billiger Ersatz des Kalbkidleders wird eine ähnliche Ledersorte aus Schaffellen hergestellt, auf die aber infolge der besonderen Eigenheiten des Erzeugnisses mannigfache Anforderungen gestellt werden. So muß beim Kidfell der

Narben an der Lederschicht eine volle und kräftige Unterlage finden, damit er beim Bügeln fest eingepreßt werden kann, dabei auch glatt und fest anschließend aufliegt. Dies ist nur bei starken und lederhaften Fellen möglich, denn bei dünnen und losen Fellen kann der Narben nie so fest aufliegen. Dabei müssen die Felle egal gestellt sein, denn bei abfälligen sind die Flanken viel zu schwach oder der hintere Teil zu dünn und flüssig. Die Felle müssen auch faltenlos und dürfen nicht zu krätzig sein. Ein stark krätziges Fell kann kein volles Leder von milder und standhafter Elastizität liefern, wie man es von einem Kidleder verlangt, auch wird jeder Käufer bei einem Feinleder der Krätze ausweichen. Natürlich eingewachsene Falten und Rippen lassen sich nicht bleibend ausglätten und beim Verarbeiten derartiger Felle würde sich der Narben riefenweise lockern.

Man muß daher auf diese Eigenschaften schon beim Ankauf der Rohware bedacht sein. Am besten entsprechen serbische und bosnische Felle, dann die bayerischen, dänischen und Seeländer Blößen, Haidschnucken, Flamentinerfelle und ähnliche Landessorten. Aber auch bei einer und derselben Schaffellsorte sind die Felle sehr ungleichartig, so daß man sie ähnlich wie beim Kalbkid aus dem Kalk, also nach dem Entwollen, aussortieren muß, wobei man noch ungleich mehr Fehler vorfindet wie bei Kalbfellen. Die ausgeschossenen Schaffelle kann man zu lohgarem oder weißgarem Futterleder oder zu Sämischleder verarbeiten, indem die vorhergehenden Operationen, namentlich das Äscherverfahren, dieser Verarbeitung nicht im Wege steht.

Bei der Auswahl der Rohware darf auch der Umstand nicht unbeachtet bleiben, daß bei dieser Ledersorte an die Größe und Stärke der Ware seitens der Käufer häufig verschiedene Anforderungen gestellt werden, denen schon aus dem Grunde entsprochen werden muß, weil diese Ledersorte bei der Lagerung fast jeden Tag an frischem Aussehen, an Festigkeit des Narbens, überhaupt an Eleganz einbüßt, so daß die fertig hergestellte Ware ohne größere Versäumnis baldmöglichst in den Handel kommen soll.

Was die Verarbeitung der Felle anbelangt, so muß man schon bei den Vorbereitungsarbeiten auf die nötigen Eigenschaften der fertigen Ware bedacht sein, die im Gegensatz zu dem dünnen, schlanken und zügigen Glacéleder einen geringen Zug, dagegen eine Vollheit und Körperhaftigkeit des Leders selbst, Festigkeit der Hautfasern, Standhaftigkeit im Narben und im Innern aufweisen soll. Wenn daher beim Glacéleder auf eine gewisse Schlaffheit hingearbeitet wird, muß man hier gerade diese Eigenschaft zu vermeiden trachten.

Zu diesem Zweck muß die Weiche möglichst kurz gehalten werden, dabei aber genügend sein, damit das Blut völlig entfernt wird und die aufgetrockneten Hautfasern ordentlich durchweichen. Um beides zu erreichen, müssen die Felle wiederholt aufgeschlagen und mit stumpfem Streckeisen ausgestreckt werden. Durch das Aufschlagen wird das Wasser ausgepreßt und in der Weiche wieder aufgenommen, wodurch das Aufweichen sehr beschleunigt wird. Dabei soll man bei jedem Aufschlagen das Wasser neu ersetzen, wozu man ein kühles und härteres Brunnenwasser vorzieht. Das Ausstrecken leistet immer gute Dienste, selbst wenn es bei einer weicheren Rohware nicht unbedingt nötig wäre; es wird damit auch die Wolle reingemacht und teilweise werden auch die Fäulniserreger entfernt, was zu einer gesunden Kräftigung der Felle beiträgt.

Die genügend geweichten Felle werden aufgeschlagen, 2 bis 3 Stunden zum Abtropfen liegen gelassen, damit das schleimige Weichwasser weggeht und die Felle die Äscherbrühe gieriger aufnehmen.

Das Äschern wird nur mit Kalk, also ohne Giftzusatz ausgeführt. Wie bekannt hält das Gift die Felle im Äscher nieder, so daß sie flach und dünn herauskommen, und befördert den Glanz des Narbens. Aber das Kidleder soll im Gegenteil möglichst voll im Griff sein und einen matten, keinesfalls grellen Narbenglanz aufweisen. Um einen vollen Griff, eine kräftige und feste Lederhaftigkeit zu erreichen, darf man keine zu alten Äscher verwenden, die ein schwammiges, lockeres Leder verursachen. Man stellt daher die

Äscher im Sommer nach der dritten, im Winter nach der vierten Fellpartie frisch an. Dabei kürzt man die Äscherdauer möglichst ab. Während andere Ledersorten ein 14 bis 16 Tage langes Äschern gut vertragen, geht man hier auf 10 bis 12 Tage herab. Aber man schlägt die Felle täglich auf, denn durch die häufigere Bewegung der Felle, durch Auspressen und wieder Einsaugen der Äscherbrühe, Abspülen des niedergeschlagenen Kalkes wird das Äschern beschleunigt, ohne daß die Hauttextur leidet.

Die Kalkgabe kann etwas vergrößert werden, um die Haarlockerung, Schmutzabsonderung, sowie die Hebung des Hautgewebes in der kürzeren Äscherzeit trotz Wegfall des Giftzusatzes zu erreichen. Sonst wird ähnlich wie bei dem Glacéleder gearbeitet. So wird namentlich auch das Entwollen in völlig gleicher Weise ausgeführt. Beim Entfleischen nimmt man das Fleisch nur über Kopf und Rücken ganz fort, sucht aber die Seiten möglichst zu schonen und sie voll und kräftig zu erhalten; darum zieht man nur das gröbste Fleisch ab, läßt aber das Grundfleisch sitzen.

Die beschnittenen Felle kommen in ein trockenes Faß und erhalten die Narbenfasson, welche auch ohne Kotbeize leicht ausgeführt wird, nachdem sich die Felle mit Wasser nicht vollgesogen haben. Man gibt hier vor der Narbenfasson keine Kotbeize, damit die Felle nicht verfallen und flach werden, was bei dieser Ledersorte vermieden werden muß.

Nach der Narbenfasson werden die Felle entweder in einem Bottich tüchtig gestampft oder in einem Walkfaß ungefähr 10 Minuten gewalkt und dann in reinem Wasser geläutert. Die geläuterten Felle kommen dann in ein ungefähr 25^0 warmes Wasser, worin sie schnell und ohne jeden Substanzverlust die nötige Mattigkeit erhalten. Das Geschirr mit den Fellen wird mit Tüchern bedeckt und die Felle bleiben darin je nach der Außentemperatur 3 bis 6 Stunden oder über Nacht ruhig liegen.

Wenn die Felle die nötige gesunde Mattigkeit erlangt haben, so gibt man ihnen die zweite Fleischfasson. Dabei werden die Felle zunächst über den Rücken mit Doppelzügen, dann seitwärts gut ausgearbeitet, wobei das Eisen über die Seiten leicht gleitet, damit das Wasser ausgestrichen wird, aber das Fleisch sitzen bleibt. Dann wird nochmals gestampft oder gewalkt und geläutert, worauf man sich durch Überstreichen mit dem Narbeneisen überzeugt, ob sämtlicher Gneist entfernt ist; wenn nicht, so muß man die Felle nochmals ausstreichen, andernfalls bringt man sie direkt in die Kleienbeize, die genau so wie bei Lammfellen zu Glacé gegeben wird.

Die gebeizten Felle kommen nun in die Gare. Zu dieser mißt man den Alaun reichlicher ab, damit die Standhaftigkeit erhöht wird; auch von Kochsalz nimmt man etwas mehr wie gewöhnlich. Man rechnet für 100 Felle 2,65 kg Tonerdesulfat, ungefähr 8 kg Weizenmehl und 100 Stück Eidotter oder 2 l Faßeigelb; von Kochsalz gibt man etwa die Hälfte bis zwei Drittel der Alaungabe. Etwas mehr Eigelb dürfte nicht schaden, aber zuviel davon wäre nicht nur überflüssig, sondern könnte auch eine gelbliche Färbung der Außenseiten hervorbringen, die aber auch bei geringerer Eiergabe zum Vorschein kommt, wenn die Felle schlecht zubereitet die Gare ungenügend aufnehmen. Bei Bemessung von Eigelb und Weizenmehl soll man stets bedenken, daß sich eine angemessene Gabe durch schöne Ware lohnt und daß hier eine übergroße Sparsamkeit nicht am Platze ist.

Die Gare wird durchgehends in einem Walkfaß gegeben, in dem man sie mit Händen in einem in entsprechender Höhe angebrachten Kübel anrührt und in das Faß am besten durch dessen hohle Welle eingibt. Man gibt die Felle, etwa 200 bis 300 Stück auf einmal, gleich ob vor oder nach der Gare, in das Faß herein, schließt die Türe und läßt das Faß etwa 20 Minuten lang laufen; dann stellt man es ab und beläßt die Felle etwa 10 Minuten in der Ruhe, worauf man sie nochmals 20 Minuten laufen läßt. Während der Pause sollen die Felle abkühlen, damit sie sich nicht zu stark erhitzen. Nach dem zweiten Laufen dürfte die Gare völlig erschöpft sein, so daß nur trübes Wasser zurückbleibt.

Man nimmt die Felle heraus und läßt sie einige Stunden oder über Nacht abkühlen. Dann bringt man sie nochmals in die Maschine zurück und läßt sie 10 Minuten treiben, wodurch die von Alaun herrührenden Schwielen bleibend geglättet werden sollen. Wenn nämlich die alaungaren Felle abkühlen, so zieht sich der Narben in den Falten zu Schwielen zusammen, die nur schwierig oder gar nicht herausgezogen werden können, falls sie einmal eingetrocknet sind. Selbstverständlich kann das Garmachen im kleinen Maßstabe auch durch Eintreten der Gare in Fässern den Fellen beigebracht werden, nur werden dann die Felle nach dem Abliegen statt des Walkens tüchtig abgestampft.

Die gargemachten Felle werden hierauf in üblicher Weise zum Abtrocknen aufgehängt und fertig getrocknet. Die getrockneten Felle werden wie zu Glacéleder angefeuchtet und in Kisten anziehen gelassen, aber nicht getreten oder gewalkt, damit sie in den Flanken nicht an Stand verlieren. Wenn die Felle genügend angezogen haben, kommen sie aus der Kiste direkt auf den Stollpfahl oder zur Stollmaschine und werden dort aufgezogen, dann zum weiteren Durchziehen zusammengeschlagen und im Schlichtrahmen mit stumpfem Schlichtmonde in Länge und Breite gestreckt. Hierauf werden sie nochmals leicht angetrocknet, in Sägespänen anziehen gelassen und mit halbscharfem Monde nachgestreckt, wobei von den Seiten nur das gröbste Fleisch weggenommen wird; zuletzt werden die Felle halblang in die Fasson gestrichen.

Nach der Weißzurichtung wird gewöhnlich die Fleischseite geglättet, aber besser geschieht dies nach der farbigen Zurichtung. Man führt dies entweder im Schlichtrahmen mit dem Bimsstein oder zweckmäßiger auf der Bimswalze der Schleifmaschine aus.

Die so hergestellten Felle werden jetzt zum drittenmal aussortiert, damit die narbenbeschädigten, in den Seiten schwachen oder in den Flanken schwammigen Felle ausgeschieden werden; diese Felle kann man ohne weitere Zurichtung als Futterleder zu Schuhzwecken verwenden.

Die kräftige, durchaus fehlerfreie Ware wird vor oder

auch nach dem Ausbroschieren, aber stets noch vor dem
Färben beschnitten, weil sonst die weißen Ränder sichtbar
würden, was der Ware an gutem Aussehen schadet. Man
schneidet den Kopf und die Füße mit abgerundeten Ecken
in eine gefälligere Form, den Schwanz auf den beiden Seiten
geschweift und das Ende stumpf, die Brustzipfel ausgeschweift
und abgerundet; die Flanken im Vorder- und Hinterteil
schweift man besonders stark aus, was zur glatten Lage des
Felles beiträgt. Ein nicht gut in Fasson geschnittenes Schaf-
fell würde auf der Tafel nicht glatt aufliegen, sondern an den
Rändern in die Höhe stehen, so daß es dem Futterleder gleich
aussehen würde; durch ein zweckmäßiges Beschneiden erreicht
man die glatte Lage der Kid- und Lackleder und ähnlicher
Feinleder.

Die beschnittenen Felle werden vor dem Färben ausbroschiert. Das Broschieren wird hier nur mäßig ausgeführt,
weil man bei dem schwarzen Kidleder keinen völlig klaren
Narben zu erzielen braucht, wie es bei dem in klaren und häufig
recht hellen Farbentönen zu färbenden Glacéleder der Fall
ist. Während bei dem letzteren alle mehligen und schmie-
rigen Bestandteile entfernt werden sollen, ohne daß man auf
die Entleerung der Garstoffe Rücksicht nehmen kann, muß
man dem Kidleder seine Körperhaftigkeit und Fülle bewahren
und trachten, daß womöglichst alles, was im Fell ist, auch
darin verbleibt. Man gibt das lauwarme Wasser möglichst
knapp und tritt oder walkt die Felle nur ein paar Minuten,
um sie bloß durchzufeuchten, wobei auch noch die bekannten
weißen Pünktchen sichtbar sein können, die sich dann erst
beim Zusatz von Eigelb verlieren. Man läßt etwa die Hälfte
des Broschierwassers ab, setzt verdünntes Eigelb (etwa einen
Eidotter auf zehn Felle) zu und tritt oder walkt es recht kräftig
ein. Man beläßt die Felle im Eigelb bis zum folgenden Tage,
damit sie das Fett völlig aufnehmen.

Die ausbroschierten Felle werden aufgeschlagen zum Abtropfen liegen gelassen und nachdem sie halbtrocken sind,
gebeizt. Durch die Beize soll der Narben zur Farbenauf-
nahme geeigneter gemacht und das Durchschlagen der Farbe

verhindert werden, ohne daß der Narben an seiner Weichheit
Schaden leidet und dem Bügeleisen nachgibt. Ammoniak-
bildende Stoffe, wie der Harn, sind dazu nicht geeignet; gut
bewährt hat sich die folgende Beize: in 5 l heißem Wasser
löst man 700 g guter Olivenölseife auf, rührt nach Abkühlen
7 Stück Eidotter ein und setzt zuletzt 20 g Kaliumbichromat
in 100 ccm Wasser gelöst zu.

Die gebeizten Felle werden nun s c h w a r z g e f ä r b t. Man
könnte hierzu einige schwarze Anilinfarbstoffe verwenden, aber
in der Regel benutzt man auch hier das Blauholz oder seinen
Extrakt und irgend ein Eisensalz. Nach einer älteren Vorschrift[1]) füllt man am Abend zwei Tage vor dem Schwarz-
färben den Kessel zu einem Drittel mit Blauholzspänen, gibt
dazu einige Handvoll Sumach, Querzitron und Fisetholz,
übergießt mit alter durchfiltrierter Weichbrühe, in der vorher
ein Stückchen Soda und ein Stück Leim aufgelöst wurden,
bis die Späne bedeckt sind. Den nächsten Tag füllt man mit
soviel Wasser nach, daß die Farbflotte beim Kochen nicht
übersprudelt, und kocht kräftig 2 bis 3 Stunden, wobei die Brühe
infolge des Verdampfens konzentrierter wird. Man gießt die
Brühe durch Leinwand oder ein Sieb, kocht die übriggebliebenen Späne noch einmal mit reinem Wasser aus, schüttet
beide Aufgüsse zusammen und läßt erkalten. Am zweiten
Tag ist die Farbe zum Gebrauch fertig.

Als A b d u n k l e r (Turner) dient der sog. Salzburger
Eisenvitriol (oder 5 Teile Eisen- und 1 Teil Kupfervitriol),
wovon man 200 g in 50 l Wasser auflöst. Stärker soll man die
Lösung nicht bereiten, weil sich sonst das Eisen als braunes
Ferrihydroxyd (Rost) ausscheidet. Man gibt je zwei Aufträge zuerst mit der Beize, dann mit der Schwärze und streicht
aus, hiernach kommen noch je zwei Aufträge mit der Schwärze
und zuletzt mit dem Nachdunkler. Sonst wird das Schwärzen
genau so, wie bei dem Glacéleder ausgeführt.

Die geschwärzten Leder werden aufgehängt und dann
bei möglichst niedriger Temperatur g e t r o c k n e t. Am besten
geschieht dies im Freien, falls keine moderne Trockeneinrich-

---

[1]) „Der Gerber", 9. Bd., 1883.

tung vorhanden ist. Im Trockenraume soll die Temperatur nicht über 30° gehalten, dagegen um einen reichlichen Luftwechsel gesorgt werden.

Die getrockneten Leder soll man sofort zurichten. Der Narben trocknet nämlich beim längeren Lagern zu fest ein, was nicht mehr herauszubringen wäre, wo er doch geschmeidig und fest anliegen soll. Auch das Hautgewebe könnte zu stark austrocknen, wodurch das Fett herausgedrängt wird und die Bearbeitung viel kräftiger geschehen müßte, als es der Güte des Leders zuträglich wäre. Etwa 2 bis 3 Tage Ruhe nach dem Schwärzen reichen völlig aus, um dem Leder die luftfeuchte Milde beizubringen.

Die ausgestreckten Felle werden anziehen gelassen, wobei man sie glatt auflegt und nicht zusammenschlägt, da sonst auf dem Narben Bügen und Falten auftreten könnten, die nur schwierig herauszubringen wären. Das Anfeuchten geschieht in Kisten, in die man die Felle, eines nach dem anderen einlegt und mit den feuchten Sägespänen von Tannenholz in dünner Schichte bestreut. Sind die Sägespäne recht feucht gewesen, so ziehen die Felle schon in einer Stunde genügend Feuchtigkeit an, sonst müssen sie darin auch mehrere Stunden liegen bleiben. Jedenfalls ist es besser, die Sägespäne weniger anzufeuchten und die Felle darin länger zu belassen, denn das langsamere Anziehen geht auch gleichmäßiger vor sich, was der Zurichtung zugute kommt. Man prüft, ob die Felle genügend feucht sind, und nimmt sie heraus, wenn dies der Fall ist, wobei man die Sägespäne von den Fellen abschüttelt und diese an einem kühlen Orte glatt aufeinander legt, mit Tüchern bedeckt und über Nacht ruhig liegen läßt, damit sich die Feuchtigkeit in den Fellen gleichmäßig verteilt. Beim Aufstrecken nimmt man immer nur so viel heraus, als man in Kürze bearbeiten kann, damit die Felle nicht zu stark austrocknen.

Um dem Leder den nötigen Stand zu erhalten, bearbeitet man es am besten im Streckrahmen und nicht auf dem Stollpfahl, weil die gleichmäßigen Züge am Streckrahmen das Leder mehr in seiner natürlichen Lage erhalten.

Man spannt etwa 10 Stück Felle an der Vorderhälfte
in den Streckrahmen ein, die Fleischseite nach oben und bearbeitet darin ein jedes Fell zuerst der Länge nach, dann
in die Breite nach beiden Seiten hin. Das Aufstrecken führt man
mit stumpfem Schlichtmonde aus, der in eine Armkrücke
eingesteckt ist, damit er das Fleisch nicht aufreißt, sondern
glatt darüber weggleitet. Dabei wird das Fleisch in den stärkeren Rückenpartien mit einem
scharfen Monde abgeschlichtet,
die Flanken dagegen geschont,
um das Fell möglichst kräftig
zu erhalten.

Viel besser geht die Zu-
richtung, wenn Maschinenan-
trieb vorhanden ist. Man
schleift die Fleischseite mit
einer Schmirgel- oder Karbo-
rundumwalze ab, was große
Vorteile gegen die Handarbeit
bietet (s. Abb. 6), indem die
Felle nicht verzogen werden
und das Fleisch in den Flanken nicht abgenommen, sondern bloß geglättet zu werden
braucht, damit das Leder in
gleichmäßiger Stärke herauskommt. Die mit der Hand

Abb. 6. Schleifen des Leders mit
der Doliermaschine.

oder mit der Maschine aufgestreckten und abgeschliffenen
Felle werden nun völlig getrocknet und nochmals im
Schlichtrahmen in die übliche Fasson des Kidleders gebracht.

Zuletzt erhalten die Felle einen Vorlüster, den man
sich in etwa folgender Weise bereitet: 500 g arabisches
Gummi, 250 g gelbes Bienenwachs, 750 g gute neutrale Olivenölseife und 500 g Rindstalg werden in 5 l weichem (am besten
destilliertem oder Kondenswasser) aufgekocht, durch Leinwand durchgeseiht und abkühlen gelassen. Man setzt zweckmäßig etwas schwarzen fettlöslichen Anilinfarbstoff (Nigrosin)

im Wasser gelöst zu, damit die Farbe des Leders vertieft wird; man kann aber auch die oben angeführte Blauholzschwärze verwenden.

Nachdem der Vorlüster gleichmäßig aufgetragen wurde, werden die Felle in bekannter Weise in Länge und Breite glatt gebügelt, worauf sie noch einen Nachlüster erhalten. Diesen bereitet man sich durch Kochen von je 500 g arabisches Gummi, gelbes Bienenwachs, Harz und Rindstalg in 5 l gutem Olivenöl, bis sich alles auflöst, dann wird die Brühe durchgeseiht und abkühlen gelassen. Man trägt diesen Fettlüster recht gleichmäßig ohne irgendwelche Streifen auf die Narbenseite auf, läßt ihn einziehen und bearbeitet die Felle mit einem zusammengeballten Stück Flanell, um dem Leder den nötigen Glanz zu erteilen. Zuletzt werden die Felle je nach der Größe und Qualität in Dutzende aussortiert und so schnell wie möglich verkauft.

Aber zu Kid kann auch das gewöhnliche weißgare Schaf- oder Jährlingsleder, wie es zum Futterleder alaungar gemacht wird, verarbeitet werden, indem es schwarz gefärbt und zugerichtet wird. Selbstverständlich muß auch hier eine Auswahl des Fellmaterials vorausgehen, denn abfälliges, schwammiges oder gar faltiges Leder kann dazu nicht gebraucht werden. Besonders einige Provenienzen sind hierzu ganz gut geeignet, z. B. die sächsischen Felle, die einen glatten Narben besitzen, voll und griffig in den Seiten sind; aber auch andere bessere Provenienzen, wie serbische, bosnische, italienische und namentlich überseeische, wie Afrikaner, Brasilianer, Ostindier sind gleichfalls gut geeignet.

Diese bereits weißgar gemachten Felle werden zunächst in lauwarmem Wasser gut ausgewaschen, um den überschüssigen Alaun zu entfernen, dann wird das Wasser ausgepreßt und die Felle einzeln auseinandergezogen. Nun bereitet man eine Eiergare, ähnlich wie bei Glacéleder, in Form eines dünnflüssigen Breies, aber mit bedeutend weniger Alaun und Kochsalz, die ja schon vorher den Fellen gegeben wurden. Auf ein Dutzend Felle rechnet man je nach ihrer Größe

1250 bis 1500 g Weizenmehl,

175 bis   225 g Tonerdesulfat (konzentrierter Alaun),
100 „   125 „ Kochsalz,
 10 „   12 Stück Eidotter oder $^1/_5$ bis $^1/_4$ l Faßeigelb
und eventuell noch 40 bis 50 g Olivenöl.

Die Gare macht die mageren Felle griffiger und voller, sowie aufnahmsfähiger für die Farbstoffe, wobei auch die Beigabe von Alaun gut zustatten kommt. Die Felle werden in dieser Gare eine Stunde lang gewalkt, dann nach einigen Stunden Ruhe im Freien oder in der Trockenstube bei sehr mäßiger Wärme getrocknet. Das Aufhängen geschieht wie bei Kalbfellen offen auseinander, mit beiden Hinterfüßen in Hacken. Nach einer solchen milden Trocknung können die Felle sofort in einer Bütte oder in einem Walkfaß ausbroschiert werden und gleich auf die Tafel zum Schwärzen kommen. Beim Buntfärben wird das Broschierwasser weggegossen und eine dünne Eiergare gegeben. Um die schwierige Deckung zu beseitigen, trägt man zweckmäßig eine dünne Lösung Kaliumbichromat und Ammoniak auf. Das Schwärzen wird in der bereits beschriebenen Weise ausgeführt.

Auch die Zurichtung ist die gleiche wie bei dem gewöhnlichen Kidleder. Nach dem Aufstollen werden die Felle mit dem Schlichtmond im Schlichtrahmen bearbeitet, damit sich die Falten ausrecken und der Narben glättet, wobei die Felle in die richtige Fasson, halblang, halbbreit und die Füße auswärts, gestrichen werden. Hierauf erhalten die Felle einen leichten Vorlüster aus Seife, Talg und Harz, werden dann gebügelt, bekommen noch einen Fettlüster und werden zuletzt mit einem Flanellballen leicht abgerieben.

Selbstverständlich können auch Glacéleder, die ihrer Fehler wegen zu Handschuhleder nicht taugen, zu Schafkid verarbeitet werden. Man kann hierzu recht starke Felle, teilweise auch im Narben offene, pockige und krätzige Felle verwenden, dagegen taugt loses, rippiges und schwammiges Glacéleder nicht; auch können kleine oder zu fette Leder nicht zu farbigem, höchstens zu schwarzem Kidleder dienen. Vor dem Färben werden die Felle wie üblich ausbroschiert, indem man die trockenen Felle lose in einen Bottich mit lauwarmem Wasser einbringt und tüchtig durchtreten läßt. Selbstverständlich kann man bei größeren Mengen das Broschieren auch in einem Walkfaß wie üblich ausführen. Aber man darf nicht zu stark broschieren, es genügt, wenn man den Narben gleichmäßig durchfeuchtet und ihn von dem überschüssigen Alaun befreit, was man daran erkennt, daß die Felle keine weißen Pünktchen mehr zeigen, was am besten an den Füßen zu sehen ist. Würde zu stark broschiert, so kommt der noch übriggebliebene Gneist aus dem Innern heraus, so daß kein reiner Farbenton zu erzielen wäre.

Den ausbroschierten Fellen gibt man nun als Ersatz eine schwache Eiergare, die für etwa 90 bis 100 kg Rohgewicht 60 Stück Eidotter oder $1^1/_4$ l Faßeigelb, 500 g Kochsalz und 200 g gutes Olivenöl betragen kann. Die Felle werden in der mit Wasser verdünnten Gare tüchtig eingetreten oder gewalkt, über Nacht darin liegen gelassen und den nächsten Tag gefärbt.

Das Färben wird auf der Tafel oder auch in der Mulde ausgeführt, wenn keine besonderen Farbmaschinen zu Gebote stehen. Die Tafel hat hier den Vorzug, daß man darauf zugleich das Ausstreichen der ziemlich großen Felle ausführen kann. In Amerika gibt man die Felle in ein Färbefaß und behandelt sie in der Blauholzflotte etwa eine Stunde. Dann bekommt sie der Falzer in die Arbeit, der sie, den Narben nach außen, den Rücken hinab falzt, dann den Rücken entlang auf die Hälfte zusammenlegt und mit einem Messingschlicker fest aufeinander drückt. Hierauf werden die Felle im Waschtroge mit einer harten Bürste gescheuert und dem „Boxmanne", Kastenmanne übergeben. Dieser taucht die Felle in einen mit der Schwarzbrühe gefüllten Kasten und behandelt sie dort eine Viertelstunde; darauf kommen die Felle auf die Ausreckmaschine, wo die übermäßige Feuchtigkeit beseitigt wird. Dann werden die Felle angetrocknet, in Sägespänen oder einer Dunstkammer anziehen gelassen, ausgestollt, mit der Schmirgelwalze auf der Schleifmaschine abgeschliffen, geglänzt, zum zweiten Male mit Milchwasser appretiert und geglänzt. Dann werden sie in einer mit Dampf oder warmer

Luft geheizten Trockenstube aufgehängt, zur Gänze getrocknet und schwach abgeölt, womit sie fertig sind.

c) Amerikanisches Kidleder aus Ziegen- und Schaffellen.

Zu Kidleder werden in Amerika neben Kalbfellen auch Ziegen- und Schaffelle verarbeitet; namentlich sind es die halbgaren ostindischen Ziegenfelle und die südamerikanischen Schaffelle, die das Rohmaterial zu Kid lieferten, bevor man sie mit Chrom zu verarbeiten begann.

Ostindische Ziegenfelle werden zunächst in einem Walkfasse tüchtig mit lauwarmem Wasser ausgewaschen und auf geneigten Arbeitstischen mit stählernen Streckeisen ausgestrichen. Durch dieses Ausstreichen sollen die noch anhaftenden Fleischreste beseitigt, die Flüssigkeit ausgedrückt und die Felle ausgedehnt, glatt und eben gemacht werden, was man selbstverständlich auch mit Maschinen ausführen kann.

Die ausgestrichenen Felle werden in der Trockenstube aufgehängt, wo sie bloß durch Luftwechsel getrocknet werden, dann herabgenommen und aussortiert. Die zu Kidleder bestimmten Felle werden zunächst im Seifenwasser angefeuchtet und gefalzt, um sie gleichmäßig dick und für das Appreturmittel aufnahmsfähiger zu erhalten. Dann werden sie auf der Narbenseite geschwärzt; wozu eine Schwärze aus Blauholz, Galläpfeln und Eisensalz angestellt wird. Die geschwärzten Felle werden zum zweiten Male getrocknet und geschwärzt, wozu man der Schwärze keine Galläpfel, dagegen Kaliumbichromat zusetzt. Nach diesem zweiten Anstrich werden die Felle in der Trockenstube mit dem Narben nach innen auf Latten aufgehängt und getrocknet. Nach dem Trocknen werden die Felle herabgenommen, mit verdünnter Milch bestrichen und mit der Stoßmaschine geglänzt.

Hierauf werden die Felle mit dem Krispel- oder Pantoffelholze weich gemacht, auf der Narbenseite mit Walfischöl abgeölt. Die Felle werden nach Bedarf zwei- bis dreimal geglänzt und zweimal gefettet, womit das Leder fertig ist.

Schaffelle zu Kidleder müssen gesund und gut abgemacht sein. Die geschorenen Felle werden durch Schwitzen enthaart, dann in frisches Wasser eingegeben, wo sie über Nacht bleiben. Am anderen Morgen nimmt man sie heraus und gibt sie zunächst in einen alten Äscher, wo sie drei Tage verbleiben, dann in einen frischen Äscher, den man mit 4 kg gelöschtem Kalk für 100 kg Blößen anstellt. Man beläßt die Felle in diesem Äscher 6 Tage, wobei man sie täglich einmal bewegt oder aufschlägt. Dann werden die Felle herausgenommen und in reines, kaltes Wasser gegeben. Aus diesem werden sie sauber entfleischt und in lauwarmes Wasser geworfen, womit sie für die Kleienbeize vorbereitet sind.

Man stellt die Beize mit je 3 l grober Weizenkleie auf 100 l etwa 35° warmem Wasser in einem Haspelgeschirr an, zerquetscht die Kleie, läßt laufen und gibt die Felle ein. Dann deckt man das Geschirr zu und beläßt sie darin über Nacht. Morgens sind die Felle in die Höhe gestiegen, man läßt sie nochmals laufen und beläßt sie in der Kleie noch so lange, bis sie zum zweitenmal aufsteigen. Dann streift man die Kleie von der Narbenseite ab und bearbeitet die letztere auf dem Baum recht gründlich. Hiermit sind die Felle für die Eiergare bereit.

Auf je 50 Schaffelle rechnet man 3,5 kg Tonerdesulfat und 2 kg Kochsalz, die man in 50 l warmem Wasser auflöst; ferner werden 3,6 kg Weizenmehl und 1 l Eigelb mit lauem Wasser angerührt und mit der Alaunlösung versetzt. In dieser Gare werden die Felle angeblich zuerst einzeln eine halbe Minute bewegt und, um die Gare nicht zu verschwenden, auf ein über dem Fasse befindliches Gestell gelegt. Sobald alle Felle derart behandelt sind, gibt man sie in die Brühe zurück und walkt oder stampft sie darin ungefähr 10 Minuten lang, worauf sie wieder glatt aufgelegt werden. Nach 20 Minuten gibt man sie in die Brühe zurück und beläßt sie darin über Nacht. Am nächsten Morgen nimmt man sie heraus, läßt sie abtropfen und hängt sie an den Hinterklauen an Spannhaken auf, um sie rasch zu trocknen.

Die getrockneten Felle nimmt man herab, legt sie in einen Stoß und beschwert diesen; man läßt sie so in einem trockenen und nicht zu warmem Raume ein oder zwei Wochen liegen, damit sich die Gare in dem Hautgewebe festigt. Dann zieht man die Felle einzeln durch reines Wasser, legt sie in eine Kiste oder in ein Faß und tritt sie oder stößt, bis sie etwas geweicht sind, dann packt man sie dicht zusammen, damit sie nicht stellenweise abtrocknen und läßt sie so bis zum Morgen liegen, wo sie dann gleichmäßig angezogen haben. Den nächsten Tag zieht man sie der Länge und der Quere nach über einen Stollpfahl und gibt sie dann in einen Schlichtrahmen, wo sie mit dem Schlichtmonde bearbeitet werden.

Nun sind sie zum Färben bereit. Zum Schwärzen bereitet man sich dreierlei Brühen. Zur ersten löst man in 10 l weichem Wasser 65 g Kristallsoda (oder 35 g Ammoniaksoda) auf und setzt eine Lösung von 20 g Kaliumbichromat in 100 ccm kochendem Wasser zu. Die zweite Brühe wird durch Auflösen von 85 g Blauholzextrakt in 5 l Wasser bereitet. Die dritte, die Eisenlösung, stellt man durch Auflösen von 50 g Eisenvitriol in 5 l weichem Wasser her.

Beim Schwärzen wird das Leder mit der Narbenseite nach oben auf der Tafel ausgebreitet und mittels einer Bürste mit der ersten Brühe tüchtig ausgerieben. Dann trägt man die zweite und zuletzt die dritte Brühe auf, wodurch das Leder tiefschwarz gefärbt wird. Der Narben wird dann mit Wasser tüchtig abgewaschen, das Wasser mit einem Schlicker gründlich ausgestreift und das Leder unter häufigem Luftwechsel schnell getrocknet.

Die getrockneten Felle werden rasch durch Wasser gezogen, worauf man dieselben Manipulationen wie vor dem Schwärzen nochmals ausführt, nur mit dem Unterschiede, daß man die Felle zuletzt auf der Fleischseite mit Schmirgelpapier abreibt und dann zum schnellen Trocknen aufhängt.

Die trockenen Felle erhalten zunächst einen Lüster, den man durch Auflösen von 225 g guter Olivenölseife in 10 l weichem Wasser bereitet, 120 g reines, ausgefrorenes Knochenöl zufügt und so lange rührt, bis sich eine gleichmäßige Emulsion bildet bzw. sich kein Öl mehr ausscheidet, worauf der Lüster gebrauchsfähig ist. Man reibt den Lüster mit

einem feinen Schwamm leicht ein, hängt das Leder zum
Trocknen auf und bügelt es oder satiniert mit einem nicht
zu warmen Eisen.

d) Herstellung des Chevreauleders.

Felle von Zickeln und jungen Ziegen, französisch „chevreaux" und „chevrettes" genannt, werden schon seit lange
in Frankreich, namentlich in Paris, zu feinem Oberleder verarbeitet, das sich durch seine Weichheit und dabei Zähigkeit,
namentlich aber durch sein elegantes Aussehen auszeichnet.
Ein gutes Chevreau soll einen milden Griff aufweisen, dabei
gut geledert, standhaft und so zähe sein, daß es sich beim
Aufzwicken und Tragen nicht verzieht. Der Narben soll
fein, glatt und recht milde sein, an dem Kern fest anliegen
und nicht rinnen.

Bis zu Ende der achtziger Jahre des vorigen Jahrhunderts
stand das französische Chevreau unerreicht da, was zum
Teil in der eigentümlichen Fabrikationsmethode, zum Teil
in der vorzüglichen Natur der französischen Rohware begründet war. Als ein charakteristisches Zeichen wurde die
blaugraue Färbung der Fleischseite angesehen, welche Färbung
das Leder hindurchging, während der Narben tiefschwarz
gefärbt war. Als die Amerikaner die Chromgerbung einführten,
war es neben Boxcalf in erster Reihe diese Ledersorte, welche
sie zu erzeugen begannen und es gelang ihnen wirklich in kurzer
Zeit ein „Chevreau" — aus den viel billigeren Schaffellen
herzustellen, das dem französischen Chevreau namentlich
in bezug der bunten Ausfärbungen noch übertraf. Bis heute
ist die amerikanische Chevreaufabrikation für den Weltmarkt von großer Bedeutung. Erreichte ja dessen Einfuhr
nach Deutschland in den Monaten Januar bis September 1913
einen Wert von etwas über 10 Millionen Mark, im Jahre 1911
nur etwa $7^3/_4$ Millionen, so daß sie erheblich gestiegen ist.

Neben den Franzosen haben auch die Engländer und
Deutschen das echte Chevreau hergestellt. Aber während in
Frankreich die Chevreaufabrikation einen eigenen, selbst-
ständigen Fabrikationsartikel gebildet hat, wurde es in Deutsch-

land mehr zugleich mit Kalbkid und fast in gleicher Weise hergestellt, während in den beiden Konkurrenzländern das echte Chevreau nach eigentümlichen Methoden erzeugt wurde.

Die chromgare Imitation des Chevreauleders hat in kurzer Zeit das echte Chevreau fast völlig verdrängt, da es nicht geringe Vorzüge gegenüber dem letzteren besitzt; aber ebenso wie das Kalbkid hat sich auch das echte Chevreau einen, obwohl recht bescheidenen Platz gewahrt. Die Bedeutung seiner Herstellungsweise ist jedoch mehr darin gelegen, daß die verschiedenen Operationen der Rohware und dem zu erzeugenden Produkte in so zweckmäßiger Weise angepaßt waren, daß sie auch dem heutigen Gerber bei seinen verschiedenen Kombinationsledern vorbildlich dienen können. Dies ist auch der Grund, warum hier auch diese Ledersorte besprochen wird, obwohl sie lange bereits von anderen, modernen Ledersorten überholt wurde.

1. Deutsche Methode der Chevreaufabrikation.

In Deutschland hielt man das englische Fabrikat dem französischen für überlegen und trachtete deshalb, die englische Methode nachzuahmen. Die Hauptaufmerksamkeit muß auf die Erhaltung des reinen Narbens gerichtet sein und jeder, auch noch so schwachen Fäulnis vorgebeugt werden; wird dies vernachlässigt, so ist dann eine ganze Reihe von verschiedenen Gebrechen die Folge. Aus diesem Grunde sollen die Felle möglichst sofort nach der Schlachtung aufgezogen und mit kleinen Holzstäbchen gespießt in einem luftigen Speicherraum getrocknet werden. Die Felle trocknen darin schnell und gut aus, wodurch der äußerst schädlichen Selbsterhitzung beim Transport gänzlich vorgebeugt wird.

Ziegenfelle sind durchgängig von harter Natur und infolgedessen muß selbst die beste Provenienz Ziegenfelle mindestens mit derselben Sorgfalt behandelt werden, wie die geringeren Sorten Kalbfelle, rauhere Sorten noch mit größerer Umsicht und Sorgfalt.

Die Weiche soll man stets in reinem und frischem Wasser ausführen, wobei härtere Ware bei öfterem Wasserwechsel einige Tage länger geweicht werden kann; doch soll man das Weichen nicht über 6 Tage ausdehnen; Anschärfungsmittel dürften im Bedarfsfalle gut am Platze sein.

Die Zurichtung der Felle, welche das Hochglanzstoßen mit der Maschine ermöglicht, besteht in einer kombinierten Gerbung, insbesondere des Narbens, der erst nach einer vegetabilischen Gerbung befähigt wird, den Stoßglanz anzunehmen. Diese Nachgerbung wird gewöhnlich nach dem Garmachen und zwar vor dem Färben oder während desselben mit einer Japonikabrühe ausgeführt. Aber es ist dann ziemlich schwierig, den richtigen Grad der Nachgerbung mit vegetabilischen Gerbstoffen zu treffen, da von dieser Operation die Eigenschaften des fertigen Leders abhängen. Aber man kann diesen Schwierigkeiten leicht dadurch ausweichen, daß man die Gerbung des Felles und namentlich des Narbens mit vegetabilischem Gerbstoff schon vor der Glacégare vornimmt[1]).

Die rein gemachten Blößen werden zu diesem Zwecke mit einer sehr verdünnten Gambierlösung, der eine größere Menge Kochsalz und ein wenig gewöhnliches Olivenöl zugesetzt ist, in einem Haspelgeschirr regelrecht durchgefärbt.

Auf 100 Stück Ziegenfelle von 40 bis 65 kg rechnet man 2 kg Gambier, der kochend aufgelöst und abstehen gelassen wird. Die klare Brühe wird nach und nach zum Zubessern der Gerbbrühe verwendet. Man gibt nämlich die Blößen zunächst in eine Brühe, die bereits zur Gerbung der vorhergehenden Fellpartie gedient hat, nachdem man vorher für je 100 Felle 5 kg Kochsalz und $\frac{1}{4}$ l gewöhnliches (rohes) Olivenöl zugesetzt hatte. Die Felle werden darin eingetrieben, dann ruhen gelassen und nach je 12 Stunden, also täglich gehaspelt, wobei stets mit der Gambierbrühe zugebessert wird. Nach solcher dreitägigen Behandlung sind die Felle zwar ganz leicht aber gleichmäßig durchgefärbt und ist besonders der Narben genügend durchgegerbt.

Man spült die Felle ab und entfernt die überflüssige Feuchtigkeit durch Auswringen mit der Hand, durch Zentrifugieren oder gewöhnlich mittels einer Ausreckmaschine. Die so vor-

---

[1]) „Der Gerber" 1896, Nr. 53, S. 260.

bereiteten Felle erhalten die Glacégare aus Alaun, Kochsalz, Weizenmehl und Eidottern, die im Walkfaß eingetrieben wird. Die Felle werden sodann aufgetrocknet und nach dem Auftrocknen einige Zeit ablagern gelassen, bis sie zum Färben und Zurichten gelangen.

Zum Färben werden die Felle genau so wie bei Kalbkid ausbroschiert, worauf sie eine Broschiergare aus Eigelb erhalten, dann in der Mulde ähnlich wie das Saffianleder oder auch im Färbefaß oder auf der Tafel ausgefärbt. Dann werden die Felle in Rahmen aufgespannt, getrocknet, mit einem Blutglanz bestrichen und zuletzt auf der Glanzstoßmaschine ein- bis zweimal glanzgestoßen.

2. Französische Methode der Chevreaufabrikation.

Der durchschlagende Erfolg der Pariser Chevreaufabrikation hatte, wie bereits bemerkt, teilweise in der vorzüglichen Qualität der heimischen Rohware seinen Grund. Die französischen Zickelfelle zeichnen sich durch feinen und faltenlosen Narben, durch das fettige und doch nicht überfettete Hautgewebe aus. Dazu kamen einige Vorteile in der Fabrikation selbst, die lange als Geheimnis mit Erfolg behütet wurden, und weiter die bisher in solchem Maße nicht benutzte Anwendung von speziellen Maschinen. Nur so war es möglich, daß eine bekannte erste Fabrik, die wöchentlich 24 bis 30 Tausend Chevreaux lieferte, nur 20 Gerbergesellen nebst einer Anzahl von Handlangern und Frauen beschäftigt haben soll.

Die Ziegenfelle besitzen ein recht festes Hautgewebe und kommen getrocknet in die Gerberei. Infolge dieser beiden Umstände muß um eine gründliche Weiche gesorgt werden. Um nun die Felle nicht zu lange im Weichwasser herumzuziehen, wird dieses angeschärft, wozu Ätznatron, Soda oder Borax dienen. Man setzt von dem letzteren 200 bis 500 g für je 10 hl Wasser zu, indem man ihn zuvor in etwa 1 l warmem Wasser auflöst und dann erst dem Weichwasser zusetzt. Wäre Borax nicht so teuer und brauchte man die Weichwässer nicht so häufig wechseln, so würde derselbe sicherlich große Vorteile bieten. Borax greift als ein recht schwaches Alkali, indem er sich zu freiem Alkali nur langsam zersetzt, das Hautgewebe nur in geringem Grade an; er wirkt auch konservierend auf die Hautsubstanz ein, indem er bis zu einem gewissen Grade antiseptische Eigenschaften besitzt. Aber man greift doch lieber zu dem viel billigeren Ätznatron, wovon 50 bis 100 g auf 10 hl Wasser genügen. Das Anschärfungsmittel wird bloß dem ersten Weichwasser zugesetzt, das den zweiten Tag durch ein frisches ersetzt wird.

Man nimmt die Felle, sobald sie geweicht sind, lieber früher aus der Weiche heraus, damit der Narben nicht beschädigt wird, und schneidet den Kopf und die Fußenden auf der Tafel ab. Dann kommen die Felle in die Äscher herein. Diese stellt man nicht mit reinem Kalk an, sondern setzt noch Schwefelarsen, manchmal auch noch Schwefelnatrium zu. Auf 600 mittelgroße Felle rechnet man 40 kg Brennkalk, die man mit einem Dutzend Bütten Wasser ablöscht und mit 2 bis 2,5 kg Schwefelarsen, eventuell noch mit 1 kg Schwefelnatrium (oder der gleichen Menge Kalziumsulfhydrat) versetzt. Man verdünnt die Brühe mit der nötigen Wassermenge und gibt die Felle herein. Soll der Narben nicht rauh herauskommen, so darf man nicht zuviel Kalk zusetzen, namentlich wenn das Äschern zu Ende geht; doch ist es nötig, den Äscher ein- oder zweimal mit Kalk und Gift anzuschärfen.

Häufig wurde zur Haarlockerung ein Geheimmittel unter verschiedenen Phantasienamen verkauft, aber es war bloß das mit Kampfer parfümierte Schwefelnatrium. Dieses wurde auch an Stelle des Gift benutzt, indem man die Felle mit einer 20%igen Lösung dieses Enthaarungsmittels behandelte, worauf das Haar schon nach 24 Stunden lässig wird. Manchmal wurde auch mit einer viel schwächeren Lösung gearbeitet, indem man eine 1%ige Schwefelnatrium-Lösung anstellte, worin die Felle wiederholt aufgeschlagen und in etwa 6 Tagen haarlässig wurden.

Die Felle wurden dann tüchtig ausgewaschen und enthaart, was ebenso wie das nachfolgende Läutern, Beizen, Garmachen, Stollen, Weichtreten u. a. m. mit Maschinen geschieht; nur das Fleischabziehen und das Narbenstreichen, welch letzteres leicht und flüssig ausgeführt wurde, geschah auf dem gesattelten Baum. Dann bekamen die Felle eine Hundekotbeize, die manchmal mit der Taubenmistbeize kombiniert wurde. Man versetzt etwa 15 l Hundekot mit 50 l Wasser, rührt gut um, erwärmt mit Dampf, seiht dann durch Packleinwand und läßt einige Zeit stehen, bis die Beize vergärt. Hierauf gibt man die vergorene Beize in ein Haspelgeschirr, erwärmt sie auf etwa 32°, gibt die Felle herein und beläßt sie darin, bis sich das Fleisch mit dem Daumen leicht abschaben läßt. Mancherorts gibt man die Felle zunächst in eine alte, bereits gebrauchte Kotbeize herein und erst dann in die frische Beize, wodurch sich die Beizdauer auf die Hälfte verringert.

Am besten verwendet man ein heizbares Haspelgeschirr; man gibt eine angemessene Menge lauwarmes Wasser ein, setzt etwa 75 l feuchten Hundekot auf 25 Dutzend Felle zu und haspelt, damit der Kot gut verrührt wird. Dann gibt man bei etwa 35° die in lauwarmem Wasser angewärmten Felle herein und läßt sie ungefähr 20 Minuten laufen; hierauf stellt man die Haspel ab und beläßt die Felle in der Beize, bis sie genügend gebeizt sind, was in 2 bis 4 Stunden der Fall sein dürfte. Daß anstatt der Kotbeize auch künstliche Beizen, wie das Erodin oder noch besser das Oropon benutzt werden können, ist selbstverständlich. In manchen Fabriken gibt man die Felle abends in die Kotbeize herein und beläßt sie darin über Nacht; aber dies ist immer mit Gefahr verbunden, weil die Beize leicht umschlägt und dann den Fellen sehr gefährlich werden kann. Am besten gibt man die Felle morgens früh in die Beize, wo man dann das Fortschreiten des Beizens leicht kontrollieren kann.

Die Felle kommen aus der Kotbeize ziemlich schlank und gefügig, dabei auch gesund und kräftig heraus, daher auch das kräftige und flache Leder. Diese Beize bringt auch noch eine ausgiebige Erleichterung der Reinigungsarbeiten, einen glänzenden und sehr zähen Narben hervor.

Manchmal gibt man den Fellen noch die Kleienbeize oder beizt sie mit einer stark verdünnten Milchsäurelösung, indem man 1 bis 1,5 kg Milchsäure (50%ig) für je 100 kg Blößen mit 120 Liter 28 bis 32^0 warmem Wasser verdünnt. Man läßt die Felle darin $^1/_2$ bis 1 Stunde laufen, wodurch sie völlig kalkrein werden; aber diese zweite Beize kann auch wegfallen. Manchmal wurde selbst die Kotbeize nicht gegeben, namentlich wenn die Schwefelnatrium-Lösung verwendet wurde, indem dadurch nach einem tüchtigen Läutern, fast ohne jede Baumarbeit, der gelöste Gneist dem Fell entzogen wird, wenn die Felle nur von der Narbenseite leicht abgestrichen werden.

Die übrigen Operationen werden ähnlich wie bei dem Kidleder ausgeführt.

3. Englische Methode der Chevreaufabrikation.

Im großen ganzen ist diese Methode denjenigen in anderen Ländern gleich, sie bedient sich aller Mittel, um das Fell in den Zustand der Dünne, Schlankheit und Gefügigkeit zu überführen und es in diesem Zustande bis zum Garmachen zu erhalten. Nur in einem wichtigen Punkt wich die englische Methode von den übrigen ab, nämlich in dem Äscherverfahren. In England wurden die Häute für sämtliche feinere Ledersorten, selbst Kalbfelle für Kidleder, angeschwödet; der Vorteil des Anschwödens ist dort in der sehr kräftigen, saftigen und milden Natur des Rohmaterials begründet. Auch wurde beim Weichen zunächst das alte, bereits einmal benutzte Weichwasser verwendet, worauf die Schwöde leicht das Haar lässig macht. Aber diese Methode birgt viele Gefahren in sich und könnte in unerfahrenen und ungeübten Händen vielen Schaden anstiften.

Die enthaarten Felle werden gut geläutert und dann mit Hundekot gebeizt, wobei man die Beize ziemlich warm, 35 bis 40^0 C, anstellt. Doch wird in einigen Fabriken lieber bei niedrigerer Temperatur und länger gebeizt.

Dabei wendet man die größte Sorgfalt darauf an, daß die sämtlichen Werkzeuge (Schlichtmonde, Falz-, Narben- und Schereisen) aus dem besten englischen Stahl angefertigt sind; die Narben- und Schereisen z. B. sind für unsere Begriffe von außerordentlich großer Breite und Länge, aber für die geschickten englischen Arbeiter völlig geeignet.

e) Verwendung der Glacégare bei der Chromgerbung.

Die Chromgerbung gibt bekanntlich kein volles Leder, weshalb sie häufig auch mit der Glacégerbung kombiniert wird; dies geschieht namentlich in jenen Fabriken, wo das Chromgerbverfahren nach der Glacé- und Kidlederfabrikation eingeführt wurde. Man gibt dort den gepickelten Blößen nach dem Ausstreichen eine Glacégare, die für je 100 kg Blößen aus etwa 5 kg Weizenmehl, 100 Stück Eidotter oder 2 l Eigelb und 5 kg Kalialaun oder 3,5 kg Tonerdesulfat besteht. Eine Kochsalzgabe ist unnötig, weil die gepickelten Blößen davon genügend enthalten.

In der Gare werden die Blößen eine bis anderthalb Stunden lang gewalkt, dann herausgenommen, über den Bock geschlagen und zugedeckt über Nacht liegen gelassen, wobei sie abtropfen und auch etwas abwelken, worauf sie gegerbt werden.

Wie ersichtlich sollen die Blößen eine schwache Alaungerbung erhalten, die jedoch bei dem etwa nachfolgenden Zweibadverfahren wieder zum größten Teil weggeht. Deshalb gibt man in einigen Fabriken keinen Alaun und ersetzt ihn durch etwa 200 g Schwefelsäure (66° Bé); aber auch dieser Zusatz ist unnötig, da ja die Blößen vom Pickeln her eine ausreichende Säuremenge enthalten.

Die Garstoffe, das Mehl und das Eigelb, werden sonst von den Blößen gut aufgenommen und diese sehen wie glacégares Leder aus; sie lassen sich getrocknet aufstollen und besitzen auch eine gewisse Zügigkeit. Aber es ist noch kein Leder, indem sich die Gare durch Wasser wieder auswaschen läßt und dann eine ungegerbte Blöße zurückbleibt. Dagegen ist es eine ganz gute Vorbereitung zu der nachfolgenden Chromgerbung, doch ist eine solche ziemlich teuer.

Neuerer Zeit wird das Weizenmehl bei der Eiergare entweder gänzlich durch Reisstärkemehl oder teilweise durch amorphe Kieselsäure, wie sie bei verschiedenen Fabrikationen (Superphosphat, Flußsäure, Tonerdesulfalt) abfällt, ersetzt. Beiderlei Stoffe kommen häufig unter verschiedenen Phantasienamen, wie Protamol, Rutralin u. a. in den Handel.

VI. Verschiedene andere Kombinationsgerbungen.

Es gibt noch eine ziemlich bedeutende Anzahl von kombinierten Gerbverfahren, die nicht in die vorhergehenden Abschnitte einzureihen waren und bei welchen recht mannigfaltige gerbende Stoffe verwendet werden. Einige davon haben sich in der Praxis recht bewährt und liefern Lederprodukte, die in speziellen Fällen gute Verwendung finden. Andere aber, und das gilt leider von der Mehrzahl, zeigen deutlich, daß sie überhaupt kein Leder ergeben können und daß sie nur zu dem Zwecke „erfunden" wurden, um die betreffenden Patentinhaber als „Erfinder" erscheinen zu lassen. Doch fällt dem denkenden Gerber bei Durchsicht solcher Patente von selbst das lateinische Sprüchwort ein, das von einem Philosophen spricht, der lieber hätte schweigen sollen. Wir führen dennoch einige von diesen Gerbverfahren an, um den „Nacherfindern" die Arbeit zu erleichtern; aus einigen dürfte der denkende Gerber vielleicht ein gesundes Körnchen herausfinden.

1. Kombinierte Schwefelgerbungen.

Das nach dem Zweibad (wo zur Reduktion der Chromsäure zu gerbenden Chromverbindungen in der Regel das Natriumthiosulfat verwendet wird) gegerbte Leder enthält, wie bekannt, neben der gerbenden Chromverbindung auch Schwefel, der dem Leder eine hellere Farbe und größere Milde erteilt. Nachdem aber dieser Schwefelgehalt, der namentlich für besondere Zwecke große Vorteile bietet, nur selten $1\,^0/_0$ übersteigt, so wurde die Schwefelgerbung eingeführt, wozu man die Blößen entweder zuerst mit Natriumthiosulfat imprägniert und dann mit Mineralsäuren (Schwefelsäure, Salzsäure) behandelt, oder umgekehrt zuerst mit diesen Säuren behandelt und dann erst die Thiosulfatlösung folgen läßt. Auf diese Weise erhält man ein lichtes Leder, das bis $4\,^0/_0$ Schwefel enthält, dabei aus der Gerbung zwar hart herauskommt, sich aber gut aufstollen läßt. Dieses Schwefelleder nimmt mineralische und vegetabilische gerbende Stoffe sehr leicht auf und liefert so Ledersorten, die namentlich in der Technik mancherlei Verwendung gefunden haben.

Aber man kann diese Schwefelgerbung auch in anderer Weise ausführen. So kann man die Blöße mit Alkohol entwässern und dann mit einer Lösung von Schwefelblumen in Schwefelkohlenstoff oder Chlorschwefel behandeln. Oder man kann nach dem Patent Wartenbergers das Leder zunächst mit Pikrinsäure ausgerben und dann mit Natriumthiosulfat behandeln. Auch durch Einwirkung von Chromalaun auf Natriumthiosulfat scheidet sich Schwefel aus; man kann also die Blöße zunächst mit einer Lösung von Chromalaun und dann mit einer Lösung von Natriumthiosulfat behandeln, wodurch sich im Hautgewebe der Schwefel ausscheidet.

Die Blöße braucht aber, wie Dr. Carlo Apostolo nachgewiesen [1]), nicht mit den Schwefel ausscheidenden Verbindungen imprägniert zu werden, sie nimmt auch den bereits ausgeschiedenen, suspendierten Schwefel auf. Er hat zur Schwefelgerbung die folgende Methode angewandt, womit er ein sehr weißes Leder von außerordentlicher Weichheit und schönem Aussehen erhielt.

„Man zersetzt eine ziemlich konzentrierte Natriumthiosulfatlösung nach und nach mit Milchsäure, und zwar so, daß zuerst ein großer Überschuß an Natriumthiosulfat vorhanden bleibt. In diese trübe Lösung bringt man eine geschwellte Blöße und läßt sie darin laufen [2]). Nach etwa einer halben Stunde wird die Lösung vollständig klar sein, was beweist, daß der gefällte Schwefel von der Haut absorbiert worden

---

[1]) „Collegium" 1913, Nr. 520, S. 420.

[2]) Apostolo hat mit Blößenstücken in einem Schüttelapparat, wie er zu Gerbstoffanalysen verwendet wird, gearbeitet. Ob bereits Versuche im großen angestellt wurden, ist dem Autor nicht bekannt.

ist. Nun wird, nachdem man die Haut herausgenommen hat [1]), die Flüssigkeit neuerdings mit Milchsäure zersetzt und es tritt eine abermalige Schwefelausscheidung ein, die man in gleicher Weise von der Blöße resorbieren läßt. So zersetzt man allmählich die gesamte Natriumthiosulfatlösung, vermeidet aber zum Schluß einen Überschuß von Milchsäure, indem man die Lösung zuletzt entweder neutral oder höchstens schwach sauer hält." Es wurde hierzu eine 20%ige Thiosulfatlösung verwendet, die mit konzentrierter Milchsäure bis zur völligen Zersetzung versetzt wurde. Die Blößenstücke verblieben in der Lösung 10 bis 12 Stunden. Wird die Natriumthiosulfatlösung mit Milchsäure auf einmal völlig zersetzt, so wird das Leder auch schwefelgar, aber die Weichheit des Leders ist viel geringer.

Das so gegerbte Leder widersteht dem kalten Wasser, indem es 24 Stunden darin belassen nicht aufquillt und, nach dieser Behandlung getrocknet und gestreckt, seine Ledereigenschaften beibehält. Mit Schwefelkohlenstoff behandelt gibt es nur wenig Schwefel, ungefähr 1% ab; es scheint dies der mechanisch gebundene Schwefel zu sein, weil das so behandelte Leder getrocknet, völlig gegerbt erscheint. Dieses Schwefelleder hält etwa 2,5 bis $3,5\%$ Schwefel, auf das bei 70 bis 80° getrocknete Leder berechnet.

Das Schwefelleder nimmt die Alaun- und Chromgerbung leicht an; mit der ersteren erhält man ein mildes, weiches und recht zähes Leder, bei der Nachgerbung mit Chrom kommt ein reißfestes und gegen äußere Einflüsse sehr widerstandsfähiges Leder heraus, so daß es dann alle für Schlagriemen gewünschten Eigenschaften besitzt. Die betreffenden Gerbverfahren sind im „Handbuch der Chromgerbung" S. 579 u. ff. ausführlich beschrieben.

In letzter Zeit wird auch die Nachgerbung des Schwefelleders mit vegetabilischen Gerbstoffen geübt. Es werden auf diese Art verschiedene technische Leder, namentlich zu

---

[1]) Dieses Herausnehmen braucht bei einem Walkfasse nicht stattzufinden. Man setzt einfach die weitere Milchsäure durch die hohle Welle zu. Auch kann man statt der Milchsäure einfach Sälzsäure verwenden.

Schlagriemen für die Textilindustrie und zu Binderiemen für Ski, und zwar sowohl mit Haaren als auch ohne dieselben hergestellt. Als Rohmaterial kommen zunächst Büffelhäute, und zwar womöglichst europäischen Ursprungs, dann Stierhäute und in letzter Reihe Rindshäute überhaupt in Betracht. Von Büffelhäuten werden die hiesigen den mehr lockeren asiatischen vorgezogen, aber leider kommen sie nur in geringen Mengen auf den Markt; so sollen in Österreich laut einer Mitteilung von W. Eitner nur 2000 bis 3000 Stück jährlich aufkommen. Man ist demnach auf die indischen Büffelhäute angewiesen, von denen die Arsenik- oder Bataviabüffel von 9 kg Stückgewicht die geeignetsten sind. Zumeist wird dieses kombinierte Gerbverfahren in Frankreich geübt, wo es seinen Ursprung haben dürfte; aber es hat auch bereits in deutsche und österreichische Fabriken Eingang gefunden. Von dem fertigen Leder wird ziemlich viel nach England und Skandinavien exportiert, wo es willige Käufer findet.

Die gesalzenen Büffel-, Stier- und Ochsenhäute werden in reinem, kaltem Wasser ausgewässert, welches man einmal wechselt, und genügt eine zweitägige Weiche völlig. Noch besser, wenn das frische Wasser zu- und abfließt, wo man die Häute nach 36stündiger Behandlung frei von Salz, Schmutz und Blut erhält. Die asiatischen trockenen Büffelhäute werden zuerst in jene salzhaltigen Weichen gebracht, worin grüngesalzene Häute vorher geweicht wurden. Nach eintägigem Verweilen in dieser alten Salzbrühe werden die Häute in frisches Wasser umgezogen. Das Salzwasser dringt rasch in das Hautgewebe ein und weicht die trockenen Häute viel schneller auf, als dies bei reinem Wasser der Fall wäre. Hat man keine gebrauchte Salzweiche zur Hand, so stellt man sich eine frische an und unterstützt das Wässern noch durch Strecken und Walken im Walkfasse, wie dies bei sommertrockener Ware oder bei Arsenikkipsen üblich ist; das Walken wird mit wenig kaltem Wasser und nur etwa eine halbe Stunde ausgeführt. Sollten die Häute auch nach dem Strecken und Walken nicht eine genügende Weichheit zeigen, so salzt man sie ein und beläßt sie im Salz etwa 4 bis 6 Tage im Haufen liegen. Dann werden die derart nachgesalzenen Häute noch zwei Tage in frischem Wasser, ganz ähnlich wie grüngesalzene Häute behandelt; selbstverständlich fällt dann die Salzweiche fort.

Die geweichten Häute kommen jetzt zum Äschern, wo sie recht prall werden sollen. Trockene Büffelhäute bekommen einen stark angeschärften Kalkäscher, und zwar mit 10% Schwefelnatrium, vom Trockengewicht gerechnet, worin sie drei Tage verbleiben, dann nimmt man sie heraus, läßt sie entweder auf einer schiefen Bühne oder auf einem über die Grube errichteten Gerüst abtropfen, damit die Äscherbrühe in die Grube zurückfließt. Dann hängt man sie in einen frisch angestellten oder mit Kalk zugebesserten Äscher ein und beläßt sie dort ungefähr acht Tage.

Auch die gesalzenen Häute werden gewöhnlich etwas länger geäschert, als dies bei den anderen Ledersorten üblich ist, was besonders in Frankreich geübt wird. Aber man kommt bei Ochsenhäuten mit 8, bei Stierhäuten mit 10 und bei Büffelhäuten mit 14 Tage Äschern völlig aus. Dabei sollen keine alten und faulen Äscher, die viel Hautsubstanz auflösen, sondern nur möglichst frische und stets nur völlig gesunde Kalkäscher verwendet werden; ein Anschärfen derselben ist hierbei nicht nötig.

Die geäscherten Häute werden in üblicher Weise abgehaart, geläutert und ausgestrichen. Das Entkälken selbst wird in verschiedener Weise ausgeführt. In Frankreich ist man gewöhnt, auch bei Oberleder, z. B. den Wichsfellen, ja sogar bei Glacéleder, ohne Kotbeizen nach der Fassonmethode zu arbeiten und verwendet hier ganz zweckmäßig die Salzsäurebeize, welche auch tatsächlich zur Entkälkung völlig geeignet ist. In England ist man mehr als irgendwo an die Kotbeizen gewöhnt, die man sogar bei einigen Sohlledersorten anwendet. Deshalb ist es nicht zu verwundern, wenn man dort auch bei dieser Kombinationsgerbung die Kotbeize als unbedingt nötig betrachtet; sie ist auch tatsächlich in einzelnen Fällen ganz gut am Platze.

Die Salzsäurebeize wird in folgender Weise ausgeführt:

Man bereitet sich einen schwachen Pickel, indem man 6 % Kochsalz und 1,5 % Salzsäure, vom Blößengewicht der Häute gerechnet, in 40° warmem Wasser auflöst; es würde sonst die rohe Salzsäure völlig genügen, man verwendet aber doch lieber die weiße technische Säure, um etwaigen Eisenflecken vorzubeugen. Man gibt die ausgestrichenen Blößen in den Pickel herein und beläßt sie dort 12 Stunden, wobei man sie von Zeit zu Zeit antreibt. In der Salzsäure wird der in den Häuten zurückgebliebene Äscherkalk aufgelöst; damit die Blößen nicht anschwellen, sondern verfallen, setzt man Kochsalz zu. Die gebeizten Häute zieht man heraus, gibt sie in 30° C warmes Wasser ein und bewegt sie darin, wodurch das im Pickel gebildete und nicht aus den Blößen fortgegangene lösliche Kochsalz entfernt wird. Sollte die zurückgehaltene geringe Menge Säure die Blößen etwas anschwellen, so übt es keinen schädlichen Einfluß aus. Man kann den Pickel wiederholt benutzen, wenn man die ausgezehrten Mengen Kochsalz und Säure ersetzt; am besten gibt man drei Teile Kochsalz und einen Teil Säure zu. Die ausgewaschenen Blößen schlägt man über den Bock, läßt sie abtrocknen und bringt sie dann zur Schwefelgerbung.

Diese Gerbung wird auf verschiedene Weise ausgeführt, entweder kommen die Häute zunächst in das Thiosulfatbad und dann in das Salzsäurebad oder umgekehrt, oder man kombiniert beide Methoden zusammen; stets wird die Schwefelgerbung mit dem uns von der Chromgerbung her gut bekannten Natriumthiosulfat ausgeführt. Das Natriumthiosulfat, auch Antichlor oder unterschwefligsaures Natron genannt, ist ein leicht wasserlösliches Salz, das in großen, wasserhellen Kristallen von kühlend bitterem, zugleich alkalischem und schwefligem Geschmack in den Handel kommt. Es ist ein starkes Reduktionsmittel, welches auch in der Photographie und in der Bleicherei zur Entfernung der letzten Chlorreste viel verwendet wird. Durch Mineralsäuren wird es zersetzt, wobei sich Schwefel ausscheidet und schweflige Säure entweicht, die gerade bei ihrer Bildung die starke Reduktionsfähigkeit des Thiosulfats veranlaßt. Man kann sich den Prozeß

durch die folgende Gleichung veranschaulichen:
$$Na_2S_2O_3 + 2\,HCl = 2\,NaCl + SO_2 + S + H_2O.$$
Bei Einwirkung von Salzsäure auf Natriumthiosulfat werden also Kochsalz und Wasser gebildet und Schwefel ausgeschieden, wobei die schweflige Säure entweicht.

Bei dem ersten Verfahren löst man 20 kg Thiosulfat für je 100 kg Blößen in 40 l lauwarmem Wasser auf und gibt die Blößen in ein Faß, worin sich die nötige Menge Wasser befindet, und läßt laufen. Man setzt dann durch die hohle Welle (oder gleich zu Anfang beim Stillstehen des Fasses durch die Tür) ein Drittel der Thiosulfatlösung zu und walkt darin die Häute etwa eine Stunde lang; dann setzt man die restliche Lösung zu und walkt die Häute so lange, bis sie gut durch sind. Man kann aber auch festes Thiosulfat in das Walkfaß eingeben, wodurch man sich sein Auflösen erspart; nie darf man es aber auf einmal zusetzen, da es sonst schwieriger die Blößen durchdringt.

Ist eine bereits gebrauchte Brühe vorhanden, so gibt man zunächst diese in das Walkfaß und versetzt sie mit so viel lauwarmem Wasser als nötig. Dann setzt man 12 kg festes Thiosulfat für je 100 kg Blößen in zwei Partien in das Faß zu und läßt weiter laufen. Ein schrittweises Zubessern wäre zwar theoretisch richtiger, aber hat sonst keinen Zweck. Die Hauptsache ist soviel Thiosulfat in die Blößen einzubringen, wie nur möglich.

Die mit Thiosulfat gefüllten Blößen kommen jetzt in das Salzsäurebad, worin sich der oben angeführte chemische Prozeß abspielt. Aber das Bad muß spezifisch so stark gehalten werden, daß kein Thiosulfat aus der Haut auszutreten vermag, denn sonst würde nur eine geringe Schwefelgerbung erfolgen. Man setzt daher der Salzsäure soviel Kochsalz zu, daß eher dieses in die Blöße hereingeht, als das Thiosulfat heraustreten könnte. Man gibt in ein Hängegeschirr für je 100 kg Blößen 400 l Wasser, worin man 25 kg Kochsalz und 10 kg Salzsäure auflöst.

Diese Arbeit wird nur in Hängegeschirren und nicht im Walkfaß ausgeführt, weil das Thiosulfat bei der mechanischen

Behandlung der Häute bestimmt heraustreten würde; auch wird dadurch eine mehr gleichmäßige Ablagerung des Schwefels erreicht. Die Blößen bleiben darin 12 Stunden ruhig liegen, werden dann herausgenommen und weiter behandelt; sie enthalten eine ziemliche Menge Säure, worauf man bedacht sein muß. Das Säurebad kann wiederholt benutzt werden, wenn man frische Säure zusetzt; Kochsalz zuzugeben braucht man nicht, da sich aus diesem das Natriumsulfat bildet, welches ebenso wie das Chlornatrium (Kochsalz) zur Erhöhung des spezifischen Gewichtes des Säurebades beiträgt. Die Menge der zuzusetzenden Säure wird durch einfache Titration bestimmt.

Bei dem zweiten Verfahren, das seltener ausgeführt wird, kommen die Häute zunächst in das Säurebad und dann erst in die Thiosulfatlösung. Das Säurebad wird genau so wie bei dem ersten Verfahren hergestellt: man löst in einem Hängegeschirr für je 100 kg Blößen 25 kg Kochsalz und 10 kg Salzsäure in 400 l Wasser auf, gibt die Häute hinein und beläßt sie darin zwei Tage.

Das Säurebad kann wiederholt verwendet werden, nachdem man es mit Kochsalz und Salzsäure angeschärft und mit Wasser nachgefüllt hat. Aber man kann hier das Ansäuern auch in einem Walkfaß vornehmen, wo man mit weniger Salz und Säure auskommt; man löst dann für je 100 kg Blößen nur 20 kg Kochsalz und 6 kg Salzsäure in 100 l Wasser auf und läßt darin die Blößen etwa 3 bis 4 Stunden laufen. Man kann auch die zurückbleibende Faßbrühe weiter verwenden, doch bleibt davon nicht viel übrig. Häufig ist man der Meinung, daß ein solches Walken den Häuten nicht zuträglich sein kann, um so mehr, als man auch das Säurebad viel zu stark ansieht; aber diese Befürchtungen sind nicht begründet, weil das vorhandene Kochsalz eine schädliche Einwirkung der Säure ausschließt. Man muß dazu ziemlich konzentrierte Säurelösungen verwenden, damit genügend Säure von dem Hautmaterial aufgenommen werden kann.

Nach dieser Behandlung nimmt man die Blößen heraus, breitet sie auf einer schiefen Bühne aus, wobei man die ab-

17*

laufende Brühe ansammelt und für die zweitnächste Partie Häute verwendet, und läßt die Häute so über Nacht liegen. Den zweiten Tag gibt man die angesäuerten Blößen in das Walkfaß und setzt die Thiosulfatlösung zu, welche man durch Auflösen von 20 kg Thiosulfat in 100 l lauwarmem Wasser, wieder auf 100 kg Blößengewicht gerechnet, bereitet. Man läßt damit die Häute sechs Stunden laufen und beläßt sie darin noch weitere 6 Stunden, damit sich der Schwefel in genügendem Maße ausscheidet. Wie wir gesehen, entwickelt sich bei diesem Prozeß ziemlich viel recht lästige schweflige Säure, die man durch die durchbohrte Welle und von hier aus vermittels eines Gummischlauches in eine Sodalösung einleiten und so unschädlich machen könnte. Doch hat man leider für die gebildeten Verbindungen in der Gerberei keine Verwendung, ausgenommen, daß man sie zur Herstellung einer Chromgerbbrühe benutzen wollte.

Auch die hier zurückgebliebene unausgenützte Thiosulfatlösung kann weiter verwendet werden, wenn man sie mit ungefähr 8 kg Thiosulfat für 100 l anschärft. Genauer wird man den Zusatz durch eine Titration feststellen. Das Aräometer kann nicht in Verwendung kommen, weil hier auch verschiedene andere Verbindungen, namentlich Kochsalz, gebildet werden, die auf das spezifische Gewicht einwirken. Aus diesem Bade sind die Häute bereits schwefelgar und zeigen eine schwach saure oder neutrale Reaktion, die man aber erst nach dem Auswaschen feststellen kann.

Das dritte Verfahren, bei welchem die beiden soeben angeführten kombiniert werden, wird namentlich dann benutzt, wenn man die Schwefelgerbung recht stark auszuführen gedenkt, um die vegetabilische Nachgerbung in engen Grenzen zu halten. Dies geschieht in dem Falle, wo man dem Leder recht viel Schwefel und dadurch auch eine höhere Zerreißfestigkeit und den eigenartigen Geruch nach Gummi beizubringen gedenkt; denn häufig wird gerade nach dem Geruche auf eine höhere Zerreißfestigkeit, obwohl ohne jede Begründung, gefolgert. Dabei gibt man die Blößen zunächst in das Thiosulfatbad, welches man mit 20 kg Thiosulfat für je 100 kg

Blößen anstellt; dann läßt man das Säurebad mit 18 kg Kochsalz und 6 kg Salzsäure nachfolgen.

Die Leder kommen ziemlich sauer heraus, wo man, um einer Schädigung des Narbens vorzubeugen, sehr schwache Gerbbrühen verwenden und deshalb ziemlich lange gerben müßte. Deshalb bringt man die Blößen nochmals in eine Lösung von Thiosulfat, die aber schwächer gehalten werden kann, wie die vorherige, nachdem sie bloß zur Neutralisierung der zurückgebliebenen Säure dienen soll. Man kann die Häute entweder in die bereits verwendete Thiosulfatlösung hineingeben, die man mit Wasser verdünnt (nötigenfalls noch durch weiteres Thiosulfat anschärft), oder man stellt eine frische Lösung mit 10 kg Thiosulfat für je 100 kg Blößen an. Man läßt die Häute in beiden Lösungen etwa 4 bis 6 Stunden ruhig liegen und gerbt sie. dann weiter aus.

Soll dagegen die vegetabilische Ausgerbung mehr satt, die Schwefelgerbung aber in mäßigeren Grenzen gehalten werden, so führt man die letztere nach dem zweiten Schwefelgerbverfahren aus, wo die Blößen zunächst mit Salzsäure und Kochsalz und erst dann in dem Thiosulfatbade behandelt werden. Wir haben bereits gehört, daß sie aus dem zweiten Bade in der Regel ziemlich neutral herauskommen, so daß sie direkt nach der Schwefelgerbung mit Lohbrühen vegetabilisch ausgegerbt werden können; man braucht dabei nicht ein zweites Thiosulfatbad anzuwenden, da, falls auch etwas Säure in den schwefelgaren Ledern verblieben wäre, diese in nur unbeträchtlichen und die Lohgerbung nicht viel beeinträchtigenden Mengen vorzukommen vermag.

W. Eitner gibt noch eine Variante für die Vorgerbung an, die in gewissen Fällen angebracht ist, so bei Herstellung von Skiriemen, die einen zarteren Narben aufweisen sollen, und welche auch bunt gefärbt oder geschwärzt werden. Einen solchen Narben erhält man durch Verwendung der Kotbeize, worauf gerade das ganze Verfahren hinzielt.

Die Blößen werden zunächst in einer Tauben- oder Hühnermistbeize entkälkt, dann in lauwarmem Wasser gut ausgewaschen und kommen in eine süße Lohe- oder Extraktbrühe von 8 bis 10° Bark. Hier verbleiben sie 2 bis 3 Stunden, wodurch sie ganz schwach ausgefärbt werden, so daß der Narben gefestigt wird und bei der weiteren Gerbung nicht mehr geschädigt werden kann. Erst dann werden die Blößen nach dem ersten Schwefelgerbverfahren, nämlich zuerst mit Thiosulfat und dann mit Salzsäure behandelt, wobei sie sauer aus dem Säurebade herauskommen. Aber sie können hier ohne weiters in Lohbrühen nachgegerbt werden. Bei diesem Verfahren ist die Mistbeize besser am Platze als die Säurebeize, obwohl auch diese angewendet werden kann, falls es sich nicht um einen feineren Narben handelt. Man schlägt die aus dem zweiten, dem Salzsäurebad, herausgenommenen, also noch säurehaltigen Häute auf ein schiefes Podium oder über Böcke zum Abtropfen auf und gibt sie sofort in die erste Lohfarbe, also ohne sie auszuwaschen, wobei die in denselben enthaltene Säure mit dem Kochsalz das Durchbeißen der vegetabilischen Gerbstoffe unterstützt.

Was die vegetabilische Ausgerbung anbelangt, so wird dieselbe entweder direkt mit den Gerbstoffen selbst oder mit den aus ihnen bereiteten Extrakten, und zwar entweder in Hängefarben oder im Gerbfaß ausgeführt. Aber die Faßgerbung ist hier weniger am Platze, weil man darin viel schwieriger eine leichte und gleichmäßige Durchgerbung auszuführen vermag, die hier von der größten Bedeutung ist, weil es sich um eine hohe Zerreißfestigkeit handelt, wogegen sie in Hängefarben viel sicherer zu erreichen ist.

Eine größere Zeitersparnis beim Durchgerben ist bei der Faßgerbung aus dem Grunde nicht zu erreichen, da auch in den Hängefarben die Gerbung der säurehaltigen Blößen verhältnismäßig rasch vor sich geht. Gerade deshalb ist die größte Vorsicht geboten, da sonst die Blößen recht leicht viel zu satt gleich von Anfang an auszugerben imstande sind, wodurch aber ein steiferes, also ein schlechteres Leder herauskommt. Nun werden in dem Walkfasse stets stärkere Gerbbrühen angewandt, so daß hier die Gefahr des Sattgerbens gleich bei Beginn der Gerbung viel größer ist als in den Hängefarben. Der Narben wird zwar von den Gerbstoffen nicht so leicht angegriffen, weil er durch die vorher ausgeführte Schwefeleinlagerung in seinem dichteren Gewebe viel besser als gewöhnlich geschützt ist. Dies gewährt sicherlich einen großen Vorteil, denn es ist bei gewöhnlicher Gerbung gerade der Narben, der gegen stärkere Gerbbrühen sehr empfindlich ist und leicht kraus wird.

Von vegetabilischen Gerbstoffen werden zu dieser Nachgerbung recht verschiedene Gerbmaterialien verwendet, aber immer nur solche, die nicht zu satt ausgerben. Deren Wahl richtet sich auch je nach der zu erzielenden Färbung, auf welche seitens der Kundschaft ein großes Gewicht gelegt wird, obwohl ohne irgend eine Begründung. Es werden die Schlagriemen manchmal hell, das andere Mal dunkel, einmal gelblich oder rötlich, das zweite Mal mehr grünlich verlangt, welchen Wünschen der Gerber nachzukommen trachtet. Zumeist wird helles Leder vorgezogen, und das insoweit mit vollem Recht, als man die hellen Töne infolge der hellen Schwefelausgerbung leichter und mit besser geeigneten Gerbmaterialien erzielt.

Das bestgeeignete Material ist die Eichenlohe, die auch in Frankreich am meisten verwendet wird; wir wissen ja, daß sie ein recht festes und dabei helles Leder zu liefern vermag. Nach der Eichenlohe ist hier die Weidenrinde am Platze; doch ist sie bei uns nur selten in nicht ausgelaugtem Zustande zu haben, dagegen ist die Fichtenlohe nicht verwendbar, weil sie infolge ihres größeren Zuckergehaltes zuviel säuert und auch ein weniger festes Leder liefert.

Will man sehr helle Töne haben, so gibt man den Blößen noch vor dem Farbengange ein Sumachbad. Dunkelrote Töne erhält man durch Mangrove, das bekanntlich nur ein geringes Gerbvermögen besitzt; man gibt entweder nach der Vorgerbung eine Mangrovebrühe von 15° Bark., oder man setzt das Mangrove den übrigen Gerbmaterialien zu. Hellrote Färbungen geben sulfitierte Quebrachoextrakte, die man der Eichenlohe zusetzen kann; überhaupt sind kaltlösliche, sulfitierte oder nicht sulfitierte Quebrachoextrakte völlig am Platze, wogegen die nicht kalt löslichen vermieden werden sollen. Das gleiche gilt überhaupt von allen schweren und harten, zu satt gerbenden Gerbmaterialien, namentlich auch von Myrobalanen. Für mehr gelbliche Farbentöne sind entfärbter Kastanienholzextrakt und Katechu gut geeignet. Andere passende Gerbmaterialien wird sich der Fachmann schon selber heraussuchen.

Was nun die Ausführungweise anbelangt, so stellt man den Farbengang für leichtere Häute aus etwa 10, für stärkere bis aus 14 Farben an, wobei die höchste Farbe mit 20 bzw. mit 25° Bark. angestellt wird. Die Farben werden schnell und stark ausgezehrt, so daß die erste leicht auf 5 bis 6° Bark. herabsinkt; es bleibt also nichts anderes übrig, als die schwächeren Farben, die besonders stark auszehren, nach Bedarf mit Extraktbrühen zu verstärken. Man zieht die Häute täglich aus der schwächeren Farbe in die stärkere um und gerbt zuletzt in einem Versenk oder im Walkfaß aus. Die Ausgerbung im Walkfaß ist am Ende der Gerbung gut am Platze, weil man darin die Ausgerbung völlig nach dem Zwecke und eigenen Gutdünken auszuführen vermag, was in dem Versenk nicht gar so leicht ist.

Im Versenk wird gerade die Eichen- oder Weidenlohe benutzt, wogegen die Fichtenlohe nicht verwendbar ist; für die Farben werden die oben angegebenen Gerbmaterialien verwendet. Daß die Ausgerbung im Versenk bessere Resultate liefert, braucht wohl nicht besonders erwähnt zu werden.

Bei der Faßgerbung, die nur dann am Platze ist, wenn zumindest sechs Farben mit der Höchststärke von 12° Bark. vorausgegangen sind, werden Extrakte von den gleichen Gerbmaterialien verwendet, wie wir sie angegeben haben. Man arbeitet selbstredend mit Extrakten und beginnt mit einer Stärke von 12°, die man bis auf 25° zubessert; dieses Verstärken geschieht mindestens jede zweite Stunde, weil die Brühen recht schnell ausgezehrt werden. Wurden mehr Hängefarben angewandt, wo dann auch die Stärke der letzten Farbe eine höhere ist, von etwa 20 bis 25° Bark., so fängt auch die Ausgerbung in dem Walkfasse mit dieser höheren Brühenstärke an.

Die ausgegerbten Häute werden über Böcke geschlagen, damit sie abtropfen und nach 12 stündigem Liegen tüchtig in reinem, lauwarmem Wasser ausgewaschen und abgewogen. Das Einfetten wird verschiedentlich ausgeführt, je nachdem man mehr oder weniger Fett in die Riemen einzubringen gedenkt; es wird entweder mit Fettlicker, der Fettschmiere oder auch mit einer Kombination beider gefettet, obwohl die Fettschmiere allein jetzt weniger angewandt wird, als dies früher der Fall war. Am besten teilt man die Fettung in zwei Operationen ein, wobei man zunächst nur eine magere Fettung mit einer neutralen Seife gibt und erst dann eine stärkere Fettung, wenn solche gewünscht wird, nachfolgen läßt. Manche Schlagriemen enthalten bis zu 40 ja 50$^0/_0$ Fett, die aber dann selbstverständlich nicht als Primaware angesehen werden können. Zu der Seifenbrühe werden für je 100 kg Welkgewicht, wie wir es vorher festgestellt haben, 3 kg Schmierseife und 250 g Pottasche in 40 l Wasser aufgelöst und die Häute darin so lange gewalkt, bis sie das sämtliche Fett aufgenommen haben, was in längstens einer halben Stunde der Fall sein dürfte. Dann hängt man die Häute auf und läßt sie abwelken, worauf sie die zweite Fettung erhalten.

Namentlich **Kohnstein** hat uns gezeigt, welche Wirkung die Einfettung von Riemenleder auf dessen Zerreißfestigkeit ausübt. Bei seinen Versuchen hat z. B. ein Riemenleder, ausgegerbt mit Fichtenlohe und Mimosa,

ungefettet, eine Zerreißfestigkeit von 300 kg auf 1 qcm, bei 21,5$^0/_0$ Dehnung,

dasselbe gefettet 333 kg und 25,25$^0/_0$,

ein Zweibad-Chromleder, ungefettet, 300 kg und 57,2$^0/_0$,

dasselbe bloß mit Seife gelickert, 340 kg und 50,0$^0/_0$,

dasselbe, noch mit Paraffin gefettet, 390 kg und 70,0$^0/_0$ Dehnung ausgewiesen. Man sieht, daß schon der Seifenlicker allein die Zerreißfestigkeit des Leders bedeutend erhöht, aber daß diese durch weitere Einfettung noch mehr gehoben werden kann.

Aber die Art und der Grad der „Ausfettung", könnte

man sagen, hängen nicht nur von der gewünschten Qualität, sondern auch von dem Verkaufspreise ab. Nur zu viele Käufer sehen leider und zu ihrem eigensten Nachteil nur auf den Preis und vergessen, daß in der Regel eine billige Ware auch die teuerste ist; aber man muß sich den Wünschen anbequemen und gibt mehr oder weniger Fett in das Leder ein, wobei auch die Qualität des Fettes eine wichtige Rolle spielt.

Am geringsten werden bei trockenen Sorten etwa 5% Fett, bei sehr stark geschmierten, wie bereits erwähnt, bis 40 ja 45% Fett eingebracht. Am besten ist ein gutes Degras, das man mit Knochenöl und gutem Mineralöl versetzt; sonst werden auch Paraffin, Stearin, Vaseline und Talg beigezogen. Für eine magere Fettung nimmt man für je 100 kg Welkgewicht 3 kg Moëllon, 1,5 kg Knochenöl und 1,5 kg Vaselinöl; man mischt die angegebenen Fettstoffe zusammen, trägt das Gemisch auf die Fleischseite auf, reibt es tüchtig ein und walkt noch zuletzt im Fasse, wo sich das Fett infolge des Seifengehaltes in Leder ganz fein verteilt, so daß das Leder hell und trocken erscheint. Bei einer starken Einfettung mit billigeren Fetten bereitet man die Schmiere z. B. aus 5 kg Moëllon, 5 kg Vaseline, 10 kg Rindstalg, 5 kg Wollfett und eventuell noch 10 kg Paraffin, die man zusammenschmilzt, auf die Fleischseite des Leders aufträgt und dann bei etwa 30^0 C im Schmierfaß einwalkt. Eine höhere Temperatur, wie sie bei Chromledern eingehalten werden kann, wäre dieser Ledersorte nicht zuträglich. Man läßt dann die Häute etwas nachwelken, reckt dann aus und nagelt zum Trocknen auf Latten an.

Zu Schlag- und Binderiemen werden ganze Häute verarbeitet, da man die schwächeren Stellen zu Näh- und Binderiemen ganz gut verwenden kann.

Werden an den Nähriemen gehärtete Spitzen verlangt, so wird der zu härtende Teil zunächst in Benzin eingetaucht, um das Fett zu entfernen. Dann wird das Leder getrocknet und die Spitzen in Wasser eingetaucht, das mit etwa 4% Schwefelsäure angesäuert ist, wodurch dem Leder die Gerbung entzogen wird. Man wäscht dann die Enden mit reinem Wasser, dem man zwecks Neutralisation 5% Kristallsoda zusetzt, tüchtig aus, spannt die Riemen auf und trocknet.

Manchmal wird diese Riemensorte auch behaart gewünscht, indem man der sonst falschen Meinung ist, daß sie eine größere Zerreißfestigkeit als die unbehaarte besitzt. Die Häute werden zur Gerbung ebenso, wie zu reiner Chromgerbung vorbereitet, was im „Handbuch der Chromgerbung" S. 580 u. ff. beschrieben ist. Die Gerbung selbst wird genau so ausgeführt, wie bei den enthaarten Häuten.

2. Ausgerben des Blinddarmes.

Die Geschwister Trenckmann in Schöneberg bei Berlin erhielten am 8. November 1903 ein D.R.-P. Nr. 156 830, wonach die äußere Wand des Blinddarmes vom Rind, die entfettet und getrocknet als sog. Goldschlägerhaut dient, zu Leder verarbeitet werden kann. Die Haut wird gut gereinigt, mit Pottasche od. dgl. ausgespült und zunächst chrom- oder alaungar ausgegerbt, oder auch mit vegetabilischen Gerbstoffen angegerbt. Hierauf wird sie in ein Nährbad aus Eidotter und Weizenmehl gebracht, wodurch die Haut fester und dicker wird. Die gargemachte Haut wird dann gespült, aufgespannt und getrocknet. Dabei werden immer zwei Häutchen aufeinandergelegt und müssen zusammentrocknen, sie haften ohne Verwendung irgend eines Bindemittels fest aufeinander; dabei werden die Häutchen mit den Narbenseiten aufeinander gelegt. Ist ein solches Doppelhäutchen getrocknet, so wird es durch Behandlung mit Benzin entfettet, dann wird es gerieben und geknetet, wodurch es außerordentlich weich und milde wird.

Die Zephyrlederfabrik, G. m. b. H., vormals Trenckmann & Co. in Berlin-Schöneberg, hat noch weitere Patente auf die Verarbeitung der Darmoberhaut erhalten, so das D.R.-P. Nr. 163 188 vom 4. Oktober 1904, wonach die entfetteten und in einem Seifenbade aufgeweichten Häutchen zunächst in einer kräftigen Sodalösung behandelt und hierauf im aufgespannten Zustande mit heißer Luft rasch abgetrocknet werden, wodurch ein pergamentartiges Leder erzeugt wird.

Nach dem D.R.-P. Nr. 196 891 vom 15. Juni 1906 wird aus der Darmoberhaut ein wasserbeständiges, pergamentartiges Produkt in der Weise hergestellt, daß man die Häutchen abwechselnd in zwei Bädern aus Mineralsalzen bzw. anorganischen Säuren oder Basen behandelt, wodurch ein unlöslicher, weißer oder farbiger Pigmentfarbstoff in der Haut erzeugt wird.

Die genannte Gesellschaft bringt auf Grund dieser Patente unter dem Namen Zephyrleder lederartige Produkte von außerordentlicher Feinheit in den Handel, die durch ihre Benennung ziemlich genau charakterisiert sind. Zu ihrer Herstellung wird lediglich die Oberhaut des Blinddarmes vom Rind benutzt. Diese feinen Häutchen werden in den Darmschleimereien gesammelt und zwecks Frischerhaltung reichlich mit Kochsalz konserviert. Bei der Fabrikation werden daher die Häutchen zunächst in klarem Wasser wiederholt gespült, wobei eine Scheidung der diversen Größen und Qualitäten erfolgt. Hierauf werden die Häutchen entfettet und zum Trocknen aufgespannt, wodurch ein klares, transparentes Produkt entsteht, das unter dem Namen „Goldschlägerhäutchen" bekannt ist. Diese Häutchen werden dann mit Alaun oder Chromsalzen ausgegerbt, und eventuell mit Anilinfarbstoffen ausgefärbt, wodurch das Zephyrleder herauskommt, das sowohl weiß, als auch in allen Farben geliefert wird.

Die Verwendungsart dieser feinen Leder ist recht mannigfaltig. Hauptsächlich werden sie zum Verbinden von Parfümerieflaschen benutzt, weil sie nicht nur einen luftdichten Abschluß, sondern auch ein schönes Aussehen ergeben und sich infolge ihrer Elastizität leicht verwenden lassen. Weiter dienen sie als Unterlage für Korkstöpsel, um den Geschmack und Geruch der letzteren mit dem Flascheninhalt nicht in Berührung kommen zu lassen. Zusammengeklebt finden sie Anwendung als „pneumatisches Zephyrleder" für Orgeln und Orchestrions, indem sie ihre Elastizität und Weichheit jahrelang bewahren und dabei nicht porös sind.

Auch die früher erwähnten Goldschlägerhäutchen werden in zwei- bis achtfacher Klebung geliefert und haben dann das Aussehen einer transparenten Lederhaut, die z. B. für Membranen in Gasmessern Verwendung findet. Man könnte daraus auch recht haltbare Wurstdärme erzeugen, die sich erheblich billiger stellen, als die aus sog. Rinderbutten hergestellten Därme; auch schauen sie viel appetitlicher aus.

Die farbigen Zephyrleder werden auch für Damenkonfektion begehrt und dienen als willkommenes Hilfsmittel zur Herstellung von Putz- und Modeartikeln. Die erzeugten Mengen sind deshalb ziemlich bedeutend, die vorerwähnte Fabrik verarbeitet jährlich ungefähr eine Million Häute.

Aber das Darmleder, welches unter verschiedenen Phantasienamen, wie Zephyrleder, Nearleder u. a. in den Handel kommt, kann auch durch vegetabilische Gerbmaterialien hergestellt werden. Aber man stößt dabei auf erhebliche Schwierigkeiten. Während aus tierischen Häuten durch entsprechende Einwirkung der Gerbstofflösungen ziemlich leicht lohgare Leder hergestellt werden, ergeben Darmhäute bei gleicher Behandlung nur steife, pergament- oder papierartige Produkte, die als Leder zu Galanteriewaren nicht verwendbar sind. Dies dürfte jedenfalls in der abweichenden histologischen Beschaffenheit der Darmhaut gegenüber der gewöhnlichen Lederschicht begründet sein.

Man hat aber ein Verfahren gefunden, das ein gut aufklebbares und als Ersatz des Spaltleders für Galanterie- und Portefeuillewaren geeignetes Farbleder liefert und zwar durch Kombination einer vegetabilischen Vorgerbung und einer Fettnachgerbung mit dünnen Fettemulsionen. Dabei reicht die vegetabilische Vorbehandlung zur genügenden Gerbung nicht aus, indem der einverleibte Gerbstoff durch einfaches Auswaschen im reinen Wasser wieder entfernt werden kann; durch diese Behandlung wird die Darmhaut für den nachfolgenden Fettlicker aufnahmsfähiger gemacht. Der benutzte Fettlicker wird in üblicher Weise aus Seife und Fett oder Öl, aber ohne Eiweiß oder irgend ein Klebemittel hergestellt.

Die Darmhäute werden zunächst zur Entfernung des Kochsalzes gut mit Wasser ausgewaschen, dann mit sehr verdünnten Lösungen von Natronlauge, Soda oder Seife entfettet, wenn zu unrein mittels schwefliger Säure, Wasserstoffperoxyd oder Kaliumpermanganat gebleicht und nochmals tüchtig ausgewaschen. Von Ätznatron genügen 500 g, von Seife setzt man etwa 2 kg zu 1 hl Wasser zu.

Hierauf werden die Häute in einer Schwellbeize aus verdünnter, lauwarmer Milchsäure, Ameisensäure, Schwefelsäure od. dgl. geschwellt und dann direkt in die Gerbstofflösung von etwa 3^0 Bark. eingebracht. Es können hierzu Kastanienholzextrakt, Quebracho, Sumach oder andere Gerbstoffe verwendet werden. Nach längstens einer Stunde gibt man die Häute in eine stärkere Brühe von 15 bis 20^0 Bark. ein und bewegt sie darin etwa eine bis zwei Stunden lang, wo sie dann genügend mit dem Gerbstoff imprägniert sind.

Durch diese Vorbehandlung werden die Darmhäute steif und müssen daher durch Einfetten wieder weich gemacht werden. Ein direktes Einfetten oder Abölen mit Tran, wie es in der Lohgerberei üblich ist, würde ein fleckiges und so völlig unbrauchbares Leder ergeben, da es bei der dünnen Haut unmöglich ist, die Fettstoffe gleichmäßig zu verteilen. Man muß daher Fettemulsionen verwenden, die man auf der Tafel von der Rückseite aufträgt und dann im Walkfasse einwalkt, damit das Leder gleichmäßig, aber nur mit geringen Mengen Fettstoff durchtränkt ist. Zum Einfetten verwendet man ganz dünne, etwa 6^0 Bark. starke Ölemulsionen aus Olivenöl oder Knochenöl mit Seife, oder aus Türkischrotöl oder sulfurierten Ölen, namentlich das sog. Karbidöl „kalkbeständig“ ist hier gut verwendbar. Die Leder werden nach dem Walken aufgespannt und getrocknet. Aber trotz dem Einfetten liefern sie ein steifes, papierartiges Produkt, das sich aber leicht stollen oder reiben läßt, nachdem es vorher in einer Dunstkammer oder durch Einlegen in feuchte Sägespäne angezogen hat. Durch die mechanische Bearbeitung des Stollens, Reibens od. dgl. wird das Leder weich und kann in üblicher Weise geglänzt oder geglättet werden.

Es kann ohne oder mit einer Appretur (aus Eiweiß, Milch, Leinsamenabkochung oder anderen schleimhaltigen Stoffen) gebürstet werden, worauf man es bügelt, glanzstoßt, walzt oder satiniert.

Das so dargestellte Leder liefert einen guten und billigen Ersatz für Spaltleder und läßt sich zu Galanterie- und Portefeuillewaren verarbeiten.

Ein sehr feines, biegsames Leder, das besonders für Gasmesser, Orgelpfeifen u. dgl. gut geeignet ist, aber sich auch für Galanteriewaren entsprechend zurichten läßt, wird mit einer kombinierten Eisen- und Pikrinsäuregerbung wie folgt hergestellt: Die Darmhäute, entweder roh oder gesalzen, werden zunächst mit Wasser oder mit einer dünnen Seifenlösung reingemacht und dann in eine kalte Eisenlösung eingebracht, die man nach Knapps Vorschrift bereitet. Je 100 g Eisenvitriol werden in 120 ccm Wasser aufgelöst, dann setzt man 61 g Natronsalpeter in 80 ccm Wasser gelöst und 35 Schwefelsäure (von 66° Bé), mit gleichem Gewicht Wasser verdünnt, zu und erhitzt die Mischung bis sich rote Dämpfe entwickeln. Hierauf löst man 200 g Eisenvitriol in 600 ccm Wasser auf und fügt diese Lösung in kleinen Portionen unter gleichzeitigem Erwärmen bei. Nachdem die Eisenbrühe fertig ist, versetzt man sie noch mit 10 g Pikrinsäure in 250 ccm Wasser gelöst und behandelt darin die Häute so lange, bis sie völlig durchtränkt sind, was nach ungefähr zwei Stunden der Fall sein dürfte.

Durch die gleichzeitige Anwendung von Pikrinsäure und Eisenlösung erhält man ein dauernd weichbleibendes Leder, während die Eisenlösung allein keine brauchbaren Resultate liefert. Die fertiggegerbten Häute werden aus der Gerbflüssigkeit herausgenommen, mittels Klebestoff zusammengeklebt, durch Aufhängen an der Luft getrocknet und dann je nach der Verwendungsart weiter verarbeitet. Dieses Verfahren wurde R. Weilbier in Hannover durch das D.R.-P. Nr. 203585 vom 2. November 1907 geschützt.

A. Thiemel & Co. in Berlin erhielten ein D.R.-P. Nr. 202074 vom 7. Dezember 1906 auf ein Verfahren, wonach Darmhäute mit klebstoff- und eiweißfreien Fettemulsionen zu lederartigen Produkten verarbeitet werden. Die Darmhäute sollen dabei in halbfeuchtem Zustande mit Öl-, Fett- oder Seifenemulsionen mechanisch bearbeitet werden. Selbstverständlich vertragen die feinen Häute eine starke mechanische Bearbeitung nicht.

Auch die Ballonhüllengesellschaft m. b. H. in Berlin-Schöneberg hat sich die Herstellung von Leder aus Oberhäuten des Blinddarmes durch das D.R.-P. Nr. 258 644 vom 13. August 1910 schützen lassen.

Nach diesem Verfahren sollen die ungegerbten Häutchen aufeinandergelegt und mit einer Emulsion aus Tierleim, Wasser und Öl zusammengeklebt werden. Man erhält so angeblich ein Leder, das falt- und biegbar, dabei gegen Gase, wie Leuchtgas und Wasserstoffgas, und flüchtige Flüssigkeiten, wie Schwefelkohlenstoff oder Benzin, widerstandsfähig ist. Das Verfahren soll in folgender Weise ausgeführt werden:

Die sorgfältig gereinigte Oberhaut des Blinddarmes wird in eine aus Leim und Öl (vorteilhaft Leinöl) bestehende Emulsion gelegt, so daß sie gründlich von dieser beiderseits benetzt ist, worauf die Häute in beliebiger Weise übereinander und mit den Rändern einander überlappend unter Abstreichen der überschüssigen Leinölemulsion gelegt werden, so daß man gleich ganze Bahnen, Schläuche oder fertige Gefäße herstellen kann. Die Leinölemulsion wird in der Weise hergestellt, daß man heißem Leim unter beständigem Umrühren eine gleiche Menge Leinöl zusetzt, das Ganze nochmals aufkocht und zur Emulsion gut umrührt oder schlägt. Das Tränken der Oberhaut geschieht am besten unter entsprechender Wärme. Will man dem Material besondere Geschmeidigkeit verleihen, so gibt man noch etwas Glyzerin zu. Wenn es sich um kleine Transportgefäße handelt, so werden diese gleich in der Form von Schläuchen hergestellt, wobei man die zur Aufnahme des Verschlußstopfens dienenden Auslässe u. dgl. mit einkleben und durch Fäden festdichten kann.

Solche Gefäße können auch hergestellt werden, indem man einen Metallboden und einen Metalldeckel verwendet,

während die Seitenwandungen desselben aus den mit Leinölemulsion zusammengeklebten Blinddarmhäutchen schlauch-
oder harmonikaartig gebildet sind. Bei Gasmessern, Fern-
zündern, Druckmessern u. dgl. werden die beweglichen Teile,
wie z. B. die Membranen, aus dem vorher in der Form
von Bahnen oder Schläuchen zubereiteten Material herausgeschnitten. Derartige Gefäße sind vollkommen gasdicht.
Die fortwährenden Bewegungen, denen die Wandungen unterworfen sind, haben keinen schädlichen Einfluß, und auch die
schwefelkohlenstoff- und benzinhaltigen Gase wirken auf das
Material nicht zerstörend ein.

Zur Herstellung der Klebmischung kann man wie folgt
verfahren: Man kocht Wasser mit $5^0/_0$ Gewichtsteilen tierischen Leimes und $2^1/_2{}^0/_0$ Gewichtsteilen guten Leinöls unter
beständigem Rühren so lange auf, bis das Öl vom Leim gut
aufgenommen ist und sich nicht mehr absetzt. Diese Flüssigkeit wird dann mehrere Male durchgeseiht. In die entstandene
Brühe werden die rohen Häutchen einzeln eingelegt und
12 Stunden lang unter wiederholter Bewegung bei einer
Temperatur von 25^0 belassen und dann verarbeitet.

3. Herstellung des kombinierten Transparent-
leders.

Transparentleder, das s. Z. einen ziemlichen Absatz fand,
war nur eine mit Glyzerin imprägnierte Hautblöße. Es
wurde in der Weise hergestellt, daß der aus dem Kalkäscher reingemachte, nicht gebeizte aber egalisierte Blößen-
krupon in einem Rahmen, mit der Fleischseite nach oben
angespannt und in horizontaler Lage mit Glyzerin bestrichen
wurde. Näheres findet der Leser in den ,,Modernen Gerbmethoden", S. 77. So lange die Blöße weich und biegsam
bleibt, so läßt sich mit den daraus geschnittenen Nähriemen
leicht manipulieren; aber das Glyzerin verschwindet in mehr
oder weniger kurzer Zeit, die Riemen werden hart und zum
Nähen nicht verwendbar. Auch beim Erwärmen und in
der Feuchte verderben die genähten Riemen sehr leicht,
indem sie hart und infolge dessen unbrauchbar werden.

Aus diesem Grunde hat man dem Glyzerin Pikrinsäure, Formaldehyd oder ein Gemisch von beiden zugesetzt, aber ein beständiges Leder wurde nicht erzielt. Deshalb hat W. Eitner Versuche mit tech. Tannin und verschiedenen Gerbstoffen angestellt[1]). Er setzte zu 100 Teilen tech. Glyzerin von 28° Bé. 5 bis 10 Teile käufliches Tannin zu, das sich darin völlig auflöst. Man bestreicht die Fleisch-seite der Blöße mit der Lösung wie üblich und erhält ein helles Leder von gelblich-weißem Farbenton, das jedoch nicht so transparent ist und zwar desto weniger, je mehr Tannin zugesetzt wurde. Statt des Tannins kann man auch pulverigen Triumphextrakt verwenden, womit man einen wärmeren Farbenton und eine sattere Gerbung erreicht, so daß das Leder auch für Sattlerzwecke geeignet wird.

Man kann die Leder auch schwärzen oder mit Anilin-farbstoffen bunt färben, wie dies bei dem früheren Trans-parentleder üblich war. Das Glyzerin läßt sich außerdem mit Wasser auswaschen und durch Fettstoffe ersetzen. Die Fettung kann man mit einem Fettlicker, mit sulfurierten Ölen oder mit einer Fettschmiere aus festen Fetten, wie Talg, Paraffin u. a., ausführen, am besten durch Anstrich und nachheriges Walken. Handelt es sich um ein trocken anzufühlendes Leder, so wird es bloß gelickert oder mit sulfurierten Ölen behandelt; bei fetter Zurichtung werden in das Leder feste Fette, am besten Mineralfette, einge-bracht.

4. Pyrofuszin-Gerbverfahren von P. J. Reinsch.

Paul J. Reinsch in Erlangen (Bayern) hat sich durch das D.R.-P. Nr. 37 022 vom 14. November 1885 die Erzeugung von „Pyrofuszin" patentieren lassen. Unter diesem Namen sollte ein Gerbstoff aus Stein- und Braunkohlen hergestellt werden, die zunächst mit Alkali extrahiert und das Alkali nach der Extraktion in kohlensaure Verbindung überführt werden sollte.

Dieses Pyrofuszin wollte Reinsch auch bei seinem

____

[1]) „Der Gerber" 1913, Nr. 943, S. 325.

kombinierten Chromgerbverfahren benutzen, das er sich durch
ein D.R.-P. Nr. 40378 vom 10. November 1886 patentieren ließ.
Der Erfinder beizte zunächst die geäscherten und im Wasser
ausgewaschenen Blößen mit Salzsäure, um den Kalk völlig
zu entfernen. Dann wurden die Blößen ausgewaschen und
in ein Chromierbad gegeben, das für je 100 kg Blößen 5 kg
Chromalaun, 1,2 kg Chromsäure, 1,5 kg Chlormagnesium und
2,5 kg Kochsalz in 100 l Wasser gelöst, enthielt.

Darin sollten die Blößen 2 bis 3 Tage, je nach der Temperatur, verbleiben. Die überflüssige Gerbbrühe sollte durch
Wässern und Ausstreichen entfernt werden, da sonst das
Pyrofuszin ausgefällt und wirkungslos gemacht wäre. Zuletzt
werden die Blößen mit einer Brühe, die 1,5 bis 2,5 kg Pyrofuszin
pro 100 l Wasser enthielt, nachgegerbt, ausgestrichen und
fertig zugerichtet.

Das beschriebene Verfahren wurde für Schaf- und Ziegenfelle, für schwächere Kuhhäute, sowie für stärkere Kalbfelle
und Roßhäute anempfohlen, nur soll man bei den zwei letzteren
Häutesorten die Gerbflüssigkeiten 1 bis 2 Tage länger einwirken
lassen. Aber leider läßt sich so kein Leder herstellen. Das
Pyrofuszin besitzt keine gerbenden Eigenschaften und mit der
Chrombrühe, wie sie sich Reinsch patentieren ließ, erfolgt
ebenfalls keine Gerbung.

5. Eiweißgerbung des Oskar Trebitsch.

Nach dem D.R.-P. Nr. 265913 vom 26. April 1912 des
Oskar Trebitsch in Wien sollen lohgare Leder mit Lösungen
oder feinen Suspensionen nicht koagulierbarer Eiweißstoffe,
wie z. B. Azidalbumin, Albumosen, Peptone, Globuline, Fi-
brine, Histone, Protamine, Proteide oder von Gemengen
dieser, kurz einer großen Anzahl von Eiweißkörpern tierischer
oder pflanzlicher Herkunft bzw. von Abbauprodukten derselben, nachbehandelt werden, um den Gerbstoff zu fixieren,
oder das Färben von Leder aller Art durch Verwendung der
genannten Stoffe als Verdickungsmittel für die Farbflotte
zu dienen.

18*

Der Patentinhaber führt aus, daß man das lohgare Leder mit verschiedenen Stoffen nachbehandelt, um den Gerbstoff zu fixieren, so daß er beim Auswaschen nicht weggehen kann und das Gewicht des Leders nicht vermindert wird. Man verwendet angeblich dazu Mineral- und organische Säuren, Alkalien, Oxyde von Schwermetallen, Alaun, Leim, Hühnereiweiß, Blutalbumin und Blutserum, Mehl u. dgl. Aber diese Fixiermittel sollen im Leder nachteilige Wirkungen äußern, indem sie ihm eine dunklere Färbung verleihen (bei Alaun und Mehl ist dies der Fall nicht) oder es nach einiger Zeit brüchig machen (auch dies geschieht bei Mehl nicht). Wird mit Leim gearbeitet, so wird dieser angeblich noch mit essigsaurer Tonerde ausgefällt (was nicht zu geschehen braucht), oder es werden die Gerbfette durch Gerbstoffe fixiert, so daß dieses Verfahren ohne Fett überhaupt nicht zur Anwendung gelangen kann.

Durch Verwendung der oben angeführten Stoffe sollen diese Nachteile vermieden werden, wobei sie angeblich dem Leder Geschmeidigkeit und lichte Färbung verleihen. Als Lösungsmittel kann man hierbei Wasser, vegetabilische Fette und Mineralöle verwenden. Die Erfindung unterscheidet sich somit von anderen wesentlich dadurch, daß die angewendeten Eiweißstoffe selbst das Hart- und Brüchigwerden des Leders verhindern, obwohl sie den Gerbstoff fixieren und das Leder fest machen. Wesentlich hierfür ist die Art der verwendeten Stoffe, während das benutzte Lösungsmittel gleichgültig ist.

Man taucht z. B. 10 kg lohgares Sohlleder in 40 l einer 1%igen wässerigen Lösung von Pepton sicc. Witte, beläßt es etwa eine halbe Stunde darin und trocknet es sodann. Der Gerbstoff ist unauswaschbar fixiert, das Leder ist hell und geschmeidig. Ganz besonders günstig wirkt auch eine $\frac{1}{2}\%$ige Lösung von Azidalbumin, wie es nach dem A.P. Nr. 31 675 hergestellt wird, in Lebertran, wenn man sie auf lohgares Feinleder verwendet. Hierbei wird das Leder gleichzeitig geölt und dadurch geschmeidig.

Bei mineralgaren Ledern kann eine Nachgerbung mit vege-

tabilischen Gerbstoffen erfolgen, worauf diese mit einer Lösung
der genannten Stoffe fixiert werden.

Die erwähnten Lösungen oder Suspensionen können auch
als Appretur für fertiges Leder dienen.

Ferner hat sich herausgestellt, daß jene Eiweißstoffe
auch als Verdickungsmittel für Farbflotten zum Lederfärben
gut geeignet sind. Zu diesem Zwecke sind bisher u. a. Albu-
mine benutzt worden; bei diesen erfolgt die Verdickung
aber durch die nachfolgende Koagulation. Der Farbstoff
wird gewissermaßen festgeklebt, indem das Eiweiß eine harte,
spröde Kruste bildet, was für das Leder sehr nachteilig wäre.
Außerdem dringt die dicke Albuminlösung fast gar nicht
in das Leder ein, wodurch nur ein oberflächliches Haften
des Farbstoffes erreicht wäre. Alle diese Nachteile werden
bei Verwendung abgebauter Eiweißstoffe vermieden; trotz
der relativen Dünnflüssigkeit der Lösung wird die Farbe
genügend verdickt, vom Leder begierig aufgesaugt und in
diesem, auch durch die gleichzeitige Bindung an Gerbstoff,
mit den Eiweißstoffen innig festgehalten. Um diesen Effekt
zu erreichen, genügt es, 2 bis 3% der abgebauten Eiweißstoffe der Farbflotte zuzufügen und mit dieser, wie üblich,
zu verfahren.

6. Gerbverfahren von Ballatschano und Trenk.

Ziemlich verworrene und recht umständliche Gerbverfahren wurden durch mehrere Patente Jean und Konstantin
Ballatschano in Bukarest und Heinrich Trenk in Berlin
geschützt. Sie erhielten unter anderen ein D.R.-P. Nr. 11 031
vom 10. Januar 1880 und ein Zusatzpatent Nr. 13 122 vom
21. April 1880, dann ein U.St.P. Nr. 236 236 vom 4. Januar
1881 und Nr. 274 059 vom 13. März 1883 [1]).

Bei diesem Verfahren sollen die Häute zunächst durch
ein Chromzweibad chromgegerbt werden, wobei als Chromierbad eine Lösung von chromsaurer Tonerde in Holzessig,
als Reduktionsbad eine wässerige Lösung von rohem Weinstein

---

[1]) Die Patente sind auch in Hegels „Chromgerbung" (Berlin,
Julius Springer, 1899), S. 71 und 95 abgedruckt.

unter Zusatz einer Metalloxydullösung in Ammoniak dienen soll. Nach der Reduktion sollen die Blößen mit einer Auflösung von Tannin in Wasser mit eventuellem Zusatz von Holzessig- und Karbolsäure nachgegerbt werden. Das Weinsteinbad soll die Häute „verdichten", und eine weitere „Verdichtung" derselben soll durch eine wässerige Leimlösung mit geringem Zusatz von Oxalsäure, Glyzerin und Tonerdeazetat erfolgen.

Die Blößen sollen also zuerst eine Vorgerbung mit Chrom und Alaun, dann eine vegetabilische Nachgerbung erhalten. W. Eitner untersuchte seinerzeit [1] ein derartiges Erzeugnis, es wies eine schmutzig olivgrüne Farbe, die hauptsächlich durch die bei der Reduktion der Chromsäure aus dem Gerbstoff gebildeten Farbstoffe und aus der Vorgerbung mit Chrom resultierte. Sonst war das Leder zäher als gewöhnliches lohgares Leder, aber minder fest als Alaunleder, da es gerade durch die eingelagerten Farbstoffe spröder wurde. Eine einfache Angerbung mit Chrom- und Tonerde hätte diesen Umstand vermieden.

Nach dem Zusatzpatente sollen die wie vorher gegerbten Leder zwecks größerer Dichtigkeit in einer Leimlösung einige Stunden behandelt werden. Eine Quantität Leim wird in Wasser gekocht und etwas Oxalsäure zugesetzt, hierzu kommt eine kleine Menge Glyzerin, in welchem essigsaure Tonerde gelöst ist. Diese Imprägnierung des garen Leders mit Leim wurde von Soutelet anempfohlen und gibt auch ohne die übrigen Zusätze gute Resultate; sie wird auch in der letzten Zeit häufig geübt.

7. Gerbverfahren des Em. Herrmann.

Auf ein recht verwunderliches Gemisch zu einer „stark" kombinierten Gerbung ist Emanuel Herrmann in Wien ein E.P. Nr. 12 435 vom 15. September 1884 erteilt worden. Nach demselben werden als eine „geeignete Mischung von gerbenden Stoffen" anempfohlen:

---

[1] „Der Gerber" 1896, S. 161.

39 bis 46 Teile Tonerdesulfat,
41 „ 49 „ Bittersalz,
50 „ 56 „ Zinkvitriol,
13 „ 20 „ Chromalaun,
$^1/_2$ „ 6 „ Harz und etwa
1 „ 12 „ Terpentinöl,
2 „ 6 „ Japan- oder Bienenwachs,
2 „ 6 „ Talg oder Oleïn, Stearin, Glyzerin,
20 „ 90 „ Zucker oder Sirup,
18 „ 45 „ Dextrin und
4 „ 12 „ Carragheen oder Leimsamenschleim.

Hierzu bemerkt der Patentinhaber, daß die bezeichneten Stoffe auch in anderen Verhältnissen, und an Stelle von Talg auch Vaseline, Petroleum, Olivenöl, Margarin, Paraffin, Ozokerit, Elaïn, Zerasin u. a. m. verwendet werden können.

Die sämtlichen Stoffe sollen mehrere Stunden unter andauerndem Rühren in Wasser gekocht und schließlich bis zu einer Konzentration von 40 bis 50° Bé eingedickt werden. Man soll die konzentrierte Brühe wie die gewöhnlichen Gerbstoffbrühen verwenden, indem man die Gerbbäder allmählich verstärkt und zwar von 7 bis 75% des Extraktgewichts. In 12 bis 40 Tagen soll die Gerbung vollendet sein, außerdem kann eine Vor- oder Nachgerbung mit Gerbstoff stattfinden, wobei man aber die Eisensalze wegläßt.

Das Angeführte dürfte zur Charakterisierung dieses Verfahrens genügen, viel Lizenzgebühren hat der Erfinder sicher nicht erhalten.

8. Das Gerbverfahren von Quinn und Caldwell.

Ein ähnlicher Unsinn wurde James Thomas Mc. Quinn in Runcorn und Edmund Caldwell in Warrington durch das E.P. Nr. 23 742 vom 26. Oktober 1896 geschützt.

Die mit schwacher Schwefelsäure gebeizten Blößen sollen ausgepreßt werden und in ein Gerbbad kommen, das für je 64 kg roher Häute folgenderweise zusammengesetzt sein soll: 2 kg Sokotrine-Aloë, 1 kg Kanella, 8 kg Kap-Aloë, 8 kg Bichromat, 7 kg Handelsschwefelsäure und 60 l Wasser.

Die Sohlenleder sollen vor dem Einbringen in diese Gerbbrühe nicht ausgepreßt werden. Die gegerbten Häute sollen direkt aus der Gerbbrühe, also ohne sie auszuwaschen und von der anhaftenden Brühe zu befreien, mit einer Seifenlösung behandelt werden. Die zurückgebliebene Säure wird die Seife zersetzen und die freigemachte Ölsäure soll sich angeblich in der Haut ablagern, zur Gerbung beitragen und das Leder geschmeidig machen.

Das Unsinnige dieses Patentes dürfte wohl jeder einsehen. Es ist ja geradezu unmöglich, dieses Verfahren kritisch zu besprechen. Das Kap- und Sokotro-Aloë wird bekanntlich aus dem eingetrockneten Blättersafte mehrerer Aloëpflanzen gewonnen, die in Süd- und Ostafrika und in Westindien heimisch sind. Es enthält hauptsächlich Aloëharz ($32,5\%$) und Aloëbitter ($59,5\%$), so daß der Gerbstoffgehalt nur äußerst gering sein kann. Bis zu dieser patentierten Erfindung wurde das Aloë nicht als Gerbmittel, sondern als ein — drastisches Abführungsmittel verwendet.

Namen- und Sach-Register.

Abkürzungen der Patentangaben.

Es bedeutet
    A.P. das österreichische Patent,
    D.R.-P. das reichsdeutsche Patent,
    E.P. das englische Patent,
    F.P. das französische Patent und
    U.St.P. das Patent der Vereinigten Staaten von Nord-Amerika.